Lexique animalier égyptien

Les caprins, les ovins et les bovins

Sara Mastropaolo

BAR International Series 2484
2013

Published in 2016 by
BAR Publishing, Oxford

BAR International Series 2484

Lexique animalier égyptien

ISBN 978 1 4073 1096 1

BAR Publishing is the trading name of British Archaeological Reports (Oxford) Ltd. British Archaeological Reports was first incorporated in 1974 to publish the BAR Series, International and British. In 1992 Hadrian Books Ltd became part of the BAR group. This volume was originally published by Archaeopress in conjunction with British Archaeological Reports (Oxford) Ltd / Hadrian Books Ltd, the Series principal publisher, in 2013. This present volume is published by BAR Publishing, 2016.

Printed in England

BAR
PUBLISHING

BAR titles are available from:

BAR Publishing
122 Banbury Rd, Oxford, OX2 7BP, UK
EMAIL info@barpublishing.com
PHONE +44 (0)1865 310431
FAX +44 (0)1865 316916
www.barpublishing.com

À ma grand-mère

ABSTRACT

Egyptian animal lexicon (goats, sheep, cattle)

Studying the animals in the ancient Egypt, I notice that there are many words to indicate cattle, sheep and goats. Moreover the same term presents sometimes different meanings and, especially, different writings. These variations depend on the genre and the dating of the texts, where the term appears. In order to classify and to analyze the different writings and the etymology of the words meaning these kinds of domesticated animals, I have to examine all the Egyptian documents from the Old Kingdom to the Greek-Roman Period. Then, I consider the specific meaning and the derived one of all the words concerning of these animals. Finally, I report the studies made about cattle, sheep and goats. My purpose is to realize a specific lexicographical work full of terms with textual and bibliographical references. The importance of this research is due to the significant role, played by these mammals in Egyptians' daily life.

Key words: cattle-sheep-goats-calf-ox-animal

TABLE DES MATIÈRES

PREFACE

Les études à propos des animaux, publiés jusqu'à ce jour, s'occupent, en particulier, de leurs comportements, des espèces, de la domestication, etc.
Aucun ouvrage spécifique de lexicographie n'a encore affronté ce sujet.
J'ai donc commencé par une analyse minutieuse et détaillée des textes égyptiens religieux, administratifs et littéraires, dans le but de connaître tous les différents noms désignant les animaux, pour comprendre ce que ces termes signifient.
Vu l'ampleur du sujet, j'ai décidé de limiter l'enquête aux animaux domestiques, en particulier, aux bovins, ovins et caprins, dans l'éventualité d'approfondir le sujet par la suite.
La domestication des animaux paraît selon les différentes régions du monde et différentes époques, mais les témoignages archéologiques démontrent que c'est dans le Proche-Orient que tout a origine. Plusieurs sont les définitions données par les savants à propos de la domestication: un animal est considéré domestique quand il dépend des hommes pour vivre, car il ne survivrait pas dans son habitat naturel ni serait accepté par les autres animaux sauvages de la même espèce.
La domestication des animaux était probablement due, tout d'abord, à la nécessité de les utiliser pour le travail des champs et seulement par la suite à des changements de l'environnement.
Il est difficile d'établir quels animaux étaient domestiques dans l'ancienne Égypte. En effet, les Égyptiens apprivoisaient différents animaux sauvages employés dans les champs, à la maison, à la boucherie et dans les temples. Parmi les animaux domestiques les plus communs en Égypte il y a les bovins, les ovins et les caprins. Leur vie était même représentée sur les parois des tombeaux.
Le point de départ de la recherche a été le dépouillement de documents égyptiens de l'Ancien Empire jusqu'à l'Époque Tardive.
Le travail de dépouillement que j'ai fait a été le plus complet possible et à deux niveaux: les textes publiés proprement dits et les commentaires philologiques. Dans les cas des textes publiés j'ai considéré aussi les publications les plus récentes.
La parution continue de nouveaux ouvrages m'a poussée à limiter le dépouillement aux publications de l'année 2006.
Mon travail est centré sur la création d'un lexique animalier.
J'ai considéré le lexique concernant les noms des ovins, caprins, bovins ainsi que les parties du corps des animaux rencontrées les plus fréquemment.
Les mots sont présentés suivant l'ordre « alphabétique » égyptien et chacun avec les différentes graphies d'écriture. Tout d'abord, j'ai dressé un tableau des principales graphies répertoriées à ce jour. Tenu compte de leur très grande diversité, afin de pouvoir les utilisées, il est fondamentale de considérer les multiples variations.
La première distinction est entre: graphies purement idéographiques et graphies à composante phonétique. Dans cette dernière division les graphies sont classées selon différentes hiérarchies.
À propos des graphies purement idéographiques, leur lecture est assurée par des parallélismes, c'est-à-dire qu'ils apparaissent dans les mêmes expressions dans d'autres textes qui présentent des graphies à composante phonétique.
Pour chaque division ou subdivision je présente la nature des textes où les graphies paraissent. Le textes sont nommés au moyen d'abréviations indiquant genre et datation. Une chiffre renvoie aux références textuelles de la graphie en ordre chronologique. Les références bibliographiques sont citées dans les notes. Tenant compte de la richesse des références, je ne mentionne que celles indispensables à la compréhension des différents sens, ainsi que des emplois des noms analysés. Ensuite, quand il était possible, j'en ai supposé l'étymologie. Puis je traite le particularités graphiques, en expliquant les différences liées au genre ou à l'époque des textes. J'explique, enfin, le sens spécifique du mot. À tel propos, il a été nécessaire de mettre en évidence que dans certains cas les mots présentent un changement aussi de sens. En effet, j'ai constaté que quelquefois le même terme est employé parfois avec des valeurs différentes dans les textes: il peut s'enrichir d'un sens plus spécifique où au contraire plus général comme le mot *ʿw.t* devenant le terme qui indique l' animal en général. Il a été donc très utile de citer les expressions et les épithètes les plus communes où le mot est employé.
J'ai mentionné le mot en démotique, en copte, en hébreu et en arabe, quand c'était intéressant pour la comparaison.
À la fin, je présente la liste des références des documents énumérés par rapport aux graphies.
Je propose aussi les abréviations des types des textes, des revues et des périodiques ainsi que la liste des documents et la bibliographie des ouvrages dépouillés pour la présente étude. Un index des sources principales, des noms et des titres conclue mon ouvrage.

I. INTRODUCTION

I.1 Les animaux dans l'Égypte pharaonique

Les animaux dans l'ancienne Égypte jouent un rôle très important. On les trouve dans la vie quotidienne comme sujet de l'économie, dans la religion, dans la littérature et aussi dans l'écriture. Les scènes représentées sur les parois des tombeaux de l'Ancien Empire et les textes datés de l'Ancien Empire jusqu'à l'époque tarde montrent la présence constante des animaux dans la civilisation égyptienne. Les animaux domestiqués et, en particulier, les bovins, les ovins et les caprins ont une importance particulière dans le bestiaire égyptien. En premier lieu, il faut constater que les Égyptiens classifiaient les animaux en trois classes majeures: les animaux terrestres, les animaux volants et les animaux aquatiques. À l'intérieure de ces classes, ils faisaient encore deux sous-classes: grands et petits. Mon attention sera centrée sur la première classe qui inclue les animaux terrestres. En ce qui concerne les quadrupèdes, s'impose bien souvent la subdivision en grands et petits. Ces deux sous-classes sont indiquées respectivement par les mots *mnmn.t* et *ˁw.t*.

La classe *mnmn.t* considère, en premier lieu, les bovins pour leur grande importance économique, malgré la nécessité d'un entretien constant et coûteux. Les animaux appartenant à la classe *ˁw.t* sont, au contraire, de faible intérêt économique ou ne nécessitent que d'un entretien non constant et peu coûteux.

Le terme *mnmn.t* est utilisé à partir du Moyen Empire et apparaît surtout dans les contextes des taxes.

Il s'agit du nom qui indique la sous-classe des « grands quadrupèdes » dans la pensée égyptienne. Il s'oppose à *ˁw.t*, désignant les « petits quadrupèdes ». Cette classe est désignée par les bovins, mais elle peut présenter des déterminatifs aussi de chèvres, moutons, ânes, porcs pour souligner que ces animaux sont également pris en compte. Le sens de ce mot se spécifie en « gros bétail », pour indiquer les bovins et dans certains cas le « troupeau ».

Le mot *ˁw.t* désigne des animaux d'origine sauvage dont les Égyptiens pratiquaient la domestication. En particulier, il indique la catégorie des petits quadrupèdes: ovins et capridés. À la fin d'une évolution sémantique, le terme indique l'animal en général et il peut être rattacher au grec ζῷα.[1]

Dans l'Ancien Empire, il indiquait tout le petit bétail, c'est-à-dire les moutons, les chèvres, les ânes, les cochons, à l'exception des bovins. Cette différentiation reflétait la division administrative de la richesse animale du pays dans ces deux catégories. La priorité donnée aux bovins dans les recensements montre que leur importance était plus marquée à cause de leur abondance et de leur valeur économique. Les animaux désignés par le mot *ˁw.t* pourraient êtres plus fréquents parmi les petits propriétaires et le mouton était sans doute le plus important parmi le petit bétail, comme nous montre la priorité donnée au déterminatif de cet animal dans l'écriture.

Une deuxième opposition est celle entre « domestiques » et « sauvages ». Elle est indiquée grâce à l'emploi des différentes expressions. Par exemple, dans la classe des petits quadrupèdes on peut distinguer une sous-classe des sauvages par l'expression *ˁw.t n.t ḫ3s.t* par opposition à *ˁw.t n.t nḏs.t.*[2]

Il faut, en premier lieu, remarquer que certains animaux domestiqués dans l'ancienne Égypte ne le sont plus dans la société contemporaine.

Dans le Proche-Orient, les animaux domestiques étaient considérés partie intégrante de la société. Ceux qui étaient à l'état sauvage, par contre, étaient admirés pour leur mobilité et leur vitalité, mais souvent vus comme des ennemis à combattre parce qu'ils appartenaient à un monde hostile et chaotique. Alors que les animaux domestiques étaient très utiles à l'homme pour les nombreux services qu'ils rendaient, les animaux sauvages représentaient une menace à la vie des humains et de leur bétail ou des champs. À propos de la chasse, elle était souvent pratiquée par le roi. Il était le représentant des intérêts de la civilisation, il devait donc combattre tous les ennemis, humains et animaux et, en chassant les cerfs et les bouquetins, il démontrait sa souveraineté sur des lieux impénétrables tels que la forêt et la montagne. Les animaux domestiques, faisant partie de la société, étaient présents dans la famille après les enfants, les serviteurs et les servantes.[3]

À l'époque prédynastique, les Égyptiens possédaient déjà des espèces d'animaux en cours de domestication parce que la domestication facilitait la disponibilité de viande et de lait. Les raisons des choix des espèces domestiquées sont plus difficiles à comprendre, car de nombreux facteurs entraient en jeu: facilité plus ou moins grande de la capture et de l'élevage, intérêt plus au moins grand pour l'espèce considérée. Le terme de domestication inclue divers status.[4]

Lors des premiers temps de l'histoire de la domestication, se développent deux grandes étapes. C'est au cours du Néolithique précéramique qu'ont pris place les processus révolutionnaires de l'apprivoisement et de l'adaptation mutuelle. Durant cette phase, les animaux apprivoisés abattus relativement jeunes ont remplacé la fonction de la chasse, en fournissant viande et fourrure. Ce n'est que par la suite, pendant le Néolithique céramique et le Chalcolithique, que les hommes tendaient à utiliser de plus en plus les produits dérivés de leur animaux domestiques.

Mais qu'est-ce que la domestication? Les chercheurs ont accepté la définition selon laquelle un animal est

[1] *Wb* I, 170, 7-171, 1; F*CD*, p. 39; Van der Molen, *Coffin Texts*, p. 68; *ArchAbousir* I, p. 251; Goldwasser, *Prophets, lovers and giraffes*, p. 69-78; Van de Walle, *Ägyptologische Studien*, pp. 372-377.

[2] Vernus, in *Bestiaire*, pp. 15-19; *Iteti*, fig. 20, pl. 18; *Sin* B89; *Urk* IV, 664, 13; IV, 705, 8.

[3] Keel-Staubli, *Les animaux du 6ème jour*, pp. 9-10.

[4] Dunand-Lichtenberg, *Des animaux et des hommes*, pp. 12-40.

domestiqué quand l'homme est intervenu génétiquement et l'a rendu dépendant pour survivre.[5]
Pourquoi les hommes ont-ils domestiqué les animaux?
Différentes sont les raisons pour expliquer la domestication des animaux dans l'antiquité. Selon une première théorie la domestication est liée à la nécessité. En effet, elle peut être considérée une conséquence logique de la sédentarisation des chasseurs et des cueilleurs. Ce changement a entraîné à une raréfaction du gibier ainsi que des terres disponibles. Une deuxième théorie, par contre, estime la domestication un besoin lié à l'évolution. Comme conséquence de la rencontre entre l'homme et l'animal, cela a comporté d'une part des avantages et d'autre part des transformations dans leur mode de vie.
Enfin, il faut souligner qu'il est impossible de domestiquer toutes les espèces, mais que la réussite de ce procès implique la présence de certaines caractéristiques. Tout d'abord, l'espèce prise en considération doit être habituée à vivre en groupe et soumise à une hiérarchie dans laquelle l'homme peut s'imposer comme chef. En outre, le caractère de l'animal doit être paisible, capable de s'adapter et être prédisposé à accepter l'homme ou une autre espèce.[6]
Les hyènes et les gazelles, par exemple, nous prouvent que pas toutes les espèces avec un instinct grégaire peuvent être domestiquées avec succès.[7]
Un aspect fondamentale de la civilisation égyptienne est le sens religieux attribué au monde animal.
Les animaux sont omniprésents dans la religion égyptienne. Leur importance est telle qu'ils sont eux-mêmes des dieux ou des représentations des dieux.
Les Égyptiens pensaient que les animaux possédaient des forces particulières qui les approchaient au monde divin. En lisant les textes bibliques, on constate que l'animal est présent avant tout comme créature du Dieu et comme l'être le plus proche à l'homme. Dans la religion égyptienne, les animaux ont en commun avec tous les autres êtres, d'avoir été crées par le démiurge solaire et sont donc des images de celui qui s'est multiplié à travers eux. Ils sont de la même nature que les êtres humains, mais distingués par une hiérarchie. Ce sont les hommes qui se trouvent au sommet de cette hiérarchie et sont souvent dénommés « bétail vénérable » ou « bétail du dieu ».[8]
Dès l'antiquité, les dieux se manifestaient sous forme animale: faucon, ibis, mouton, vache, etc. Les caractéristiques qui dénotent une espèce spécifique sont liées directement aux divinités comme pour l'image du taureau qui représente la force et la puissance ou du mouton pour la fécondité. Néanmoins, la raison de cette lien animal-divinité n'est pas claire. C'est à partir de la IIème dynastie, que les dieux et les déesses sont représentés avec la tête d'animal et le corps humain.
Chacun *nomos* avait son dieu local, par exemple Horus à Edfou, Hathor à Dendérah, etc.
Certains animaux liés aux dieux étaient même vénérés. On peut donc parler de zoolâtrie.[9]
À partir de la XVIIIème dynastie, les cultes des animaux acquièrent encore plus d'importance tandis que plusieurs individus de la même espèce sont considérés sacrés et non seulement une représentation du divin. Au cours du Nouvel Empire, ils étaient momifiés et enterrés dans les cimetières d'animaux. Nombreuses représentations et stèles d'adoration et de vénération en démontrent l'importance.[10]
Dans ce cas, l'animal est utilisé comme métaphore. Cette pratique est très fréquente dans la littérature égyptienne. Par exemple, le pharaon est souvent comparé à un taureau pour souligner sa puissance. Vu la richesse et la variété de la faune égyptienne, ce genre de métaphores ou de comparaisons n'est pas rare.[11]
Les animaux font très souvent partie des rituels religieux ou funéraires. En premier lieu, ils sont dans les tables d'offrandes. Il y a des exceptions parce que certains animaux sont interdits et cela pour différentes raisons: un tabou qui pèse sur leur utilisation ou des traditions locales qui les considèrent une manifestation de l'être hostile ou plus simplement l'animal est vénéré dans tel ou tel autre lieu.
Les animaux sont, en effet, les véhicules des puissances divines et sont objets de culte. Vu que, au cours de sacrifices, ils sont mis à mort, la tendance est de les assimiler aux ennemis. Enfin, ils sont la représentation des plus grandes divinités. Des cimetières des animaux momifiés sont connus.[12]
Les animaux sont présents aussi dans la magie et dans la médecine. En effet, dans les papyri magiques et dans les textes médicaux la graisse de taureau plutôt que le sang de chèvre sont des médicaments qui peuvent guérir certaines maladies.[13]
Un autre élément qui souligne l'importance des animaux dans l'ancienne Égypte est constitué par leur présence dans l'écriture. Dans la liste des hiéroglyphes, nombreux représentent des animaux ou leurs parties. Le rapport entre ce qu'ils représentent et ce qu'ils signifient, en tant que idéogrammes, est fondé sur des glissements sémantiques. Le plus souvent il s'agit de métonymie ou bien de l'utilisation d'une partie pour indiquer le tout; le cas le plus fréquent est la tête d'un bovin qui désigne le quadrupède entier. Il y a donc le passage du général au particulier ou vice-versa.

[5] Brewer, « Animal husbandry », pp. 89-94.
[6] Dunand - Lichtenberg, *Des animaux et des hommes*, pp. 20-22.
[7] Brewer, « Animal husbandry », pp. 89-94.
[8] *CT* I, 154e; 155b; Vernus, in *Bestiaire*, pp. 20- 49.
[9] Houlihan, *Animal World*, pp. 1-9.
[10] Houlihan, *Animal World*, pp. 1-9; voir le culte du taureau Apis.
[11] Vernus, in *Bestiaire*, pp. 50-61.
[12] Vernus, in *Bestiaire*, pp. 20-49.
[13] *pap. Berlin 3038*, p. 75, n° 110; *pap. Leid I 343+I 345*, vs X, 1: le sang de chèvre est ici cité parmi les médicament contre le mal *pꜣ ꜥẖw;* Sauneron, *Traité d'ophiologie,* p. 96, note 2; Deines-Westendorf, *Wb Drogennamen*, passim; *Eb*, 63, 16; *pap. Hearst* 16, 3; 17, 5; *pap. Ram* V, XV; Vernus, in *Bestiaire*, pp. 76-93.

Les signes d'animaux sont particulièrement sujets aux pratiques magiques visant à annihiler les potentialités dangereuses de leurs référents.[14]

I.1.1 Les caprins

Les chèvres étaient très nombreuses dans la faune de l'Égypte pharaonique. Elles faisaient partie du petit bétail, désigné par le mot *ʿw.t* et probablement elles étaient les premiers animaux sauvages à avoir été domestiqués.
Les chercheurs ne sont pas d'accord sur l'époque à laquelle elles apparaissent dans la Vallée du Nil. Les premières attestations de leur présence sont dans les oasis du Fayoum et dans le site de Merimdien.[15]
On pensait que les chèvres avaient été domestiqués au cours de la première moitié du 9 millénaire a. C. dans les montagnes du Zagros, mais les recherches démontrent que leur domestication remonte plutôt au milieu du 10 millénaire a. C.
En raison de leur simple domestication, elles ont progressivement remplacé les gazelles. Ces dernières étaient jusqu'à cette époque la principale ressource de viande, mais elles devenaient de plus en plus rares.[16]
La chèvre domestique (*Capra hircus*) descend de la chèvre sauvage (*Capra aegagrus*).
L'espèce la plus caractéristique était aux cornes en hélice, dont les origines doivent êtres recherchés dans le Proche-Orient asiatique. Ces animaux étaient maigres et résistants. Sur les parois des tombeaux de l'Ancien et du Moyen Empire, on trouve des scènes d'élevage où figurent des groupes ou même des troupeaux des chèvres. Les chèvres ont donc été les premières à être domestiquées grâce à certaines caractéristiques.[17]
En premier lieu, elles sont peu exigeantes en soins, peu difficiles en fourrages, adaptables à différents environnements même les plus difficiles. Elles sont résistant aux maladies et supportent aisément la sécheresse. Des plus, c'est une espèce prolifique et la maturité sexuelle est précoce chez les mâles. Les caprins sont plus vifs, plus agiles et d'un comportement plus rusé, de sorte que parmi les termes utilisés pour désigner la chèvre, on a *ʿnḫ.t* qui signifie littéralement « la vivante ». Pour les Égyptiens, leur élevage était rentable à peu de frais.
Ce quadrupède, en effet, pouvait être employé de différentes manières. Tout d'abord, il s'agit d'un animal de boucherie. Sa viande était un plat très commun parmi les paysans et les travailleurs. Il fournissait le lait, ses poils étaient tissés pour en faire des toiles de tinte et sa peau était utilisée pour produire de nombreux objets en cuir. Des plus, les chèvres aidaient les paysans à nettoyer les champs. Enfin, il y a des attestations de l'emploi du sang et de la graisse de chèvre comme médicament.[18]
Selon l'Encyclopédie sacerdotale, les caprins étaient tabous dans les provinces de Létopolis et Mendès et les chevreaux rouges étaient brûlés comme holocauste dans les rites funéraires en tant que représentants du mal qu'il fallait conjurer.[19]
Malgré leur importance pour l'économie, les chèvres n'étaient pas présentes dans la mythologie et l'imaginaire théologique. Toutefois, à partir de l'époque saïtique le dieu de Mendès ne semble pas être un bélier, mais un bouc. Les écrivains grecs Pindare, Hérodote, Manéthon et Elien parlent, en effet, d'un *tragos* qui était vénéré dans ce lieu.[20]
Comme déjà constaté, les chèvres jouaient un rôle très important dans l'économie de l'ancienne Égypte. Puisqu'ils n'avaient pas la même valeur des bovins, avoir des caprins était plus fréquent dans les mains des petites gens qu'ils possédaient par conséquent petit nombre. Dans les textes de la XIXème dynastie, on voit que le prix du petit bétail était de un ou trois deben. Vu l'importance attribuée à leur recensement, le rendement total des impôts sur le petit bétail possédé par les propriétaires devait être d'une certaine ampleur.
Les chèvres sont peu citées dans les textes économiques de la XVIIIème dynastie, mais à l'époque ramesside elles apparaissent souvent dans les textes de transactions et des testaments.[21]
Il existe aussi un toponyme où le nom de la chèvre apparaît.[22]

I.1.2 Les ovins

Dans les représentations des tombeaux de l'Ancien Empire, les moutons ne sont pas nombreux. Ils font partie du petit bétail et ils étaient employés dans les champs pour enfoncer les semences dans le limon humide ou pour le dépicage des épis.[23]
Les moutons semblent avoir été domestiqués dans les régions montagneuses du Kurdistan, d'où ils ont été introduits vers le Levant dès la deuxième moitié du 9 millénaire a. C. À partir du 8 millénaire, les chèvres et les moutons ont été conduits en troupeaux mixtes dans les régions du Proche-Orient.[24]
Toutes les espèces des ovins descendent du mouflon asiatique (*Ovis orientalis*). Entre le Néolithique et l'époque gréco-romaine, plusieurs variétés se sont

[14] Vernus, in *Bestiaire*, pp. 62-75.

[15] Brewer, « Sheep and goats », pp. 278-279.

[16] Keel-Staubli, *Les animaux du 6ème jour*, p. 22.

[17] Hauschteck, *GM* 202, 2004, p. 60; Yoyotte, in *Bestiaire*, pp. 511-512; Brewer, « Sheep and goats », pp. 278-279.

[18] Wilson, *Ptolemaic Lexikon*, p. 165; Deines, *Wb Drogenn*, p. 105; Darby-Ghahoungui, *Food* I, p. 225.

[19] Fischer, *Orientation* I, p. 129 et n° 429; Darby-Ghahoungui, *Food* I, p. 223; Caminos, *Osorkon*, p. 50; Goyon, *Rituel du sḥtp sḫmt*, p. 63-68; Herbin, *Le livre de parcourir l'éternité*, p. 172 et p. 443, pl. IV.

[20] Yoyotte, in *Bestiaire*, pp. 490-496.

[21] Megally, *CdE* 66, 1991, p. 108.

[22] Vernus, *RdE* 19, 1967, p. 166-169; Tresson, *Mél. Maspero* I, p. 817-840, pl. I, 21. Zibelius, *AegSiedl*, p. 57 et n° 380; Montet, *Géographie* II, p. 191.

[23] Yoyotte, in *Bestiaire*, pp. 553-556.

[24] Keel-Staubli, *Les animaux du 6ème jour*, p. 22.

succédées et ont coexisté un certains temps. Puis quelques-uns ont totalement disparu. Nous connaissons quatre espèces de moutons: un mouton aux cornes horizontales torsadées et aux oreilles tendues horizontalement, un mouton aux cornes horizontales torsadées mais aux oreilles tombantes (*Ovis longipes palaeoaegyptiacus*), un mouton dont les cornes s'incurvent vers le bas autour des oreilles (*Ovis aries palaeoatlanticus*) et un mouton aux cornes semblables à ce dernier mentionné mais dont les oreilles tombent obliquement à l'arrière (*Ovis aries platyra*).[25]
Le mouton était utilisé pour la viande, mais il n'est pas présent dans les listes d'offrandes. Probablement il y avait des prohibitions à propos de l'utilisation des ovins comme nutrition. Dans les textes médicaux, la graisse et les poils des moutons étaient employés comme médicament. Jusqu'au Moyen Empire, les Égyptiens n'utilisaient pas la laine pour faire des vêtements. Cette pratique devient très fréquente à l'époque gréco-romaine.[26]
Les moutons ont une grande importance dans l'imaginaire religieux. En effet, le caractère très agressif et la virilité du bélier sont à l'origine de son rôle en tant que symbole du pouvoir et de la fertilité. Il était lié à différentes divinités, telles que: Khnoum à Esna, Herishef à Hérakleopolis, Amon à Thèbes, Osiris à Mendès, etc.[27]
Dans le Nouvel Empire, le roi était représenté avec les cornes du bélier comme personnification de la divinité. Les rues processionnelles des temples plus importants sont adornées aux côtés de sphinxes avec la tête du bélier.
Dans le lexique, on verra qu'il n'existe que peu de termes pour indiquer les ovins. En effet, on utilise *sr* et *sr.t* pour le mouton et la brebis et on connaît le mot *bꜣ* pour indiquer le bélier.
Si on considère les moutons par rapport aux bovins, on voit donc qu'ils étaient moins importants pour la civilisation égyptienne. Mais dans l'Ancien Empire, leur valeur économique était plus élevée que celle des chèvres. Ceci est confirmé par la graphie du mot *ꜥw.t* qui, dans cette période, présente le déterminatif du mouton comme premier.[28]

I.1.3 Les bovins

Le bœuf est un des animaux les plus anciennement domestiqués en Égypte.
Les représentations des tombeaux et les textes attestent son importance dans la vie quotidienne de l'ancienne Égypte. Il appartient à la classe des grands quadrupèdes dénommée *mnmn.t*.
Le bœuf domestique des Égyptiens dérivait de l'auroch indigène, le *Bos primigenius*. Celui-ci a disparu suite à la chasse et au changement climatique, qui a provoqué la désertification de son habitat.[29]
Plusieurs variétés sont attestées bien avant l'Ancien Empire. Les différentes espèces se distinguent soit par les cornes soit par la robe. À propos des cornes, une espèce possède de longues cornes en forme de lyre, une autre de cornes courtes, une autre encore est complètement dépourvue de cornes. Par contre, observant la robe, il y a différents types et sous-types selon la configuration (uniforme, tachetée, piquée, etc.) et les couleurs (blanc, noir, brun, etc.).[30]
Les bovins étaient des mammifères qui jouaient un rôle très important dans l'économie.
En premier lieu, ils étaient fournisseurs de viande et producteurs de lait. En particulier, la viande de bovidés faisait partie de l'alimentation des riches. Les scènes de boucherie sont souvent représentées.
En outre, leur peau fournissait le cuir, le tannage étant rendu possible, en particulier, par le natron, leur cornes servaient à fabriquer de petits objets et leur déjections étaient utilisées comme engrais et, séchées, comme combustible. Vu qu'il s'agit d'animaux robustes, ils étaient aussi employés pour tirer l'araire, pour dépiquer le grain sur les aires de battage et pour tirer des objets lourds tels que blocs de pierre, statues, traineaux sur lesquels étaient placés les sarcophages pour le transport aux nécropoles.[31]
Sous l'Ancien Empire, le bétail était une source prestigieuse de richesse pour les dignitaires et pour le pharaon. Les scènes des tombes des particuliers montrent des processions de bétail et une quantité incroyable de troupeaux qui soulignent le rang et la richesse des propriétaires des mastabas. Une des activités principales de l'administration étaient, en effet, les recensements bisannuels du bétail. En plus, le pharaon encourageait l'élevage de ces animaux et, pendant les campagnes militaires et les expéditions en Lybie ou en Nubie, il s'appropriait des grandes quantités de bétail. [32]
Par conséquent, la valeur des bovins n'était pas seulement économique, mais aussi idéologique pour la société égyptienne.
Les Égyptiens prêtaient, louaient, vendaient les vaches selon différentes modalités. Il était même possible de partager la possession et l'utilisation de ces quadrupèdes. Leur prix variait en fonction du sexe, de l'âge, de l'état,

---

[25] Yoyotte, *Bestiaire*, pp. 553-556; Brewer, « Sheep and goats », pp. 278-279; Keel-Staubli, *Les animaux du 6ème jour*, p. 22.
[26] *Eb* 69, 5; 85, 11; Yoyotte, in *Bestiaire*, pp. 553-556; Houlihan, *Animal World*, pp. 22-24; Brewer, « Sheep and goats », pp. 278-279.
[27] Yoyotte, in *Bestiaire*, pp. 471-490; pp. 553-556; Houlihan, *Animal World*, pp. 22-24; Brewer, « Sheep and goats », pp. 278-279; Dunand-Lichtenberg, *Des animaux et des hommes*, pp. 123-124; pp. 161-163.
[28] Megally, *CdE* 66, 1991, p. 120-121.
[29] Keel-Staubli, *Les animaux du 6ème jour*, p. 22; Dunand-Lichtenberg, *Des animaux et des hommes*, pp.12-40.
[30] Dunand-Lichtenberg, *Des animaux et des hommes*, pp. 12-40; Vernus, in *Bestiaire*, pp. 497-507; Montet, *Kêmi* 13, 1954, pp. 43-58.
[31] Keel-Staubli, *Les animaux du 6ème jour*, p. 22; Dunand-Lichtenberg, *Des animaux et des hommes*, pp. 12-40.
[32] Moreno Garcia, *RdE* 50, 1999, pp. 241-257; Ikram, *Choice cuts*, p. 8; Keel-Staubli, *Les animaux du 6ème jour*, p. 22.

mais il était, en principe, assez élevé comparé à d'autres animaux domestiques.[33]
Cet animal jouait un rôle important aussi dans la médecine. En effet, la graisse de taureau faisait partie des médicaments.[34]
L'écriture souligne, à son tour, l'importance des bovins. En effet, plusieurs hiéroglyphes représentent bœufs ou parties de bœufs.
De plus, les textes abondent en métaphores et comparaisons avec les bovins dans les proclamations royales et dans la littérature.[35]
Le bœuf était utilisé aussi comme animal sacrificiel. Il représentait l'offrande par excellence pour les morts comme pour les dieux. En effet, la pancarte traditionnelle des viandes destinées au défunt faisait place à quatre variétés des bovins: *ngꜣ.w, jwꜣ, ḥr.j ḏbꜥ* et *jd.t.*
Les bœufs sacrifiés ont une valeur symbolique: ils représentent les ennemis de l'ordre cosmique. Par exemple, le bœuf rouge est souvent interprété comme incarnation de Seth et immolé au bénéfice de son ennemi Osiris.[36]
Il existe aussi un toponyme formé sur le mot qui désigne le bovin.[37]
Plusieurs divinités sont, enfin, associées à la vache et au taureau.[38]

I.2 Les animaux dans le lexique

Le travail fait concernant les animaux dans l'ancienne Égypte a témoigné l'intérêt et l'importance des animaux également du point de vu lexicographique.
Le rôle des animaux et, en particulier, des bovins, des caprins et des ovins dans l'économie et dans la vie quotidienne de l'ancienne Égypte était déjà connu. C'est grâce au dépouillement des ouvrages et des périodiques de différents genres et de différentes époques que j'ai pu réaliser tout d'abord que ces animaux sont très fréquemment présents dans les documents égyptiens, qu'il existe une grande variété des noms pour les désigner et que diverses sont les graphies d'écriture que chaque terme peut présenter.
Ce qui m'a frappé, dans l'étude du lexique animalier, est la richesse de la langue égyptienne. Non seulement existent différents noms pour indiquer les différentes espèces de bovins, de caprins et d'ovins, mais plusieurs sont les mots employés pour le même animal. En les considérant avec attention, chacun souligne une caractéristique spécifique du mammifère en question.

La choix du terme pour désigner le même quadrupède dépend aussi du genre de texte dans lequel il est cité. Certains noms paraissent seulement dans des textes administratifs tandis que d'autres dans des textes religieux ou littéraires. Remarquables sont les transformations et leur emploi dans la langue égyptienne.
En premier lieu, à toutes les époques naissent de nouveaux termes. En particulier, certains sont utilisés dans toutes les périodes, mais d'autres apparaissent ou disparaissent. Ce sont ceux qui sont employés à toutes les époques qui montrent les changements les plus remarquables. La langue est très vivante et, comme toutes les langues vivantes, elle se modifie. Le sens change devenant plus spécifique ou plus générique. Le mot *ꜥw.t*  désignant au début les petits quadrupèdes en est un exemple signifiant: à la fin d'une évolution sémantique, il finit par désigner l'animal en général.[39] Il est intéressant de voir comment le mot *ꜥw.t,* outre son sens originel, change selon les différents contextes, pouvant désigner le « bétail » en général, les « animaux terrestres », l' « animal » en général et par métonymie tous les quadrupèdes.[40]
En même temps, les mots montrent différentes graphies selon le genre de textes où ils sont écrits et selon leur datation.
C'est à l'époque ptolémaïque que les graphie se différencient le plus.
Les mots désignant les animaux pris en considération sont également présents dans des épithètes de roi et des dieux. Souligner leur caractéristiques sert à souligner certaines qualités telles que la force ou la sexualité.

I.2.1 Noms de bovins

Les noms désignant les bovins sont beaucoup plus nombreux que ceux qui indiquent les caprins et les ovins: cinquante sept mots pour les bovins, dix pour les caprins et huit pour les ovins. J'en ai pris en considération quatorze désignant des parties d'animal et trois liés à l'animal et à sa fonction.
L'existence de plusieurs noms indiquant les bovins est liée à l'importance qu'ils recouvrent dans l'économie, la langue, la religion et la vie quotidienne égyptienne. Ils fournissaient la viande et le lait et nombreuses sont les scènes de boucherie présentes dans les tombeaux de l'ancienne Égypte. Ils étaient indispensables dans le travail des champs et pour transporter des objets lourds tels que blocs de pierre, sarcophages, etc.
Ils étaient, en outre, la plus grande source de richesse pour les dignitaires et pour le pharaon. Comme déjà souligné, certaines parties de bovins étaient aussi ingrédients de médicaments, comme le démontrent les textes médicaux où paraissent souvent la graisse et le

[33] Vernus, in *Bestiaire*, pp. 497-507.
[34] Deines-Grapow, *Wb Drogenn*, p. 523; *Eb* 63, 16; *pap. Ram* V, XV.
[35] Le roi est souvent associé au taureau pour sa puissance. cfr. *Pyr.* et *CT.*
[36] Vernus, in *Bestiaire*, pp. 497-507.
[37] *pap. Jumilhac* XXI, 1-9; Montet, *Géographie* I, p. 58-59.
[38] Altenmüller, *Synkretismus*, pp. 221-225; Kessler, « Bull Gods », pp. 209-213; el- Sayed, *MDAIK* 36, 1980, p. 370.

[39] *Wb* I, 170, 7-171, 1; F*CD*, p. 39; Van der Molen, *Coffin Texts*, p. 68; *ArchAbous* I, p. 251; Goldwasser, *Prophets, lovers and giraffes,* p. 69-78; Van de Walle, *Ägyptologische Studien,* pp. 372-377.
[40] Vernus, in *Bestiaire*, pp. 17-18.

sang de bœuf ainsi que de chèvre.[41] De plus, les animaux et leur parties sont très fréquentes soit comme déterminatifs soit comme signes phonétiques dans l'écriture égyptienne. Finalement, nombreuses divinités comme Apis et Hathor sont associées aux vaches et taureaux.

Les nombreuses représentations dans les tombeaux de l'Ancien Empire jusqu'à l'époque ptolémaïque soulignent le rôle joué par ces mammifères.

Du point de vue lexicographique, paraissent les noms suivants: *ȝh.t, ȝḫ.t, jwȝ, jwȝ.t, jmn.w, jry.t, jḥ, jḥ.t, jd, jd.t, ʿrw.jt, wr, wr.t, wšb, wšb.t, bḥs, bkȝ.t, pry, pḏ.tj, mnʿ.t, mnmn.t, mr, mr.t, mrw, mhj.t, ms, nfr.t, nḥb.w, ng, ngȝ.w, ngn, rn.y, rnn, rnn.t, ḥw.w, ḥr.j-sȝ, ḥr.j-ḏbʿ, ḥm.t, ḫtmw, sȝ, sȝb.t, sbn.t, smȝ, smȝ.t, sḫ.tjw, skȝ, šbn.t, šmʿ, šsr, kȝ, km.t, gw, gn, tpjw, ṯȝy, ṯnt.t, dšr.t.*

Le terme *ȝh.t* désigne la vache et est employé dans les textes religieux associé à la déesse appelée « Vache du Ciel ».[42]

ȝḫ.t est un autre mot féminin présent dans les textes de l'époque ptolémaïque désignant cet animal dans le titre de la déesse Hathor. Il y a beaucoup d'expressions où ce terme est employé.[43]

jwȝ indique le bovin domestique aux longues cornes destiné à l'engraissement.[44] Il se trouve en opposition avec les *wnḏ.w* qui, par contre, ont les cornes courtes. On a souvent le déterminatif du bovin ou seulement sa tête, dérivée par métonymie graphique de l'idéogramme pour le désigner. Il est présent comme animal d'offrande, comme bœufs de parade dans les fêtes religieuses, comme tribut, et aussi avec une valeur métaphorique pour désigner l'adulte de n'importe quel animal.[45]

jwȝ.t est soit le féminin soit le collectif du nom précédent.[46]

jmn.w est utilisé dans les Textes des Pyramides et désigne un taureau de bataille.[47]

jry.t indique une vache laitière.[48]

jḥ est le mot qui désigne le *Bos domesticus.* Il s'agit d'un terme générique pouvant indiquer un bœuf, une vache ou le bétail. Il est présent dans les titres administratifs, comme épithète des dieux, dans les énumérations d'animaux, dans les offrandes et dans les expressions qui indiquent le paiement des taxes.[49]

Le mot *jḥ.t* peut représenter le collectif « bétail » ou le féminin « vache ». Il est employé aussi pour designer la ville d'Hathor, c'est-à-dire Aphroditopolis.[50]

jd est utilisé dans les Textes des Pyramides et signifie taureau.[51]

jd.t , translittéré aussi *ḥm.t*, présente comme déterminatif l'utérus et indique la vache, soulignant sa distinction sexuelle. Il a aussi un sens dérivé pour indiquer, en général, l'animal femelle. Dans ce cas, il suit ou précède le zoonyme.[52]

ʿrw.jt , présent dans les textes d'époque ptolémaïque, indique la vache d'Hathor.[53]

wnḏ.w , employé dans l'Ancien Empire pour désigner les chèvres, acquière dans les Textes des Sarcophages le sens plus général de bétail et, plus précisément, celui du bétail des dieux, c'est-à-dire les hommes.[54]

---

[41] Le sang de chèvre est ici cité parmi les médicament contre le mal *pȝ ʿḫw. pap. Berlin 3038*, p. 75, n° 110; *pap. Leiden I 343+I 345*, vs X, 1, *pap. Ram* V, XI; V, XIV; V, XV; *Eb* 63, 16.

[42] voir pp. 25; Faulkner dans *FECT*, p. 166 dit que ce mot a un signifié obscur; Maystre, *BIFAO* 40, 1941, pp. 53-115.

[43] voir pp. 25-26.

[44] voir pp. 27-30.

[45] *Wb* I, 49, 11; Grapow, *ZÄS* 47, 1910, p. 133; *Harr* 20a, 12; 35b, 15; Grapow, *ZÄS* 47, 1910, p. 133; *CT* I, 270d.

[46] voir pp. 42-43; *Wb* I, 49, 13-14; Hannig, H*wb*, 1995, p. 33; Montet, *Kêmi* 13, 1954, pp. 43-58: selon Montet les bœufs sans cornes peuvent également s'appeler ou . Le « t » ne serait pas, à son regard, la marque du féminin, mais le mot *jwȝ.ty* serait un dérivé de *jwȝ,* désignant une variété, naturelle ou artificielle, de l'espèce *jwȝ*; Wreszinski, *Atlas*, III, p. 86: « *jwȝ.t* désigne bien une vache ».

[47] voir p. 33; *Wb* I, 85, 9; Hannig, H*wb*, 1995, p. 142.

[48] voir p. 33.

[49] voir pp. 34-37; *Wb* I, 119, 15-21; 120, 1-6; F*CD*, p. 28; Hannig, H*wb*, 1995, pp. 199-200; *AnnLex* I, p. 41; II, p. 44; III, 1979, p. 32; Maspero, *Etudes égyptiens* II, pp. 101- 112; Graefe, *MDAIK* 35, 1979, pp. 104-125 ; Deines-Westendorf, *Wb Med*, p. 98; Lefebvre, *BIFAO* 57, 1958, p. 179: on trouve dans l'expression « graisse de bœuf » ou « graisse de taureau »; *pap. Lansing*, 8, 2.

[50] voir p. 37.

[51] voir p. 37.

[52] voir pp. 38-39; Collombert, *RdE* 46, 1995, pp. 205-208; Goldwasser, *Prophets, lovers and giraffes*, pp. 85-86; Vernus, in *Bestiaire*, p. 82; Collombert, *RdE* 46, 1995, pp. 205-208; Vernus, in *Fs Junge,* pp. 693-698; *AEO* II, pp. 258-259*; *Meir* V, pl. 32; Vandier, *ASAE* 36, 1936, pp. 35, n° 2; Janssen, *Commodity Prices*, p. 168.

[53] voir p. 48.

[54] voir pp. 49-51.

wr représente le taureau et paraît dans le toponyme *ḥw.t-wr.w*.[55]

wr.t est le féminin du terme précédent utilisé à partir du Moyen Empire jusqu'à l'époque ptolémaïque pour indiquer la vache sacrée dans les textes religieux.[56]

wšb, dérivé du verbe « répondre », indique un taureau de bataille ou « qui répond ». Il a le déterminatif de la vache et, surtout dans les textes religieux, il peut désigner l'animal femelle.[57]

wšb.t est le féminin du terme précédent et est utilisé aussi comme épithète de la déesse Isis ou dans le toponyme *ḥw.t wšb.t*.[58]

bḥs indique le veau. Il s'agit d'un nom générique, désignant jusqu'à la VIème dynastie le jeune d'animal, qui par la suite devient spécifique. Il est présent dans les scènes d'élevage d'animaux, dans les mythes, dans les cérémonie *ḥw.t-bḥs.w* ou comme animal d'offrande.[59]

bk3.t indique une vache gravide et désigne les vaches élevées pour générer des veaux.[60]

pry indique un taureau féroce, qui avance contre.[61]

pḏ.tj désigne un bœuf en tant qu'animal de boucherie ou de sacrifice.[62]

mnˁ.t est attesté pendant l'Ancien Empire et désigne une vache laitière.[63]

mnmn.t indique le gros bétail.[64] Utilisé à partir du Moyen Empire, il représente les grands quadrupèdes, en opposition avec *ˁw.t* « petits quadrupèdes ». Cette classe est désignée par plusieurs déterminatifs: bovin, chèvre, mouton, âne, porc. Il signifie aussi troupeau.

mr, attesté pendant l'Ancien et le Moyen Empire, signifie taureau de bataille.[65]

mr.t est son féminin et indique une vache noire. Il est employé à partir du Nouvel Empire.[66]

mrw indique le taureau.[67]

mhj.t indique une vache laitière et paraît dans les Textes des Pyramides.[68]

ms signifie « veau, jeune animal » et son féminin désigne une vache qui accouche.[69]

nfr.t est un terme présent à partir de la XVIIIème dynastie pouvant indiquer les vaches, mais aussi un collectif avec le sens de bétail.[70]

nḫb.w a la même racine du mot *nḫb* « joug » et désigne les bœufs attelés.[71]

rn.y signifie veau.[72]

rnn signifie bœuf. Terme néo égyptien, dénote probablement un jeune d'animal.[73]

rnn.t est un féminin présent dans les textes du temple d'Edfou employé au pluriel pour désigner les vaches d'Hathor. Il peut avoir aussi un sens général pour indiquer les jeunes animaux femelles.[74]

ḥw.w désigne une espèce de bœuf.[75]

ḥr.j-s3 indique un taurillon et est employé dans les Textes des Pyramides et dans le Nouvel Empire. Il peut signifier aussi « taureau attelé » ou « bétail aux longues cornes ».[76]

ḥr.j-dbˁ est un veau ou un bœuf sans cornes, un animal docile.[77]

ḥm.t est une vache.[78]

s3 désigne un taureau castré.[79]

s3b.t est un collectif pour indiquer des vaches tachetées noires et blanches.[80]

---

55 voir p. 51.
56 voir pp. 51-52.
57 voir pp. 52-53.
58 voir pp. 53-54.
59 voir pp. 56-58.
60 voir p. 58.
61 voir p. 59.
62 voir p. 59.
63 voir pp. 60-61.
64 voir pp. 61-62.
65 voir p. 62.
66 voir p. 63.
67 voir p. 63.
68 voir p. 63.
69 voir pp. 63-64.
70 voir p. 67.
71 voir pp. 67-68.
72 voir p. 70.
73 voir p. 70.
74 voir pp. 70-71.
75 voir p. 72.
76 voir p. 72.
77 voir pp. 72-73.
78 voir p. 74.
79 voir p. 76.
80 voir p. 76.

sbn.t est une vache laitière.[81]

sm3 peut être un participe actif indiquant donc un taureau non domestiqué ou un participe perfectif désignant un taureau destiné aux sacrifice. Il est employé surtout dans les textes de l'époque ptolémaïque.[82]

sm3.t est un féminin dénotant une vache sauvage.[83]

sk3 [84] indique les vaches de labour, *šbn.t* [85] le bétail de différentes espèces, *šmꜥ* [86] et *sḫ.tjw* [87] une espèce de bovin et *šsr* [88] le bœuf pour le sacrifice. Ce dernier mot est employé de l'Ancien Empire jusqu'à l'époque ptolémaïque. Peut-être qu'il s'agit d'un bœuf tué au moyen d'une flèche, vu le signe présent dans les graphies. Il n'indique donc aucune espèce particulière, mais la façon dans laquelle l'animal est tué.

k3 est le mot plus commun pour « taureau ». Il paraît dans les titres administratifs, dans les épithètes de roi et des dieux, dans les énumérations d'animaux et dans les médicaments.[89]

km.t [90] est un collectif qui désigne le bétail noir en opposition avec *dšr.t* [91] « bétail rouge ». Il est souvent utilisé dans les titres administratifs.

tpjw est utilisé au cours du Nouvel Empire pour désigner un bœuf.[92]

ṯ3y dénote un veau de taureau.[93]

ṯnt.t « vaches sacrées à Hathor » est présent dans les titres administratifs.[94]

ng3.w, *ngn*, *ng*, *gn* et *gw* désignent le même animal, un taureau aux longues cornes destiné plutôt aux sacrifices. Il s'agit de graphies différentes: graphies pleines et défectives qui ne sont écrites que avec quelques radicales.[95]

I.2.2 Noms de caprins

Dans l'économie égyptienne, les caprins jouent également un rôle important. Les chèvres remplacent, en fait, les gazelles et sont les premières à être domestiquées grâce à certaines caractéristiques: elles sont peu exigeantes en soins, peu difficiles en fourrage, adaptables aux différents environnements même les plus difficiles, résistants à la maladie et nombreux sont leur emplois.
Après les bovins, ils sont la richesse la plus commune. Ce sont surtout les petits propriétaires qui possèdent ces animaux. En outre, les chèvres sont présentes dans la médecine, où leur sang est utilisé comme médicament. Malgré tout, les termes pour les indiquer ne sont pas aussi nombreux que ceux indiquant les bovins.
On considère le noms: *jb, jb-ḥḏ, jm3.t, ꜥw.t, ꜥnḫ.t, ꜥr, wꜥty, wnḏ.w, nwḏ.w, nj3.w.*

jb indique un mâle de caprin ou un chevreau.[96]

jb-ḥḏ est un nom composé par le terme *jb* « chevreau » et l'adjectif *ḥḏ* « blanc » et indique donc une chèvre blanche.[97]

jm3.t indique le bouquetin femelle, mais on le trouve aussi lié au nom d'autres animaux sauvages désignant la femelle de ces espèces.[98]

ꜥw.t est un mot collectif pour les animaux d'origine sauvage domestiqués par les Égyptiens. En particulier, il indique les petits quadrupèdes: ovins et caprins. À partir du Moyen Empire *ꜥw.t* devient le mot spécifique pour identifier les chèvres et, par la suite, acquière la valeur d'animal en général.[99]

---

[81] voir p. 77.
[82] voir pp. 78-80.
[83] voir p. 80.
[84] voir p. 83.
[85] voir p. 85.
[86] voir p. 86.
[87] voir p. 82.
[88] voir pp. 86-87.
[89] voir pp. 88-94.
[90] voir pp. 94-95.
[91] voir p. 100.
[92] voir p. 97.
[93] voir p. 98.
[94] voir pp. 98-99.
[95] voir pp. 68-69; p. 96.
[96] voir p. 31.
[97] voir pp. 31-32.
[98] voir pp. 32-33.
[99] voir pp. 40-44; *Wb* I, 170, 7-171, 1; F*CD*, p. 39; Van der Molen, *Coffin Texts*, p. 68; *ArchAbous* I, p. 251; Goldwasser, *Prophets, lovers and giraffes*, p. 69-78; Van de Walle, *Ägyptologische Studien*, pp. 372-377; Vernus, in *Bestiaire*, pp. 17-18; Loffet-Matoïan, *RdE* 47, 1996, pp. 33: le bétail *j3w.t* n'est pas confondu avec le bétail *mnmn.t*; Vernus, in *Bestiaire*, pp. 87-88; *pap. BM n°47.218.156*, p. 28, note qq, pl. V, l. 5: *jw=f n tp j3w n ꜥw.t=f* « il est pourvu d'une tête d'animal sur ses membres ». Selon Sauneron, il s'agit de l'expression *tp n ꜥw.t*.

ꜥnḫ.t signifie « la vivante » faisant allusion au caractère très vivace de la chèvre. Employé surtout dans les textes de la pratique et les inscriptions monumentales, il indique en général la chèvre et est attesté dès l'Ancien Empire. Il est présent dans les titres administratif, dans les expressions comme *msk3 n ꜥnḫ* « cuir », *bty ꜥnḫ.t* « blé de chèvre », dans l'épithète de *Sekhat-Hr*.[100]

ꜥr est un autre mot pour indiquer la chèvre. Il signifie « celle qui grimpe ». Ce mot est utilisé dans les textes médicaux et religieux. Il paraît aussi dans le toponyme *p3 sg3 n ꜥr* « le Castel de la Chèvre » et dans le Nouvel Empire pour indiquer des divinités.[101]

wꜥty indique la chèvre en sens général.[102]

wnḏ.w est utilisé dans l'Ancien Empire pour désigner les chèvres et pourrait dériver du verbe *wn* « ouvrir » et du mot *ḏw* « montagne ». Il indique un bovin aux cornes courtes et droites ou une espèce de chèvre. Les chèvres domestiquées étaient privées des cornes et pour cette raison ce nom était employé aussi pour désigner les autres animaux domestiques traités de la même façon.[103]

nwḏ.w indique l'*Addax nasomaculatus*. Il s'agit d'une antilope de la même famille de l'oryx, mais aux cornes torsadées, souvent présente dans les scènes de l'Ancien Empire dans les séquences d'animaux avec *nj3.w*, *m3-ḥḏ*, *jb3w* et *gḥs*.[104]

nj3.w ou *nr3.w* est un mot employé de l'Ancien Empire jusqu'à l'époque ptolémaïque et dénote les espèces *Capra ibex nubiana* et *Capra aegrarius*. Ce mot est très souvent associé à *m3-ḥḏ* et *gḥs* et à côté de *wꜥty*, probablement en tant que corrélat sauvage du caprin domestique. On le trouve dans le toponyme *nj3w.wt* « la ville des ibex femelles », dans les expressions *rn nj3* « jeune d'ibex », dans les processions d'animaux, parmi les animaux pour les sacrifices.[105]

I.2.3 Noms d'ovins

Aussi les ovins représentent des animaux très important dans l'Égypte ancienne. Ils sont présents dans l'économie, mais surtout dans la religion. Dans les représentations des tombeaux de l'Ancien Empire les moutons ne sont pas nombreux. Ils font partie du petit bétail et étaient employés dans les champs pour enfoncer les semences ou pour le dépicage des épis.

Ils acquièrent une grande importance dans les textes religieux étant présents surtout parmi les épithètes des dieux. Malgré cette importance, surtout pour ce qui concerne le bélier dans la religion égyptienne, il n'existe pas nombreux noms pour l'indiquer. En outre, il faut souligner qu'il n'y a pas un nom spécifique pour désigner l'agneau, mais on a vu qu'il y a des mots pour le chevreau et le veau. L'agneau deviendra fondamentale dans la religion hébraïque. Les termes pris en considération sont: *jb3.w, w3p.t, b3, rhnj, sr, sr.t, šfy/šf.t, šfšf.t*.

jb3.w indique le « mouflon à manchettes ». Il s'agit du mouflon sauvage nommé *Ammotragus lervia Palla*. Ce mot est formé sur la racine du verbe *jb3* « danser », faisant probablement allusion au mouvement de l'animal.[106]

w3p.t, employé dans les textes religieux, indique une brebis.[107]

Le nom *b3* est formé sur la racine *b3* « se répandre », en relation avec la puissance sexuelle du bélier, indique le bélier sacré du Mendès et est utilisé comme épithète du dieu Khnoum.[108]

Il est présent dans plusieurs noms et épithètes.

b3 « bélier » est homophone de *b3* « l'âme-oiseau » et se distingue de celui-ci grâce au déterminatif du bélier à la place de l'oiseau.

Le terme *rhnj* est attesté à partir du Nouvel Empire et désigne, en particulier, l'espèce *Ovis platyra aegyptiaca*.[109]

Il s'agit d'un terme ambivalent qui peut désigner soit des béliers soit des criosphinxes. Il faut observer le detérminatif.

Il peut être associé au verbe *rhn* « être couché » par analogie avec l'attitude de bélier couché. Il indiquerait donc « celui qui est couché ».

[100] voir pp. 44-46; l'expression *msk3 n ꜥnḫ* Il est fréquent dans les listes et les comptes de toutes les époques; Zivie, *Giza*, p. 232; *pap. Wilbour*, A 26, 42; 40, 34; 61, 25; Stèle funéraire de *Heka-Yeb*, p. 195, pl. XXIX, 8; *pap. Reisner* II, pl. 1A, 35; 1A, 43; 24A; var. *msk3 n ꜥnḫj*: pl. 20A; p. 38 note 7; *pap. Berlin 3038*, p. 75, n° 110; *pap. Leiden I 343+I 345*, vs X, 1.

[101] voir pp. 126-132; Zibelius, *AegSiedl*, p. 57 et n° 380; Vernus, *RdE* 19, 1967, pp. 166-169; Montet, *Géographie* II, p. 191: *p3 sg3 n* *ꜥr.w* « le castel de la Chèvre » fait penser au *Pr-Wsr ḫnt* « le domaine du roseau ». *ꜥr.w* « chèvre » et *ꜥr.w* « roseau » ne diffèrent que par le déterminatif ; Vernus, *RdE* 19, 1967, p. 167; Tresson, *Mél. Maspero* I, p. 817-840, pl. I, 21; *LGG* II, p. 178.

[102] voir p. 49.

[103] voir pp. 49-51; *Wb* I, 326, 2-4; F*CD*, p. 63; Hannig, H*wb*, 2003, p. 353; Van der Molen, *Coffin Texts*, p. 95; Wilson, *Ptolemaic Lexikon*, pp. 239-240; *AnnLex* I, p. 91; III, 1979, p. 71; Letellier, *Mélange Leclant*, p. 474.

[104] voir p. 67.

[105] voir pp. 65-67.

[106] voir p. 32.

[107] voir p. 49.

[108] voir pp. 55-56.

[109] voir p. 71.

Une autre possibilité abordée par Wainwright affirme que la racine *rhn* semble être lié au dieu Amon.
Cet animal est, en effet, souvent associé à ce dieu, mais on le trouve aussi lié à Seth, Min et Geb.
Il s'agit, en plus, d'un animal sacré qui dans les textes magiques se comporte comme protecteur contre les serpents et les autres animaux dangereux.[110]

sr indique le mouton.[111] Deux signes indiquent le bélier: et . Ils sont utilisés comme idéogramme dans les graphies purement idéographiques et comme déterminatif dans les graphies aux composantes phonétiques représentant deux espèces différentes: le bélier aux cornes torsadées et celui aux cornes enroulées.
À l'époque ptolémaïque le terme *sr* est souvent écrit *jsw* . Ce mot écrit en toutes lettres est connu dans l'onomastique de la même période. Les noms de Basse Époque composés avec *jsw, jsw.t* sont limités au Delta, à Memphis et au Fayoum et montrent la popularité des cultes rendus à des béliers sacrés et à leur mère. Il est aussi employé dans les titres administratifs.[112]

sr.t est le féminin de *sr* et indique la brebis.[113]

Les deux mots *šf.t* et *šfy* semblent être graphies différentes du même terme indiquant un bélier de l'espèce *Ovis longipes aegyptiaca* utilisés à partir de la XVIIIème dynastie.[114]

šfšf.t est formé sur la racine dupliquée du mot précédent et indique la « tête de bélier ». Ce mot est employé à partir de la XVIIIème dynastie.[115]

I.2.4 Noms de parties d'animaux

Dans mon lexique j'ai décidé de traiter aussi des mots désignant des parties d'animaux. J'ai pris cette décision compte tenu de l'importance et de la présence fréquente de ces termes dans les listes d'offrandes. Il s'agit des mots employés surtout dans l'Ancien Empire.
En particulier, sont présents: *jwꜥ, jns.t, jrw, wḥm, mjs.t, ḫpš, ḫnḏ, sw.t, spr, spḥ.t, sḫn, sd.t, dp.t, ḏrw.w.*

jwꜥ indique une pièce de boucherie, le fémur de la patte des bœufs. Il s'agit d'un morceau particulièrement savoureux. Ce mot est utilisé aussi avec le sens dérivé « héritier » à partir d'une métonymie.[116]

jns.t désigne le jarret de la patte postérieure. Il possède le déterminatif de la patte d'animal ainsi que de la jambe d'homme. Il peut donc signifier également la partie inférieure de la jambe d'homme.[117]

jrw indique un « morceau de viande ».[118]

wḥm désigne le sabot de bœuf. Ce mot se distingue par les autres traités parce que il s'agit d'un terme employé à partir du Moyen Empire et il n'apparaît pas dans les listes d'offrandes, mais dans le titre administratif *jmj-r3 wḥm* trouvé fréquemment jusqu'à l'époque ramesside. Dans ce contexte le mot *wḥm* désigne les « animaux à sabots » dans une division entre animaux à sabots, à cornes et à coquilles.[119]

mjs.t signifie le foie. Il est présent dans les listes d'offrandes à partir de la Vème dynastie. Il est cité aussi dans les textes médicaux parmi les remèdes pour certaines maladies. Il y a une alternance entre les signes , et . Par ailleurs, le signe a dans ces graphies la valeur de *m*.[120]

ḫpš est écrit avec l'idéogramme de la cuisse de bœuf ou avec des signes alphabétiques. Il désigne la patte antérieure du bœuf et est présent dans les liste d'offrandes de l'Ancien Empire. Il paraît dans les expressions *ḫpš hrj* « humérus », *ḫry ḫpš* « radius », *pr-ḫpš* « laboratoire ».[121]

ḫnḏ dérive du verbe « marcher ». Employé de l'Ancien Empire jusqu'à l'époque ptolémaïque, il indique la cuisse ou la jambe ou le pied.[122]

sw.t , formé sur la racine du verbe *sw3* « couper les arts », indique la moitié inférieure de la patte constituée par le tibia et les chairs qui l'entourent.[123]

spr [124] et *spḥ.t* indiquent les côtes.[125]

sḫn désigne une partie d'animal tel que le pancréas ou les rognons.[126]

[110] Borghouts, *RdE* 32, 1980, p. 36, note 18; Wainwright, *JEA* 20, 1934, pp. 140-141- 143; *Wb* II, 440, 4-6; Cabrol, *Voies processionnelles*, p. 394.
[111] voir pp. 80-81.
[112] Thirion, *RdE* 34, 1982-1983, pp. 103-104; Wreszinski, *ZÄS* 45, 1908, p. 111, pl. 5.
[113] voir p. 82.
[114] voir p. 85.
[115] voir p. 86.
[116] voir pp. 30-31.
[117] voir p. 33.
[118] voir p. 33.
[119] voir p. 52.
[120] voir p. 60.
[121] voir p. 74.
[122] voir pp. 74-75.
[123] voir p. 77.
[124] voir pp. 77-78.
[125] voir p. 78.
[126] voir pp. 82-83.

sd.t , « queue », présente le suffixe féminin. Il peut être rapproché au verbe *sdȝ* « trembler » faisant allusion au frétiller de la queue.[127]

dp.t dérive du terme « goût ». Il présente dans ses graphies une alternance entre *d/t*. En particulier, il y a le *t* au lieu du *d* dans les textes de l'époque ptolémaïque. Il indique un morceau de viande provenant de la région de reins.[128]

ḏrw.w dérive du verbe *ḏrj* « emprisonner », et son sens spécifique n'est pas très clair. Il peut, en effet, indiquer le flanc d'un animal ou d'un être humain, désigner les talons d'un animal, être lié aux divinités ou finalement avoir le sens plus général « partie du nez ». Les déterminatifs peuvent représenter le morceau de viande ou les vertèbres; le pluriel est indiqué avec désinence *–w* ou duplication du déterminatif.[129]

I.2.5 Autres mots

Il y a dans le lexique des mots qui ne désignent pas d'animaux, mais que j'ai décidé de mentionner étant liés au présente sujet. En particulier on a *jrw* et le verbe et le substantif *jȝʿ*.

À propos de *jrw* , il s'agit peut-être de la forme participiale du verbe *jrj* « faire », bien attesté avec le sens de « produire ». Il signifie donc « ce qui est produit » ou « ce qui a été produit ». Les différents déterminatifs sont en fonction des objets auxquels les graphies s'appliquent. Ce mot signifie « impôt sur le bétail ou recensement du bétail ».
Il est présent dans les inscriptions des tombeaux du Moyen Empire.[130]

Le verbe *jȝʿ* signifie « attirer, appeler » et est employé dans l'Ancien Empire en relation avec les veaux dans l'expression *jȝʿ bḥs*.[131]

Le substantif *jȝʿ* indique, au contraire, le tablier, le manteau de poil de bœuf.[132]

I.2.6 Types de graphies et particularités graphiques

Certains noms présents dans le lexique animalier de l'Égypte pharaonique montrent des différentes graphies pouvant être classées entre deux groupes: graphies purement idéographiques et graphies à composante phonétique. Dans le premier groupe les graphies représentent l'animal ou une de ses parties : pour indiquer le bovin, par exemple, les Égyptiens écrivaient le signe du bœuf tout entier ou simplement de sa tête ou de sa peau . Ceci est motivé par une métonymie, figure rhétorique selon laquelle une partie indique le tout. Les parallélismes assurent la lecture de ce type de graphie, c'est-à-dire que les termes écrits dans cette façon apparaissent dans les mêmes expressions dans d'autres textes qui présentent des graphies à composante phonétique. Ces dernières peuvent elles aussi être sous-divisées en différents groupes selon les types. À la première place, se trouvent les graphies complètes présentant toutes les radicales. Après suivent les graphies défectives à quelques radicales seulement. Celles-ci peuvent être des signes unilitères ou bilitères ou trilitères et quelquefois même une métathèse entre deux signes.

Le terme *ngȝ.w* « bœuf » en donne un exemple très clair.[133] Ce mot, désignant une espèce de bœuf, présente graphies pleines et graphies défectives faisant croire qu'il s'agissait des mots différentes. Ce sont, en particulier, les graphies pleines *ngȝ* et *ngn* qui présentent les trois radicales *n g ȝ/n*. Le mot *ngȝ.w* est écrit selon la graphie avec les trois radicales à partir du Moyen Empire. L'alternance entre *ȝ* et *n* étant très fréquente est due au fait que le *ȝ* à l'origine ne représente pas une occlusive glottale, mais une liquide. Ce mot est écrit généralement avec la graphie défective *ng* dans les textes de l'Ancien Empire, mais dans cette époque, il y a l'alternance entre la racine *ng/gn*. Il est donc possible de trouver *gn* à la place de *ng* suite à une métathèse entre les deux radicales.[134]

La graphie *gw* ne semble, au contraire, avoir aucune liaison avec les autres, mais compte tenu de l'emploi de ce terme dans l'expression *spḥ gw*, qui ressemble à *spḥ ngȝ.w*,[135] je me suis convaincue que c'est bien une autre graphie pour désigner le bœuf-*ngȝ.w*.

En ce qui concerne les graphies du mot *ʿw.t* ,[136] il faudrait encore prêter attention à l'emploi du signe qui à partir du Moyen Empire remplace dans les textes hiératiques et hiéroglyphiques les deux idéogrammes et . L'idéogramme du bâton de berger qu'on trouve par métonymie figure dans les

[127] voir pp. 83-84.
[128] voir p. 100.
[129] voir p. 101.
[130] voir p. 34.
[131] voir p. 27.
[132] voir p. 27.
[133] voir p. 69.
[134] Jéquier, *RT* 30, 1908, p. 38; Montet, *Kêmi* 13, 1954, p. 55, note 2.
[135] Capart, *Seti I*, pl. XLVIII; Otto, *JNES* 9, 1950, p. 173.
[136] voir pp. 41-42.

exemples les plus anciens avant d'être remplacé fréquemment par .[137]

À partir du Nouvel Empire, on trouve aussi l'idéogramme , présent dans le mot *ˁw.t* « fonction » par confusion graphique.

À l'époque ptolémaïque les graphies changent beaucoup plus que pendant les autres périodes. Leur changement dépend aussi du type de documents où elles apparaissent ou de la datation de textes.

En effet, certaines graphies apparaissent seulement au cours de certaines époques pendant que d'autres disparaissent et d'autres encore sont toujours employées.

Par exemple, la graphie pour le mot *ˁw.t*, attestée dans le papyrus d'Abousir, est exceptionnelle à l'Ancien Empire, mais usuelle au Moyen Empire.[138]

À propos du terme *ˁr* « chèvre », la radicale *r* est indiquée par le signe de la bouche dans les textes ptolémaïques.[139]

Dans le mot *nj3.w* ou *nr3.w* « ibex »[140] la graphie *r* de la deuxième radicale recouvre:

- soit un fait de phonétique; hypothèse d'un *j* médian qui se réaliserait comme une liquide devant *3*.

- soit un fait de hypercorrection, le rétablissement d'un *r*, faussement étymologique à la place du *j*, les scribes étant influencés par le fait que beaucoup de *j* provenaient d'un *r* originel, y compris d'un *r* médian.[141]

La graphie tardive à l'aide du bilitère des deux premières radicales tient sans doute à la vocalisation particulière de la première syllabe.

À l'époque ptolémaïque le terme *sr.t/sj.t* / « brebis » est souvent écrit *jsw.t* .[142] Ce mot écrit en toutes lettres est connu dans l'onomastique de la même période et, en particulier, dans le nom *P3-šrj-(n)t3-jsw.t.*[143]

- Dans les graphies de *sm3* « taureau »,[144] la présence d'un couteau, sert probablement à souligner que dans les sacrifices cet animal est tué au moyen de cet objet.

- Aussi le mot *jd.t* « vache » présente différentes graphies.[145] Ce terme peut être translittérer aussi *ḥm.t,* translittération préférée surtout dans les Textes des Sarcophages.

À la place du signe plus ancien on peut trouver avec la valeur « féminin ».[146] Collombert soutient qu'il s'agit d'une adaptation de la forme hiératique.[147]

En outre, dans les mots tels que *wnḏ.w* ,[148] *wšb* [149] et *wšb.t* ,[150] se trouve souvent la variante hiératique du complément phonétique *w*.

Les déterminatifs soulignent une question très importante. Certains mots peuvent présenter différents déterminatifs parmi lesquels la partie du corps de l'animal ou l'animal entier sont les plus fréquents. Le déterminatif dénote l'espèce de l'animal, mais en même temps aussi une caractéristique du mammifère en question.

- Le mot *jd.t* « vache » présente comme déterminatif le signe correspondant à l'utérus de vache, mais pouvant évoquer également l'utérus féminin. Cela était conçu comme une corne ou un organe muni de cornes comme on peut deviner en regardant la forme de certains objets du Nouvel Empire. Il souligne donc le sexe féminin de l'animal.[151]

- En ce qui concerne les déterminatifs du mot *ˁw.t*, ils sont conformes aux différents sens du terme. Ceci peut être déterminé par un seul quadrupède qui suggère toute la catégorie d'animaux. Toute d'abord, dans l'Ancien Empire, différents déterminatifs sont fréquemment employés: un bélier, une chèvre, un âne pour le petit bétail domestique; un oryx, une gazelle et un bouquetin pour les ruminants du désert; enfin, neuf déterminatifs explicitent son acception élargie « bétail »: une chèvre, une gazelle, un bouquetin, un âne, un mouflon, un animal dont la tête

[137] Megally, *CdE* 66, 1991, pp. 117-118.
[138] *ArchAbous* I, p. 251.
[139] voir p. 46.
[140] voir pp. 65-67.
[141] voir p. 65.
[142] voir pp. 80-81.
[143] stèle *Vatikan 209*; Wreszinski, *ZÄS* 45, 1908, p. 111, pl. 5.
[144] voir pp. 78-80.
[145] voir pp. 38-39.
[146] *AEO* II, pp. 258-262.
[147] Collombert, *RdE* 46, 1995, pp. 205-208; Möller, *Hieratische Paläographie*, n° 602.
[148] voir pp. 49-51.
[149] voir pp. 52-53.
[150] voir pp. 53-54.
[151] Collombert, *RdE* 46, 1995, pp. 205-208; Loret, *RT* 18, 1896, pp. 196-209.

a disparu et un bovin ? .[152] Ce choix peut être expliqué avec le procédé de la dissimilation: le scribe au lieu de montrer trois fois le même animal pour indiquer le pluriel, représente trois animaux de la même catégorie.

À partir du Moyen Empire le signe du chevreau remplace les anciens déterminatifs de ce terme qui représentait plusieurs espèces de petit bétail. Au Nouvel Empire une tendance à l'uniformisation caractérise l'emploi du déterminatif et c'est au cours de cette période qu'apparaît également

Le mot *mnmn.t* [153] présente le déterminatif du bovin avec les traits du pluriel. Mais, dans le Moyen Empire, les scribes reprennent une habitude de l'Ancien Empire et ajoutent plusieurs déterminatifs comme un bovin, une chèvre, un âne ou un bovin, une chèvre, un mouton. De cette manière, est évoquée aussi graphiquement l'idée d'un troupeau.
Le déterminatif est important pour comprendre le sens du mot *b3* « bélier ».[154] En effet, ce nom est homophone de *b3* « Ba, âme-oiseau » et pour les distinguer, il suffit de prêter attention au déterminatif employé. En effet, indique « Ba » et indique « bélier ». Parfois, le déterminatif du bélier remplace celui de l'oiseau.

Le terme *mnˁ.t* [155] présente deux déterminatifs, la mamelle et le bovin pour souligner qu'il s'agit bien d'une vache laitière.

Le mot *šsr* [156] présente trois types de graphies différentes: graphies présentant les trois radicales *š –s – r*, graphies sans la troisième radicale *r* et graphies avec un signe trilitère plus le déterminatif. Ce signe représente une flèche probablement lié au sens du mot.
Toutefois, on connaît des cas où le déterminatif n'est pas lié à l'animal indiqué.

La tête de bubale pour *ˁr* « chèvre » est un phénomène de hypercorrection probablement dû à une confusion entre les deux animaux.
Parlant des chèvres, il faut souligner un problème typographique en relation au signe qui les représente. En effet, dans la *Signs' list* de Gardiner, le signe spécifique indiquant la chèvre n'est pas enregistré; la liste présente seulement celui qui indique le mot *sˁḥ* et qui se distingue du premier par le fait que l'animal porte un collier. Le signe , par contre, est présent dans l'*Extended Library* du *Handwörterbuch* de Hannig.

I.2.7 Distinction sexuelle

La distinction entre un genre « masculin » et un genre « féminin » caractérise toute les langues chamito-sémitiques. Dans chacune d'elles une telle distinction implique des phénomènes morphologiques, syntaxiques et lexicaux.[157] La distinction des genres dans la langue égyptienne est réalisé dans les mêmes façons que dans les autres langues sémitiques. L'égyptien est une langue qui comporte une division des substantifs en deux classes: masculin « non marqué » et féminin marqué par le suffixe *–t*.[158] Si certains noms d'animaux sont limités à une seul genre, pour d'autres il y a une forme féminine dérivée du masculin à l'aide du suffixe de genre *–t*. Par exemple nous avons: *jḥ* « bœuf », *jḥ.t* « vache », *jw3* « bœuf », *jw3.t* « vache », *sr* « mouton », *sr.t* « brebis », *sm3* « bœuf », *sm3.t* « vache ».
L'opposition morphologique ne corresponde pas toujours à une opposition du sexe. En fait, *jḥ.t* peut indiquer soit une vache soit le collectif « bovins ». Dans les langues sémitiques, Speiser réaffirme la neutralité sémantique originaire de *–(a)t*, qui construit des thèmes dérivés avec quelques spéciale modification du signifié originel.[159] En effet, les suffixes en dentale avant d'être des dérivatifs féminins, paraissent être d'abord des suffixes de dérivation en général qui se sont spécialisés à chaque fois pour la formation aussi de collectifs.[160]
Pour souligner le sexe de l'animal, la langue égyptienne utilise aussi deux types de procédés:

- Explicitation du sexe par les mots *ṯ3y* pour le mâle et *ḥm.t/jd.t* pour la femelle suivant en apposition le nom de l'animal: *sm3 jd.t, jḥ.t jd.t, ng3.w ṯ3y*[161]

- Explicitation du sexe par les mots *k3* « taureau » pour le mâle et *jd.t* « génisse » pour la femelle précédant le nom de l'animal qui prend le statut soit de complément du nom soit d'apposition: *jd.t bḥs* « génisse ».[162]

---

152 *Deir Gebr* II, 24, l. 14-15.
153 voir p. 61.
154 voir p. 55.
155 voir pp. 60-61.
156 voir p. 86.

157 Aspesi, *Genre des noms et genre des morphèmes personnels en chamito-sémitique*, p. 1.
158 Aspesi, *La distinzione dei generi*, passim.
159 Speiser, *JAOS* 56, 1936, pp. 22-46.
160 Aspesi, *Remarques sur la suffixation chamito-sémitique*, p. 3.
161 voir pp. 89; 342-343.
162 Vernus, *RdE* 37, 1986, p. 143; Vernus, in *Bestiaire*, p. 82; *pap. Ram.* V, XV; cf. graphie 99; *CT* I, 270b [B10C]; Hannig, H*wb,* 2006, p. 2559. Aussi dans l'expression *k3.w n.w s.wt* le mot *k3* est employé pour désigner le mâle de l'oie ; Goldwasser, *Prophets, lovers and giraffes,* pp. 85-86; Collombert, *RdE* 46, 1995, pp. 205-208; Vernus, in *Fs Junge,* pp. 693-698; *AEO* II, pp. 258-

En néo-égyptien le système de l'article permet de distinguer sans besoin du suffixe: *tꜣ ꜥnḫ* « chèvre ».

I.2.8 Noms collectifs

Dans le lexique animalier on rencontre souvent des noms indiquant les différentes espèces d'animaux. Pour indiquer le collectif, la langue égyptienne utilise deux types de procèssus:

- le pluriel *–w*: *wnḏ.w* « chèvres ».
- le suffixe *–t*: *jḥ.t*, *jwꜣ.t* « bovins ».

Le suffixe *–t* peut indiquer aussi le féminin de l'animal. Pour comprendre s'il s'agit d'un collectif ou simplement d'un féminin, il faut prêter attention au texte où le mot est employé.
En tous les cas, il y a des noms qui ne représentent aucune opposition du sexe, mais qui sont simplement des collectifs: *mnmn.t* « gros bétail »,[163] *ꜥw.t* « petit bétail ».[164]
Dans ces dernier cas le suffixe *–t* n'indique jamais le féminin et est renforcé par les traits du pluriel.
Parmi les termes collectifs, il y a aussi certains qui sont formés sur la racine d'un adjectif tels que *km* « noir » et *dšr* « rouge »: *km.t* « bétail noir »,[165] *dšr.t* « bétail rouge ».[166]
Aspesi convient sur une phase dans les langues chamito-sémitiques avec des collectifs-pluriels indifférenciés quant au genre et caractérisés par des suffixes en dentale, phase qui a été dépassée à la suite de l'intération dans la concordance de dérivés par *–u*, vraisemblablement ancienne terminaison d'abstraits.[167]

I.2.9 Étymologie et types de lexicalisation

En traitant l'étymologie et les types de lexicalisation des noms d'animaux, il faut faire une première distinction entre les zoonymes d'étymologie égyptienne et les zoonymes dont l'étymologie révèle une origine extérieure à l'égyptien. Parmi les zoonymes dont l'étymologie n'est pas égyptienne, il y a les cas suivants :

- Le mot *jwꜣ*,[168] indiquant le bœuf, a quelque rapport avec le mot *awar* « animal mâle de grande taille » attesté en couchitique.

- Le mot *bꜣ* semble avoir de rapport avec un radical très répandu dans les langues berbères *bal/wal*. Mais on peut aussi penser qu'il s'agit de formation onomatopéique indépendante en égyptien et dans les autres langues berbères.[169]

- Le mot *njꜣ.w* présente une formation à suffixe *-w* sur un radical *njꜣ.w*. La même racine est présente dans le nom assyrien *na(i)alu*, « ibex ».[170] Intéressant est le passage du *ꜣ* égyptien au *l*.

- La racine *ꜥgl* du mot *ꜥgnj* « veau » est présente dans les langues sémitiques. On peut le comparer au copte ⲁϭⲟⲗ (B) « veau ». Ce mot à été emprunté à une langue sémitique.[171]

Les noms d'animaux d'origine égyptienne se sont formés en suivant des procédés fréquents tels que onomatopée, réduplication, figement de syntagmes.
En ce qui concerne l'onomatopée, j'ai déjà mentionné le mot *bꜣ* « bélier ».
Le procèssus de la réduplication de la racine est visible, par exemple, dans le terme *šfšf.t* 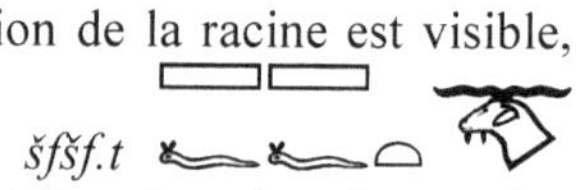 « tête de bélier ».[172] Ce mot est formé sur la même racine rédupliquée du nom *šf.t* 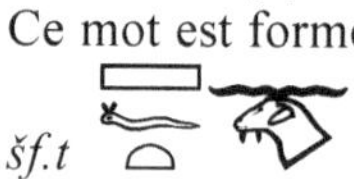 « bélier ».[173]
Un autre exemple est donné par le collectif *mnmn.t*. Il est formé sur la racine rédupliquée du verbe *mnmn* signifiant « se déplacer » et désigne les animaux qui évoluent en groupe. La même évolution sémantique est visible dans le grec τά πρόβατα « ce qui marche en avant ».[174]
Un nom d'animal peut être originellement un groupe complexe figé dans un ensemble qui finit par être senti comme une unité insécable.

- Lexicalisation d'un syntagme au génitif:

Ex.: *bꜣ-n-pt*, en copte ⲃⲁⲁⲙⲡⲉ, est un nom commun indiquant le bouc et étant à l'origine un qualificatif théologique « grand bélier du ciel » appliqué au bélier de Mendès.[175]
Ce titre apparaît dans la XIXème dynastie et il est une épithète du dieu Amon.
Le nom de l'animal provient probablement de la désignation du dieu correspondant.

259*; *Meir* V, pl. 32; Vandier, *ASAE* 36, 1936, pp. 35, n° 2; Janssen, *Commodity Prices*, p. 168.

[163] voir p. 61.

[164] voir p. 40.

[165] voir p. 94.

[166] voir p. 100.

[167] Aspesi, *Genre des noms et genre des morphèmes personnels en chamito-sémitique*, p. 4.

[168] voir p. 27.

[169] Vernus, in *Bestiare*, p. 76; voir p. 55.

[170] Ember, *ZÄS* 50, 1912, p. 87; voir p. 65.

[171] *Wb* I, 236, 8; *AnnLex* I, p. 75; Westendorf, *KoptHwb*, p. 19; Vycichl, *MDAIK* 16, 1958, p. 381, n° 4; Nims, *JEA* 38, 1952, pp. 40; Vycichl, *Dictionnaire étymologique*, p. 23. Le déterminatif du bœuf fait en effet penser à la racine sémitique *ꜥgl* « veau, génisse » et, en effet, Hathor fut vénérée à *ꜥgny* sous la forme d'une vache. Il s'agit probablement d'un nom de relation *ꜥgl-iy* ; voir p. 48.

[172] voir p. 86.

[173] voir p. 85.

[174] Vernus, in *Bestiaire*, pp. 17; Goldwasser, *Prophets, lovers and giraffes,* pp. 72-73; Van de Walle, *Ägyptologische Studien,* pp. 372-377.

[175] Fecht, *Wortakzent und Selbenstruktur,* pp. 83-92; Vycichl, *Dictionnaire étymologique,* p. 28.

- Lexicalisation d'un syntagme substantif+adjectif en fonction d'épithète:

  Ex.: *jb-ḥḏ*,[176] mot composé par *jb* « chevreau » + *ḥḏ* « blanc »; *ḥr.j-s3*,[177] formé sur la proposition *ḥr-s3* « après », signifie littéralement « celui qui vient après » pour indiquer des animaux très jeunes; *ḥr.j-ḏbꜥ*,[178] formé sur la préposition *ḥr* + le substantif *ḏbꜥ* « doigt », signifie littéralement: « celui qui est sur les doigts ». Il s'agirait donc d'un veau qui est nourrit avec du lait. En fait, pour nourrir le veau on utilisait les doigt.[179]

La distinction sexuelle est prise en compte elle aussi. Comme j'ai déjà exposé dans les pages précédentes, les Égyptiens utilisaient deux procédés explicitant le sexe de l'animal: par les termes *t3y* et *jd.t* suivant le nom et par les termes *k3* et *jd.t* précédant le nom.[180]

I.2.10 Noms motivés et noms immotivés

Dans le système de la langue égyptienne il faut distinguer deux types de noms: motivés et immotivés. Les formations motivées dans le lexique animalier peuvent être stimulées par des tabous linguistiques. De manière analogue les fonctions assignées par la théologie peuvent générer des épithètes.[181] Dans cette étude j'ai noté que nombreux noms d'animaux sont motivés en tant que dérivant des épithètes descriptives de l'animal pris en considération. Il s'agit donc de noms descriptifs qui indiquent une caractéristique particulièrement saillante de l'animal désigné dans son apparence ou dans ses attitudes et son comportement.
En considérant les noms d'animaux étudiés, la plupart d'entre eux montre une motivation très significative.

- Le mot *3ḫ.t* « vache »[182] présente la même racine du terme *3ḫ* qu'on trouve dans la pensée religieuse égyptienne avec plusieurs significations. Cette racine indique « l'action de briller », donc de « être parfait » et nous révèle la puissance invisible, l'esprit des dieux.[183]

- Le nom *jb3.w* « mouflon à manchettes »[184] est formé sur la racine du verbe *jb3* « danser » avec allusion au mouvement de l'animal.

- La chèvre est indiquée par le terme *ꜥnḫ.t*,[185] formé sur la même racine du mot *ꜥnḫ* « vie » et signifiant donc « la vivante » avec allusion au caractère très vivace de l'animal, et par le substantif *ꜥr*,[186] « celle qui grimpe » ayant une grande similitude avec le verbe *ꜥr* « monter ».

- Dans l'Ancien Empire les chèvres sont désignées par *wnḏ.w*.[187] Ce mot pourrait dériver du verbe *wnḏ* qui n'existe pas dans la langue égyptienne. J'ai donc pensé qu'il pourrait être formé sur le verbe *wn* « ouvrir » et le substantif *ḏw* « montagne » et signifié « ouvrir les montagnes ».

- Le mot *wšb* dérive peut-être du verbe *wšb* « répondre ». Il s'agit donc d'une bête qui réplique, un taureau agressif, mal domestiqué. Son déterminatif peut être le signe de la vache ou celui du bœuf.[188]

- Son féminin *wšb.t* signifie « celle qui se plaint » et est lié à la déesse Isis.[189]

- Le terme *pry* « taureau féroce » peut être mis en rapport avec le verbe *prj* « aller » qui dans l'expression *pr r* signifie « avancer contre ».[190]

- À propos du nom *pḏ.tj*, il peut être rapproché au verbe *pḏ* « étendre », avec allusion à la manière de laquelle le pattes du bœuf étaient liées avant qu'il soit conduit.[191]

- Le substantif *ms* semble dériver du verbe *msj*, « créer», et avoir la même racine du mot *ms*, « enfant, jeune ».[192]

- Le mot *nḥb.w* est dérivé du verbe *nḥb* « atteler » et présente la même racine du terme *nḥb* « joug ». Il indique donc les bœufs attelés.[193]

[176] voir p. 31.
[177] voir p. 253.
[178] voir pp. 256-257.
[179] Montet, *Kêmi* 13, 1954, pp. 44-45.
[180] voir p. 446.
[181] Vernus, in *Bestiaire*, p. 83.
[182] voir pp. 24-26.
[183] Jansen-Winkeln, *SAK* 23, 1996, pp. 201-215; Bongioanni, *GM* 68, 1983, pp. 47-48.
[184] voir pp. 54-56.
[185] voir pp. 108-114.
[186] voir pp. 116-122.
[187] voir p. 136.
[188] voir p. 153.
[189] voir p. 156.
[190] voir p. 176.
[191] voir p. 178.
[192] voir p. 204.
[193] voir p. 222.

- Le féminin *sꜣb.t* dérive de l'adjectif *sꜣb* « tacheté ». Il s'agit du terme utilisé pour indiquer une vache tachetée.[194]

Dans le cas du nom *sꜣb.w*, on peut noter aussi qu'il y a des épithètes descriptives qui sont à l'origine des noms appartenant à des espèces différentes, mais qui présentent des caractéristiques semblables. En effet, *sꜣb.w* qui signifie « bigarré » peut s'appliquer à une variété de bovin, d'oiseau et de serpent.[195]

- Parmi les noms descriptifs, il y a aussi les cas du mot *smꜣ*. Il pourrait dériver du participe actif et indiquer « le tueur» et du participe passif désignant « le tué ». Dans le première cas, le mot *smꜣ* est souvent lié au roi et indique un « taureau sauvage ». Dans le deuxième cas, il se réfère à un « taureau du sacrifice » et est employé surtout dans les textes religieux d'époque ptolémaïque.[196]

- *sḫ.tjw* est probablement une dérivation du terme *sḫ.t* « campagne » indiquant donc « ceux de la campagne ».[197]

- Le mot *skꜣ* est employé deux fois seulement avec la valeur de « vache de labour ».[198] En effet, il est lié au verbe *skꜣ* « labourer »

- *sd.t* « queue » montre un rapprochement au verbe *sdꜣ* « trembler » avec allusion au frétiller de cette partie du corps de l'animal.[199]

- Le bœufs de différentes espèces sont désignés par le mot *šbn.t* , un collectif dérivant du verbe *šbn* « mélanger ».[200]

- La même racine du verbe *ššr* « abattre » est à l'origine du mot *ššr* indiquant la flèche et le bœuf. La flèche est présente aussi comme signe trilitère dans un type de graphie de ce mot.[201]

- Il est intéressant de voir que *kꜣ* « taureau » est pratiquement homophone de *kꜣ* « la force vitale » de tout être vivant.[202] Cette particularité peut être motivée par le fait que la force est une de caractéristiques saillantes du taureau. Ce mot est, en outre, très fréquemment employé dans les épithètes du roi et des dieux probablement pour souligner ce caractère.[203]

Les noms motivés peuvent aussi dériver d'une onomatopée comme dans le cas du terme *bꜣ* « bélier ». Ce mot est formé sur la racine *bꜣ* « se répandre » en relation avec la potence sexuelle du bélier.[204] Il a peut-être un rapport avec un radical très répandu en berbère *bal/wal* « mouton ». Mais il y a aussi la possibilité qu'il s'agisse d'une formation onomatopéique indépendante en égyptien.

Parmi les noms immotivés, il y a les termes qui ne sont expliqués par aucune dérivation d'une épithète ou d'une onomatopée. Dans ce groupe on a plutôt les noms tels que *jwꜣ*[205] et *ꜥgnj* .[206]

Dans le présent lexique j'ai pu constater que la plupart des noms désignant les animaux domestiques sont dérivés des épithètes indiquant des caractéristiques importantes du quadrupède pris en considération. Les termes dérivés des onomatopées ne sont pas très nombreux ainsi que les noms immotivés. Les mots d'origine égyptienne sont, enfin, plus nombreux que ceux d'origine étrangère.

I.2.11 Évolution des zoonymes dans la langue

Durant les différentes époques, la langue égyptienne montre des changements qui se reflètent sur les zoonymes. J'ai déjà souligné qu'il y a des mouvements évolutifs dans le lexique animalier. En comparant le plus ancien état de l'égyptien et le copte, on observe différents types d'évolution. En premier lieu, on a vu la parution et la disparition des certains termes dans les différentes époques ou des changements des leur graphies.

jsw substitue *sr* en démotique.[207] La forme féminine n'a survécu dans le néo-égyptien parce que, grâce au système de l'article, il n'était plus nécessaire d'ajouter le suffixe pour déterminer le genre: par exemple *tꜣ ꜥnḫ* « la chèvre ». Il y a, en outre, des noms qui paraissent: *ꜣḫ.t*, *ꜥr* et *ꜣh.t*.

Certains mots présentent un changement de sens. En particulier, j'ai observé une extension de leur emploi avec une valeur plus générique ou plus spécifique. Le mot *ꜥw.t* est un exemple éclairant de ce type d'extension.[208]

Ce mot désigne des animaux d'origine sauvage, les quadrupèdes du *gebel* dont les Égyptiens pratiquaient la domestication. En particulier, il indique la catégorie des petits quadrupèdes, ovins et capridés, sous la surveillance

[194] voir p. 76.
[195] Vernus, in *Bestiaire*, p. 85.
[196] voir p. 79.
[197] voir p. 82.
[198] *Adm*, 9, 4; K*RI* I, 54, 1; voir p. 83.
[199] voir p. 83.
[200] voir p. 85.
[201] voir p. 86.
[202] voir p. 88.
[203] *LGG* VII, pp. 246-277; Yoyotte, in *Bestiaire*, pp. 560-601.
[204] voir p. 55.
[205] voir p. 27.
[206] voir p. 48.
[207] voir pp. 80-81.
[208] voir p. 42.

d'un pâtre. À partir du Moyen Empire *ꜥw.t* devient un terme spécifique pour désigner les chèvres.
À la fin d'une évolution sémantique, il devient le terme indiquant l'animal en général.
Dans les textes ramessides, il est remplacé par un terme néo-égyptien *ꜥnḫ*.
Ensuite, *ꜥw.t* et sa forme renforcée *tp-n-jꜣw.t* désignent le «petit bétail»: chèvres, moutons, mais aussi porcs et ânes. *ꜥw.t* peut s'appliquer à des animaux sauvages tels que gazelles, bouquetins, oryxes, hyènes et expliciter cette sous-classe par l'expression *ꜥw.t n.t ḫꜣs.t*. Par extension, *ꜥw.t* signifie « bétail » en général, puis quadrupède et tout animal terrestre.
Enfin, dans l'époque ptolémaïque, *ꜥw.t* peut indiquer aussi l'animal sacré.[209]
Le mot *bḥs* « veau » présente une évolution inverse de *ꜥw.t*. En effet, ce mot est employé jusqu'à la VIème dynastie pour indiquer le jeune d'animal sans aucune référence spécifique aux bovins. Il pourrait s'agir donc d'un nom générique qui devient spécifique.[210]
Certains noms présentent un sens dérivé à côté de leur sens spécifique. Ceci est montré par *ꜥw.t*, *wnḏ.w*, *jwꜥ*, *jwꜣ*, *jmꜣ.t*, *jḥ*.
Voici les détails :

- Dans les Textes des Sarcophages, le collectif *ꜥw.t* montre le signifié dérivé des humains. Il indique littéralement « le bétail des dieux », c'est à dire « les hommes » comme *wnḏ.w*.[211]

- Le mot *jwꜥ* « pièce de boucherie » est utilisé avec le sens dérivé « héritier » à partir d'une métonymie.[212]

- *jwꜣ* « bœuf » est employé aussi avec valeur métaphorique pour indiquer un animal adulte. Dans ce cas il est lié au génitif du nom de l'animal.[213]

- Le terme féminin *jmꜣ.t* désigne le bouquetin femelle, mais il est aussi lié au nom d'autres animaux sauvage pour indiquer la femelle de ces espèces.[214]

- Enfin, le terme *jḥ* peut indiquer aussi le « poids ».[215]

Au cours de l'évolution des formes féminines de beaucoup de zoonymes tendent à s'imposer et à supplanter les forme masculines. Ceci est montré par le cas du radical présent dans *bḥs* qui n'a survécu que sous forme *bahse* « génisse ». La tendance à la féminisation peut se manifester soit par la prévalence du féminin morphologique soit par le changement du genre d'une forme masculin à l'origine comme il arrive au nom *gḥs* qui devient féminin.[216]

I.2.12 Noms d'animaux dans les noms propres

Les noms d'animaux sont très fréquents dans les noms propres. La pratique d'utiliser les noms d'animaux comme noms propres humains est connue dans les époques anciennes. Les motivations peuvent être: une métaphore affective, une référence à l'idéologie royale ou une connotation idéologique, c'est-à-dire que l'animal évoqué tient une place particulière dans les croyances des gens qui ont employé son nom.[217]
Nous considérons seulement les anthroponymes formés sur les termes indiquant les bovins, les caprins et les ovins:

jj-nj-bꜣ  [218] AR

jn.t-kꜣ.w  [219] ME

jr.w-km.t  [220] AE-ME

jḥ(.t)-wr(.t)  [221] ép. gr.

jḥ.t-nfr.t  [222] ép. gr.

ꜥb-kꜣ.w  [223] AE-ME

wr-bꜣ.w-bꜣ  [224] AE

bꜣ-mk.t.j  [225] ME

bꜣ-nb-ḏd.t 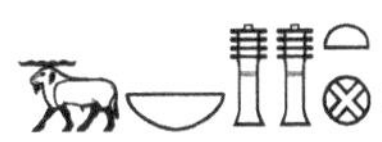 [226]

[209] voir p. 42.
[210] Lacau, *JNES* 10, 1951, p. 13-19; voir pp. 166-172.
[211] Helck, *Merikara*, p. 83; Goedicke, *Neferyt*, p. 95; *AnnLex* I, p. 59; voir p. 136.
[212] *Pyr.* §475a [W]; *CT* I, 41-42; *BD* 172, 24.
[213] *Wb* I, 49, 11; *CT* I, 270d; Grapow, *ZÄS* 47, 1910, p. 133; *Harr* 20a, 12; 35b, 15.
[214] *Wb* I, 79, 1-2; Hannig, H*wb*, 1995, p. 69; Möller, *ZÄS* 54, 1918, pp. 136-138; Osborn-Osbornova, *Mammals*, pp. 180-181.
[215] Janssen, *Commodity Prices*, p. 175, note 24; Meeks, *HomSauneron* I, p. 243 n° 37; *Studies in honor of J. A. Wilson*, p. 71 n-r.
[216] Vernus, in *Bestiaire*, pp. 88-89.
[217] Vernus, in *Bestiaire*, pp. 91-92.
[218] Ranke, *Personennamen*, I, p. 10, n°3.
[219] Ranke, *Personennamen*, I, p. 36, n°8.
[220] Ranke, *Personennamen*, I, p. 40, n°24.
[221] Ranke, *Personennamen*, I, p. 44, n°4.
[222] Ranke, *Personennamen*, I, p. 44, n°5.
[223] Ranke, *Personennamen*, I, p. 59, n°22-23; *el Bersheh*, I, pl. 20,2.
[224] Ranke, *Personennamen*, I, p. 80, n°26; Borchardt, *Sahure* II, p. 89.
[225] Ranke, *Personennamen*, I, p. 89, n°10.
[226] Ranke, *Personennamen*, I, p. 89, n°11-12.

b3.jj [227] NE

bḥs-km [228] ME

bḥs.jj [229] AE

P3-jb [230] XX dyn.

P3-jḥ [231] NE

P3 n-tp-jḥ.w NE

P3-šrj-n-t3-jḥ(.t) [232] ép. gr.

P3-jmj-r3-jḥ.w [233] NE

Mk-sw-jb-ḥdj [234] NE

Nj-ᶜnḫ-b3 [235] AE

Nfr-k3.w [236] ME

Sr3ḫ(j) [237] AE

S(r)Bs [238] AE

K3.w-wr.w [239] AE

k3-m-ḥrj-jb=sn [240] NE

k3-mn-jb [241] NE

k3-msj [242] ME-NE

k3-ḥ3-js.wt=f [243] ME

k3-ḥtp(.w) [244] AE

k3-kmt-wr [245] NE

t3-šrj.t-n(.t)-t3-jḥ.t [246] ép. gr.

t3-šrj-n(.t)-t3-jsw.t [247] ép. gr.

tp-jḥ.w t [248] NE

I.2.13 Noms d'animaux dans les toponymes

Nous pouvons constater une présence plus fréquente des noms d'animaux dans les toponymes. Elle est expliqué par le lien que certains lieux ont avec une divinité qui est associée à un animal se trouvant donc dans le nom de la ville.
Nous considérons seulement les toponymes formés sur les termes indiquant les bovins, les caprins et les ovins:

J3.t-ng3.w « la Butte des Taureaux » [249]

P3 sg3 n ᶜr « Castel de la chèvre » [250]

Pr b3 « Maison du bélier » [251]

[227] Ranke, *Personennamen*, I, p. 89, n°14.
[228] Ranke, *Personennamen*, I, p. 98, n°5.
[229] Ranke, *Personennamen*, I, p. 98, n°6; *Sheik Said*, pl. 17.
[230] Grandet, *Catalogue ostraka non litt.*, X, n°10016, 2; *PAP. Turin 1993*, 38, 5.
[231] Gardiner, *ZÄS* 43, 1906, p.30.
[232] Griffith, *Demotic Papyri*, 3, 444.
[233] Grandet, *Catalogue ostraka non litt.*, X, n°10037, 5; n°10054, 2; *An* 6, 11.
[234] K*RI* I, 45, 4.
[235] *Mereruka*, A 4.
[236] *pap. Kahun*, 17, 9.
[237] Osing, *MDAIK* 32, 1976, p. 144, n°43.
[238] Osing, *MDAIK* 32, 1976, p. 145, n°61-63.
[239] *Nianchchnum*, p. 155, pl. 76-77.
[240] Ranke, *Personennamen*, I, p. 338, n° 2.
[241] Ranke, *Personennamen*, I, p. 338, n° 4.
[242] Ranke, *Personennamen*, I, p. 338, n° 5.
[243] *pap. Kahun*, 14, 50; 15, 26.
[244] *Hatnub*, pl. 29.
[245] *An*, 5, 19, 3.
[246] Ranke, *Personennamen*, I, p. 370, n° 3.
[247] Ranke, *Personennamen*, I, p. 370, n° 4.
[248] Wild, *HomSauneron* I, 316-318; *AEO*, 1947, p. 11.9; Wild, *BIFAO* 69, 1970, pp. 102-104; Fecht, *Wortakzent und Selbenstruktur*, pp. 36-38; Grandet, *Papyrus Harris*, 61b 17, note 837; *Dend*, index, p. 49; *Dend* VI, 16, 12; 79, 3; 118, 8
[249] Vandier, *Mo'alla*, pp. 25-26, p. 221, n°10,1.
[250] Vernus, *RdE* 19, 1967, p. 167; Tresson, *Mél. Maspero* I, p. 817-840, pl. I, 21; Montet, *Géographie* II, p. 191.

Nj3w.wt « Ville des ibex femelles » [252]

njw.t n.t jḥ.t « Ville de la vache » [253]

ḥw.t jḥ.t « Château de la vache » [254]

ḥw.t wr.w « Domaine des taureaux » [255]

ḥw.t wšb.t « Château de la vache » [256]

I.2.14 Noms d'animaux dans les épithètes

Une présence massive des termes indiquant les animaux domestiques est vue dans les épithètes du roi et surtout des dieux.
En considérant seulement les bovins, les caprins et les ovins, nous trouvons le roi fréquemment nommé avec des épithètes formées sur le mot désignant le taureau telles que: [257]

k3 3ḫ.t « taureau de l'Horizon »

k3 j3bt.t « Taureau de l'Orient »

k3 j3ḫw « taureau du soleil »

k3 Jwnw « taureau de Héliopolis »

k3 wꜥb « taureau pur »

k3 wr « grand taureau »

k3 wr.w « taureau des Grands »

[251] *P. Leyde T32,* II, 14.
[252] Zibelius, *ÄgSiedl*, p. 106; p. 221, n°10, 1; *AEO* II, p. 36; Jéquier, *Pepi* II, pl. 32. 33.
[253] *pap. Jumilhac* XXI, 1-9.
[254] *pap. BM 10208,* III, 18; *pap. Louvre* I 3079, CXI, 36; *Edfou* VIII, 71, 5; Montet, *Géographie* I, p. 58-59.
[255] Otto, *Mundöffnungsritual* I, scène 59B d, p. 151; Lefebvre, *Tombeau de Seti I*, troisième partie, pl. XII, col. 209; *Pyr.* §189a [W].
[256] *P. Leyde T32,* IV, 19.
[257] *LGG* VII, pp. 246-277; voir pp. 349-351.

k3 psḏ.t « taureau de l'Ennéade »

k3 psḏ.tj « taureau des deux Ennéades »

k3 psḏ.t Mnṯw « taureau de l'Enneade de Montou »

k3 mnḫ « taureau excellent»

k3 n ḥq3.w « taureau des souverains »

k3 nw.t « taureau de Nut »

k3 nb psḏn.tjw « taureau seigneur de l'Ennéade »

k3 Nb.tj « taureau de Ombos »

k3 nfr « beau taureau »

k3 nḫt « taureau puissant »

k3 nṯr.w « taureau des dieux »

k3 nḏmnḏm « taureau procréateur »

k3 rnp « taureau vigoureux »

k3 rsw.t « taureau de la vigilance »

k3 ḥr psḏ.t « taureau qui est responsable de l'Ennéade »

k3 ḥnn.t « taureau de la *ḥnn.t* »

k3 ḫty « taureau premier-né »

k3 ẖt « taureau des corps »

k3 s3 k3 « taureau fils de taureau »

kꜣ ḥr tꜣš.f « taureau (qui vielle) sur sa frontière »

kꜣ sẖr sby.w « taureau qui renverse les ennemis »

kꜣ dšr « taureau rouge »

À partir des premières dynasties, le taureau était, en effet, la manifestation du roi. Sa puissance représentait l'élément principal de la royauté.
Les animaux étaient liés dans l'ancienne Égypte aux divinités. Leur importance dans la religion égyptienne est telle qu'ils sont eux-mêmes des dieux ou des représentations des dieux. Dès l'antiquités, les dieux se manifestaient sous forme animale: faucon, vache, taureau, ibis, babouin, etc. En plus, chacun *nomos* avait son dieu local.
Les animaux paraissent aussi dans les offrandes et dans le lexique nous avons pris en considération les parties d'animaux qu'on trouve les plus fréquemment dans les pancartes. Toutefois, il existe des interdits sur certains animaux pour différentes raisons: un tabou qui pèse sur leur utilisation ou des traditions locales les considérant une manifestation de l'être hostile ou plus simplement l'animal est vénéré dans tel ou tel autre lieu. Les animaux, en effet, représentaient le lien entre le monde divin et le monde humain parce que ils étaient véhicules des puissances divines dans la symbolique religieuse. En tant que manifestation usuelle des divinités majeures, ils sont souvent présents dans les épithètes qui les indiquent.[258]

De suite les épithètes formées sur les noms des bovins, caprins et ovins:[259]

ꜣḫ.t wr.t « la grande vache »

ꜣḫ.t m Jwn.t « la vache dans Iounet »

ꜣḫ.t mnḫ.t m nṯr.w « la vache excellente »

ꜣḫ.t nfr.t « la belle vache »

jty n wšb.w « bouvier des troupeaux »

[258] Vernus, in *Bestiaire*, p. 20-49.
[259] *LGG* I, p. 49; II, pp. 177-178; p. 593; pp. 668-670; VI, p. 328-329; p. 412; VII, pp. 246-277.

ꜥr.ty-wr « La Grande appartenant à la chèvre »

ꜥr.tyt « chèvre divine »

bꜣ ꜥnḫ « bélier vivant »

bꜣ ꜥnḫ nty ḥw ḫfty.w=f « Bélier vivant qui frappe ses ennemis »[260]

bꜣ wr « grand bélier »

bꜣ wr šf.t « bélier grand de prestige »

bꜣ ps « bélier brûlant »

bꜣ sty « le bélier fecondateur»

bꜣ dmḏ « complète *ba* »

bꜣ n Rꜥ m tꜣ-rr « bélier de Rê dans Tarer »[261]

bꜣ-n-pt « bélier du ciel »

bꜣ nb ḥꜣy.t « bélier maître de la voûte céleste »

bꜣ- nb- ḏd.t « bélier maître de Mendès »

ḥm.t kꜣ-nḫ.t « épouse du taureau puissant »

smꜣ wr « Grand Taureau »

sr ꜥꜣ « Grand Bélier »

kꜣ jmn.t « taureau de l'Occident »

kꜣ ꜥꜣꜥ Nwn « taureau qui reverse le Nun »

[260] *Dend* II, 160, 5.
[261] *Dend* II, 139, 3.

k3 ps « taureau brûlant »

k3 psḏ m ḥr.t « taureau qui se lève dans le ciel »

k3 pt « taureau du ciel »

k3 mw.t=f « taureau de sa mère »[262]

k3 mw.t=f Nw.t « taureau de sa mère Nut »

k3 nẖt « taureau puissant » dans les expressions:

> *k3 nẖt wr hmh(m)* « taureau puissant dont le mugissement est fort »
> *k3 nẖt wṯs ḫꜥ(.w) m 3ẖ.t jmn.t* « Taureau puissant qui exalte les apparitions dans l'horizon occidental ».
> *k3 nẖt pr m 3st* « taureau puissant issu d'Isis »
> *k3 nẖt ḥry-b ḏr.t* « taureau puissant qui réside à Tôd »
> *k3 nẖt ẖnty W3s.t* « taureau puissant qui préside à Thèbes »
> *k3 nẖt spd ꜥb.wy* « taureau puissant aux cornes pointues »
> *k3 nẖt sm3 sbj m ḥm [Mnṯw-Rꜥ]* « taureau puissant qui abat l'ennemi de la Majesté de Montou-Rê »

k3 ḥry-jb M3dw « taureau qui réside à Médamoud »

k3 ḥry-jb ḏr.t « taureau qui réside à Tôd »

k3 ḥtp « taureau satisfait »

k3 ḥḏ « taureau blanc »

k3 spd ꜥb.wy « taureau aux cornes pointues »

k3 stj « « taureau éjaculateur »

tpj-jḥ « Chef de Bovins » ou « Chef de Vaches »

I.2.15 Conclusions

Le but de la présente recherche était la réalisation d'un dictionnaire riche en termes, dénotant l'état actuel de la documentation. Cet ouvrage fournit aussi les références textuelles et bibliographiques.

Je pense que le présent travail puisse être très utile à tous ceux qui s'intéressent aux animaux dans l'ancienne Égypte et surtout, pour la traduction des textes provenant de la Vallée du Nil.

Cette recherche ne peut donc pas être considérée comme travail fini. Le dépouillement ne pourra jamais être complet, compte tenu de la publication continue de nouveaux textes. Il se rendra donc nécessaire de mettre à jour le présent lexique par des adjonctions.

J'ai l'intention de continuer ce travail de recherche, étant convaincue qu'un lexique pour d'autres animaux présents dans l'Égypte pharaonique serait également indispensable pour mieux connaître l'importance du monde animal dans la Vallée du Nil.

[262] voir pp. 91, note 377.

II. LEXIQUE

ȝ

ȝh.t[1]

Graphies à composante phonétique
Type I. Graphie des signes ȝ et h.

a)  CT **(1)** - mon. ptolém. **(2)** - mon. gr-rom. **(3)**

b)  BD **(4)** - mon. ptolém. **(5)**

c)  mon. ptolém. **(6)**

Type II. Graphie des signe j et h.

a)  mon. gr.-rom. **(7)**

b)  mon. gr.-rom. **(8)**

c)  mon. ptolém. **(9)**[1]

Type III. Non graphie du signe h.

a)  mon. NE **(10)**

Type IV. Non graphie de la première radicale.

a)  mon. gr.-rom. **(11)**

Type V. Idéogramme + suffixe

a)  mon. ptolém. **(12)**

Particularités graphiques:
La lecture de la graphie n° 11 est assurée par des parallélismes. En effet, on pourrait aussi penser au mot *jḥ.t* qui désigne la vache en général. Mais la présence de ce terme dans des textes religieux en association avec la déesse appelée « Vache du Ciel » fait plutôt penser à translittérer *ȝh.t*.

Sens:
« vache ».[2]
Il est employé dans les textes religieux pour désigner une déesse, « la Vache du ciel ».[3]

[1] Epithète de Neith.
[2] *Wb* I, 12; *AnnLex,* II, p. 6; L*GG*, p. 22. voir ***jḥ.t.***

Cette déesse est associée à Hathor, Isis et Neith. [4]
Dans le folklore islamique, il y a des traces de la culture pharaonique. En particulier, Fodor cite une histoire qui parle d'une vache qui protège les trésors du temple de Dendérah. Les arabes savaient très bien que cet animal était lié à la déesse Hathor. [5]

Textes:
(1) *CT* III, 140d [S1C-M5C-B1B0-S10C-B3C-B2L] .
(2) De Wit, *Opet*, p. 243.
(3) *Esna* III, 216, 6.
(4) *BD* 162, 4; Faulkner, *Book of the Dead,* p. 158, spell 162.
(5) *Esna* III, 206, 5-8; V, pp. 261-264.
(6) *Esna* III, 206, 13; V, pp. 268.
(7) *Esna* III, 331, 17.
(8) *Esna* II, 26, 1.
(9) *Edfou* VII, 146, 2.
(10) Lüddeckens, *Untersuchungen*, pp. 154, n°77, fig. 16; Guilhou, *BIFAO* 93, 1993, p. 287.
(11) *Esna* III, 272, 2.
(12) *Esna* III, 206, 1; V, p. 254.

ȝḫ.t

Graphies à composante phonétique
Type I. Avec le complément phonétique ḫ.

a)  mon. ptolém. **(1)**

b)  mon. ptolém. **(2)**

Type II. Sans le complément phonétique ḫ.

a)  mon. ptolém. **(3)**

b)  mon. ptolém. **(4)**

c)  mon. ptolém. **(5)**

Particularités graphiques:
Ce mot peut se présenter écrit avec le suffixe du féminin *–t* ou pas. Dans les graphies du type II, nous trouvons seulement l'idéogramme  ou 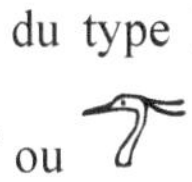 plus le déterminatif représentant une vache ou la pièce de terre.

[3] Faulkner dans *FECT*, p. 166 dit que ce mot a un signifié obscur; Maystre, *BIFAO* 40, 1941, pp. 53-115.
[4] Kákosy, *LÄ* III, pp. 124-125; Capart, *CdE* 15, 1940 , n° 29, p. 45; *Esna*, cap. 206; Sourouzian-Stadelman, *Fs Haikal,* 2003, pp. 267-270; Yoyotte, *RdE* 29, 1977, pp. 200-202; El Sayed, *La déesse Neith*, vol. I, pp. 24-27; pp. 51-65; Faulkner, *Book of the Dead,* p. 158, spell 162.
[5] Fodor, *JEA* 61, 1975, p. 239.

L'idéogramme  est dérivé par métonymie graphique de l'idéogramme .

Étymologie:
Ce mot présente la même racine du terme *ꜣḫ* qu'on trouve dans la pensée religieuse égyptienne avec plusieurs significations. Cette racine indique « l'action de briller », donc de « être parfait » et nous révèle la puissance invisible, l'esprit des dieux.[6]

Sens:
« vache ».
Ce terme dénote une vache sacrée et est présent dans les textes religieux d'époque ptolémaïque. Il est souvent attesté comme titre de la déesse Hathor.
Les vaches-*ꜣḫ.t* donnent le lait qui est offert à Hathor par le roi et elles procréent des veaux.[7]

Dans les expressions désignant Hathor:
ꜣḫ.t m Jwn.t « la vache dans Iounet » **(6)**
ꜣḫ.t mnḫ.t m ntr.w « la vache excellente parmi les dieux» **(7)**
ꜣḫ.t nfr.t nb.t ꜣḫ.w « la belle vache maîtresse de magnificence » **(8)**
ḥḏw nḏm n ꜣḫ.t « le lait doux de la vache » **(9)**[1]
ꜣḫ.t wr.t ḫnt dpt=s « la grande vache dans sa barque » **(10)**
ꜣḫ.t wr.t « la grande vache » **(11)**
nb ꜣḫ.t sḫpr wšb.w « le maître des vaches qui fait advenir les vaches laitières » **(12)**[2]

Textes:
(1) *Dend* III, 126, 8; 181, 16; VI, 47, 3.
(2) *Edfou* I, 199, 14; VII, 66, 1-2; 156, 12; *Dend* III, 181, 18; Gutbub, *Kôm Ombo* 232, 6; 232, 11.
(3) *Edfou* I, 67, 5; *Dend* III, 124, 14.
(4) *Dend* III, 69, 12.
(5) *Dend* V, 21, 5.
(6) *Dend* III, 181, 16.
(7) *Dend* III, 62, 12.
(8) *Dend* III, 181, 18.
(9) *Dend* III, 126, 8.
(10) *Dend* V, 23, 16.
(11) *Dend* V, 21, 5.
(12) *Dend* VI, 47, 3.

---

[6] Jansen-Winkeln, *SAK* 23, 1996, pp. 201-215; Bongioanni, *GM* 68, 1983, pp. 47-48.
[7] *Wb* I, 17, 3-4; Wilson, *Ptolemaic Lexikon*, p. 16; Junker, *ZÄS* 43, 1906, p. 114: Junker translittère *iꜣḫw.t* et il traduit « vache sacrée ».

j

j3ᶜ

Graphie à composante phonétique

(a)  mon. AE **(1)**

Sens:
« tablier, manteau ».[8]

Dans l'expression:
j3ᶜ m3s.t « manteau de poil de bovin » **(1)**

Textes:
(1) Simpson, *Giza Mastabas* 3, fig. 30: relief dans la chapelle de Khafkhufu, mur est.

j3ᶜ

Graphies à composante phonétique

(a)  mon. AE **(1)**
(b)  mon. AE **(2)**

Particularité graphique:
On peut trouver comme déterminatif une corne ou une défense.

Sens:
« attirer, appeler ».[9]
Ce verbe est utilisé pour les veaux dans l'Ancien Empire.

Dans l'expression:
j3ᶜ bḥs « attirer un veau » **(3)**

Textes:
(1) Steindorff, *Ti*, pl. 112.
(2) *LD* II, 96: tombeau 1.
(3) Steindorff, *Ti*, pl. 112; *LD* II, 96: tombeau 1.

jw3

A Graphies purement idéographiques

a)  Pyr. **(1)**
b)  Pyr. **(2)**

B Graphies à composante phonétique
Type I. Signe bilitère w3 pour la deuxième radicale.

a)  CT **(3)** - mon. ME **(4)** - text hist. XVIII dyn. **(5)** - text hist. NE **(6)** - mon. NE **(7)**

b) 
CT **(8)** - inscrip. ME **(9)** - text hist. XVIII dyn. **(10)** - pap. méd. XVIII dyn. **(11)** - TR NE **(12)** - pap. litt. NE **(13)** - ostr. litt. NE **(14)** - pap. adm. NE **(15)** - inscrip. époque saïte **(16)**

c)  mon. ME **(17)**

d)  Pyr. **(18)** - mon. AE **(19)** - inscr. XII dyn. **(20)** - mon. I PI **(21)** - CT **(22)** - inscrip. ME **(23)** - mon. ME **(24)** - text hist. NE **(25)** - mon. NE **(26)** - statue NE **(27)** - mon. ptolém. **(28)**

e)  mon. AE **(29)** - stèle XII dyn **(30)** - mon. NE **(31)**

Type II. Non graphie de la deuxième radicale.

a)  (7) texte adm. AE **(32)**

b)  pap. méd. XVIII dyn **(33)**

Particularités graphiques:
L'idéogramme  est dérivé par métonymie graphique de l'idéogramme .
La lecture des graphies purement idéographiques est assurée par des parallélismes.

Étymologie:
On a rapproché le nom *jw3* du mot afar *awur*, qui signifie « animal mâle de grande taille » en couchitique.[10]

Sens:
« bovin ».[11]

[8] Hannig, H*wb*, 1995, p. 22.
[9] *Wb* I, 27, 16; Hannig, H*wb*, 1995, p. 22.

[10] Vernus, *Afrocentrismes*, p. 180.
[11] *Wb* I, 49, 9-15; F*DC*, p. 12; Westendorf-Deines, *Wb Drogennamen*, p. 14; Hannig, H*wb*, 1995, pp. 50-51; *AnnLex* I, 18; II, 21; III, 12; Takács, *Etymological Dict*, p. 86.

Il désigne, en particulier, un bœuf domestique pour l'engraissement, avec des longues cornes, en opposition avec les *wnḏ.w* qui ont des cornes courtes.
Gaillard identifie les bœufs *jwꜣ* avec le *Bos Africanus*. Les espèces *ngꜣ.w* et *jwꜣ* étaient utilisées pour l'alimentation mais le *jwꜣ*, plus corpulent, demeurait généralement à l'étable. Ces deux espèces n'ont pas, en effet, le même habitat et les Egyptiens ne les traitaient pas selon la même méthode.
Le caractère le plus apparent du bœuf *jwꜣ* est sa forte corpulence. Il porte souvent des cornes magnifiques, mais on trouve aussi des *jwꜣ* sans les cornes encore plus corpulents que leur congénères encornés. Selon Gaillard, les éleveurs tourmentaient les cornes de certains sujets pour les réduire et, enfin, les faire tomber dès le jeune âge. Les bœufs ainsi traités engraissent peut-être mieux. Cette variété de l'espèce *jwꜣ* est parfois désignée par l'expression *ḥr.j ḏbꜥ*, litt. « qui est sur le doigt ».[12] Peut-être s'agit-il d'un animal si docile qu'on le conduisait du bout du doigt.
Les scènes de culture, d'élevage, de boucherie où interviennent des bœufs, des vaches et des veaux sont nombreuses et variées dans les monuments de l'Ancien Empire, mais les *jwꜣ* ne paraissent de façon certaine que dans des circonstances déterminées. Nous les trouvons souvent à l'étable, par exemple chez Ti, chez Mereruka, au tombeau de Khnoum-hotep qui date du Moyen Empire.[13]
Au Nouvel Empire, les bœufs *jwꜣ* sont toujours logés dans des *mḏ.wt*. Ramsès III en a fait faire de nouvelles pour loger le bétail destiné aux dieux.
Dans la grande scène du recensement de troupeaux, les *jwꜣ* occupent une grande place.[14]
Cette espèce de bovins faisait partie de celles destinées à la boucherie. [15]
On les trouve d'ailleurs dans les scènes qui ornent les parois des temples et des tombeaux dans les défilés des victimes au sacrifice. Le sacrifice d'animaux par le roi symbolisait le triomphe d'Égypte sur ses ennemis. Le taureau ou le bœuf sacrifié symbolisait l'ennemi.
Le rite *ḥw.t r stp.wt* désigne les quatre catégories d'animaux à sacrifier comme *jwꜣ, wnḏ.w, gḥs* et *mꜣ-ḥḏ*. Ce rite signifiait la victoire sur l'ensemble du monde. [16]
Dans les textes d'époque ptolémaïque, *jwꜣ* était un terme général pour le bétail qui était apporté comme offrande pour les fêtes.[17] Dans les représentations ils sont gros et gras avec des jambes robustes et déformes et amenés en procession pour être abattus. Ils restaient dans des étables et nourris pour des sacrifices.

Les *jwꜣ.w* représentent les ennemis de l'Égypte et du roi. Leur sacrifice en tant qu'offrande élimine la menace et pose la Maat dans le temple; des bonnes offrandes sont garanties par *ḫrp* « bétail consacré » à la première place dans les listes de donation.
Les bœufs d'offrandes sont communément mis en rapport avec une célébration. Ils sont mentionnés, par exemple, dans l'expression *jwꜣ.w n ḥb n jp.t*. Cette expression semble être nouvelle. Elle souligne le fait qu'il s'agit de bœufs « modèles », « de parade ». Ces animaux seraient donc des modèles sélectionnés pour leur qualité pour représenter l'ensemble du lot offert au dieu.[18]
Ce mot est employé aussi avec une valeur métaphorique pour indiquer un animal adulte. Dans ce cas on le trouve lié au génitif du nom d'animal (es. gazelle, bouquetin).[19]

Dans les expressions:
jwꜣ n mḏ.t « bœuf de l'étable » **(34)**[20]
jṯt jwꜣ sḫ.t « un bœuf pour le travail des champs » **(35)**
jwf n jwꜣ « viande de bœuf » **(36)**
jwꜣ n psḏn.tjw « bœuf de la nouvelle lune » **(37)**
jwꜣ tpj n kš « bœuf de Kouch» **(38)**[21]

Comme animaux d'offrande:
sḫb ḫꜣw.t m jwꜣ.w, wnḏ.w, rꜣ.w ḏdꜣ.w n ḏr=sn
« mettre en fête l'autel aux bœufs, les bovidés et les oies grasses en leur totalité [morceaux de viande] ».[22] **(39)**

ḳd(.w) pr=f rḫ n=f jwꜣ sḥtp(.w) jb=f m gḥs.w jr grt jwꜣ nb gḥs nb ꜣpd nb
« en construisant sa maison, en tuant un bœuf et pacifiant son cœur avec une gazelle. Maintenant comme chaque bœuf, chaque gazelle, chaque oiseau… » **(40)**

bꜥḥ=sn bḥd.t m tꜣ jwf ḳbḥ.w jrṯt m ḥfn ḥḥ n bw nfr jḥ.w wr sfṯ.tj m-ḫt mrr.t jwꜣ.w « ils inondèrent la Cité du Trône de pain, de viande, d'eau de libation, de lait et de millions et de centaines de milliers de bonnes choses, de nombreux bovidés furent abattus de par les rues et du bétail gras » **(41)**

sb.n(=j) m-ḫt nb.t ir.n(=j) n=f ꜣb.t wr.t m kꜣ.w m jwꜣ.w m ꜥnh.w
« je l'ai chargé avec tout j'ai fait pour lui un grand sacrifice de taureaux, de boeufs-*jwꜣ*, de chèvres » **(42)**

Dans les fêtes:
jwꜣ.w n stw.t « bœufs de parade » **(43)**
jwꜣ.w nfr.w n stw.t «beaux bœufs de parade » **(44)**
jwꜣ.w n ḥb n jp.t « boeufs de la fête d'Ipet » **(45)** [9]

---

[12] voir *ḥr.j-ḏbꜥ*.
[13] Ghoneim, *Rind*, 69-76; Vandier, *Manuel* V, pp. 48-56, p. 94; Montet, *Kêmi* XIII, 1954, pp. 43-58; *Giza* VI, fig. 11 et 16; Montet, *Scènes*, pp. 95-96.
[14] *Harris* 48, 1.
[15] Montet, *BIFAO* 7, 1909, pp. 41-43.
[16] Leclant, *MDAIK* 14, 1956, p. 141-142.
[17] À Edfou les *jwꜣ* sont utilisés seulement comme offrandes. Ils étaient tenus dans des *mḏ.wt* étables: le temple avait nombreuses *mḏ.wt* étables avec une offrande journalière de ce bétail.

[18] Letellier, *Mélange Leclant*, p. 477.
[19] *Wb* I, 49, 11; Grapow, *ZÄS* 47, 1910, p. 133.
[20] Barbotin, *RdE* 50, 1999, p. 10, col. X+2, l. 3; p. 17: « ce passage évoque 'l'étable à bovidé' de Bata à Saka. Des étables sont encore mentionnées à la ligne suivante. »
[21] Cette expression indique qu'il s'agit d'un bœuf de première qualité.
[22] Wilson, *Ptolemaic Lexicon*, p. 48.

Comme tribute:
p3 jnw m ḫt=f nb m jw3.w rnn ng3.w wnd.w gḥs m3-ḥd
« le tribute en toutes ses choses de bœufs-*jw3*, veaux, bœufs-*ng3.w*, bœufs-*wnd.w*, gazelles, oryxes » **(46)**

Dans les processions d'animaux:
(m3)3 jw3 ʿw.t ḫ3s.t 3pd.w jnw n m njw.wt pr-dt
« regarder les bœufs, les animaux du désert, les oiseaux, apportés des villages de la maison des provisions» **(47)**

rn n jw3 rn ng3.w rn m3-ḥd rn nj3.w
« jeune de boeuf-*jw3* jeune de boeuf-*ng3.w* jeune d'oryx jeune d'ibex » **(48)**

rn jw3 rn gḥs rn wnd.w rn nj3.w « jeune de boeuf-*jw3* jeune de gazelle jeune de boeuf-*wnd.w* jeune d'ibex » **(49)**

jt3(=f) p3y k3 jt3(=f) p3 jw3 jt3(=f) p3y ʿnḫ.t
« il a pris mon taureau, il a pris le bœuf il a pris ma chèvre » **(50)**

Dans l'expression pour indiquer un jeune taureau:
rn jw3 « jeune bœuf » **(51)**

Utilisation métaphorique: [10]
jw3 n m3-ḥd « adulte d'oryx » **(52)**
jw3 n jb3.w « adulte de mouflon » **(53)**

Textes:
(1) *Pyr.* §745d [T].
(2) *Pyr.* §745d [M]; §773a [P M N]; §807c [P M N]; §1651c [M N].
(3) *CT* I, 270d [B10C[c]-B10C[b]].
(4) *Beni Hasan* II, pl. XXXII.
(5) *Urk* IV, 171, 11; 728,13; 953, 17.
(6) K*RI* II, 37; 510, 6.
(7) *Stèles d'Amenophis*, 14, 3: 2: (A) et (E); Capart, *Seti I*, pl. XLVIII; Davies, *Tomb of Ken-Amun*, I, pl. XXVI, 6.
(8) *CT* I, 270d [B10C[a]].
(9) Pilgrim, *Stadt*, p. 288-289, l. 18.
(10) *Urk* IV, 695, 13; 702, 12; 716, 7; K*RI* II, 280.
(11) *Eb* 156; 157.
(12) pap. à Amenhotep Ier: Daressy, *ASAE* 17, 1917, p. 106.
(13) *An* IV, 15, 5; *pap. Koller*, 3, 6.
(14) Posener, *Catalogue ostraka*, II, n° 1265, col. I, 6, pl. 71; III, n° 1369 v°, x+2; n° 1372, 5.
(15) *Harr* 12b, 8; 20a, 12; 35b, 8-9; 69, 10.
(16) Daressy, *ASAE* 5 1904, p. 125, n°XXXV.
(17) Müller, *Elephantine*, p. 33, fig. 5, pl. 5a.
(18) *Pyr.* §1882b [N].
(19) Goedicke, *Königliche Dokumente*, p. 39, fig. 3; p. 169, fig. 17; Hayes, *JEA* 32, 1946, p. 12, pl. III; *LD* II, 25: tombeau 36; *Deshasha*, p. 54, pl. 51; *Gemnikai* I, pl. XIII, p. 20; *Giza* II, fig 33: table d'offrande de la mastaba de *Sš3tḥtp*; III, fig. 9b: table d'offrande de *Njswtnfr* copiée de la mastaba de *Sš3tḥtp*; *Iteti*, fig 20, pl. 18: mastaba de *Sekhem'ankh-Ptah*; fig. 29-30c: mastaba de *Kaemnofert*; Habachi, *Heqaib*, stèle n° 9, l. 19-20.
(20) Farag, *RdE* 32, 1980, pp. 77.
(21) *Hagarsa* III, p. 39, pl. 44-45.
(22) *CT* I, 270d [B10C[d]].
(23) Pilgrim, *Stadt*, p. 288-289, l. 19.
(24) stèle *Caire E 51911*, l. 14, 15 et 21: Helck, *MDAIK* 24, 1969, pp. 194-200, pl. XVII; Miosi, *Reading Book*, pp. 4-11.
(25) *Pianchi*; *Urk* IV, 351, 17; 716, 7; 718, 9; 720, 12; 741, 12.
(26) K*RI* II, 535, 2; *CGC* 1392.
(27) Clère, *Les chauves d'Hathor*, p. 203, texte C, 7.
(28) *Edfou* III, 125, 7; IV, 11, 10; VII, 73, 6; 226, 1; 319, 8; 319, 13; VIII, 166, 14.
(29) Munro, *Unas-Friedhof*, pl. 17 et 19; *LD* II, 23: tombeau de *Seshathetep*; 45d: tombeau 15; 61b: tombeau 16; 102: tombeau 31; *Giza* II, fig. 28, p. 181: mastaba *Sš3.t-http*; *Giza* III, fig. 27: mastaba *Njswtnfr*; *Giza* VI, 1943, fig. 11 et 16, p. 49: mastaba de *Nfr*; *Giza* XI, fig. 79, p. 205: mastaba *Sšmnfr*; *Saqq Mast*, pl. 18; Hassan, *Giza* II, p. 176, fig. 122: mastaba de *Debehen*; Hassan, *Giza* V, fig. 106, p. 248: tombeau de *Werkhww*; tombeau de Sebeki: Daressy, *ASAE* 16, 1916, p. 206 et 210; Mohr, *Hetep-Her-Akhti*, fig. 4, p. 39; fig. 35, p. 74; fig. 36, p. 75; *Hetepka*, pl. 11.8; pl. 15.16; Hassan, *Giza* II, p. 123, fig. 136, pl. XL-XLII: tombeau de *Ka-em-nefert*; *Iteti*, fig. 30, pl. 34; Kanawati, *Teti Cem* II, pl. 43, 63, 64; Kanawati, *Teti Cem* III, pp. 50-51, pl. 25, 66, 70: mastaba de *Seankhuiptah*; *Mast Idout*, pl. XX; *Meir* IV, pl. 16: tombeau de *Pepi'onkh*; *Meir* V, pl. XXXII: tombeau de Pepi'onkh; pl. XLI: chapelle du tombeau A, n° 2; *Deir Gebr* I, pl. 11: tombeau de *Aba*; Capart, *Rue*, pl. 80-81: tombeau de *Nefer-Seshem-Ptah*; Kanawati, *Tombs at Giza* II, 2002, pl. 45-53-62-46; Simpson, *Giza Mastabas* 4, pl. II: Sekhemka (G 1029); pl. Va-b; pl. XXXVI a-b; pl. XXXVII a-b; fig. 4-31: Iasen (G 2196); Weeks, *Mastabas* 5, fig. 19, 29 et 34: tombeau G 6020; *Beni Hasan*, pl XVII; pl. XXX: tombeau 3; pl. XXXV; Mogensen, *Mastaba*, fig. 15, p. 21, pl. VII; Simpson, *Kayemnofret*, pl. G, pl. 17; *Teti Pyr Cem* I, p. 282; *Mereruka*, pl. 152-153; *Nianchchnum*, pl. 52-53-82-84-85.
(30) Martin, *Stelae*, p. 25.
(31) *Ptahhotep* II, pl. XXI: chapelle de *Akhethetep*; Couyat-Montet, *Hammamat*, pp. 81-84, pl. XXXI; K*RI* II, 536,9: Lacau-Chevrier, *Hatshepsout*, p. 56; *Buhen* I, pl. 40.
(32) *ArchAbous* I, p. 250.
(33) *Eb* 834.
(34) Barbotin, *RdE* 50, 1999, p. 10, col. X+2, l. 3; p. 17: *pap. Chassinat III.*
(35) Dunham-Simpson, *Giza mastabas* 1, fig. 4.
(36) Westendorf-Deines, *Wb Drogennamen*, p. 15-16: Stewart, *Egyptian Stelae*, pl. 8 (3).
(37) K*RI* II, 535, 2.
(38) K*RI* II, 536, 9.
(39) *Dend, Index*, p. 21: *Dend* VI, 141, 9.
(40) Franke, *Heqaib*, stèle n° 9, l. 19-20.
(41) *Edfou* IV, 11, 10.
(42) Couyat-Montet, *Hammamat*, pp. 81-84, pl. XXXI.
(43) Letellier, *Mélange Leclant*, p. 475.
(44) Letellier, *Mélange Leclant*, p. 475.
(45) *Urk* IV, 459, 1-2; Letellier, *Mélange Leclant*, p. 475.
(46) *pap. Koller*, 3, 6.
(47) *Iteti*, fig 20, pl. 18: mastaba de *Sekhem'ankh-Ptah.*

(48) Weeks, *Mastabas* 5, fig. 29: tombeau G 6020.
(49) Simpson, *Kayemnofret*, pl. G, pl. 17.
(50) *stèle décret de Nauri*: K*RI* I, 58, 2-3; Griffith, *JEA* 13, 1927, p. 205, pl. XLIII, 110-111.
(51) *Giza* VI, 1943, fig. 11 et 16, p. 49; *Iteti*, fig. 20, pl. 18; fig. 29; fig. 30c; Lacau-Chevrier, *Hatshepsout*, p. 56; Blackman, *JEA* 21, 1935, p. 3; *Beni Hasan*, pl XVII; Martin, *Stelae*, p. 25; Kanawati, *Teti Cem* II, pl. 43, 63, 64.
(52) *Harr* 20a, 12; 35b, 15; Grapow, *ZÄS* 47, 1910, p. 133.
(53) *CT* I, 270d.

jwꜣ.t

Graphies à composante phonétique
Type I. Graphie du suffixe t.

a)  CT **(1)**

b) 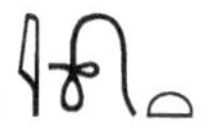 mon. AE **(2)** - mon. NE **(3)**

Particularités graphiques:
Le suffixe *-t* peut indiquer soit le féminin du mot *jwꜣ* soit le collectif.

Sens:
Ce terme est utilisé dans l'Ancien Empire pour désigner soit une vache aux longues cornes, soit le nom collectif « bétail ». [23]

Comme animal d'offrande:
jwꜣ.t n.t nḏ.t-ḥr « vache d'offrande ».

On trouve aussi avec un sens dérivé:
 *jwꜣ* « viande de bovin »
 *jwꜣ.t* « cou de bovins »

Textes:
(1) *CT* VI, 298e [B1B0].
(2) Mastaba *Kꜣj*: *Giza* III, fig. 18, pp. 139 et 233; *Giza* XI, fig. 78, p. 204: mastaba *Sšmnfr*; *LD* II, 45 c-d: tombeau 15; III, 80.
(3) *Hetep-Her-Akhti*, fig 4, p. 39.

[23] *Wb* I, 49, 13-14; Hannig, H*wb*, 1995, p. 33; Montet, *Kêmi* 13, 1954, pp. 43-58: selon Montet les bœufs sans cornes peuvent également s'appeler 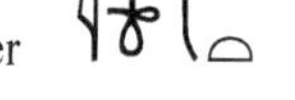 ou . Le « t » ne serait pas, à son regard, la marque du féminin, mais le mot *jwꜣ.ty* serait un dérivé de *jwꜣ*, désignant une variété, naturelle ou artificielle, de l'espèce *jwꜣ*; Wreszinski, *Atlas*, III, p. 86: « *jwꜣ.t* désigne bien une vache ».

jwʿ

A Graphie purement idéographique

(a)  Pyr. **(1)** - tombe AE **(2)**

B Graphies à composante phonétique
Type I. Signes unilitères pour les deux premières radicales.

a) ; ; 
Pyr. **(3)**

b)  Pyr. **(4)**

Type II. Signe bilitère pour les deux premières radicales.

a)  Pyr. **(5)** - tombe AE **(6)**

b)  statue NE **(7)**

c)  BD **(8)**

Type III. Signe bilitère jw + complément phonétique w.

a)  BD **(9)** - tombe AE **(10)** - tombe ME **(11)**

b)  pap. math. II PI **(12)**

Particularités graphiques:
L'idéogramme représentant la cuisse est utilisé par métonymie graphique pour désigner le bœuf entier.

Sens:
« pièce de boucherie, fémur de la patte de bœufs ». [24]
Il s'agit du fémur de la patte arrière du bœuf, morceau particulièrement savoureux. Ce morceau de viande est normalement cité avec le *ḫpš*, qui fournit une viande médiocre. [25]
Ce terme est utilisé aussi avec le sens dérivé, « héritier », à partir d'une métonymie. [26]

Textes:
(1) *Pyr.* §736b [T].
(2) *Hawawish* V, fig. 8, p. 19.
(3) *Pyr.* §292c [W T]; §475a [W]; §865c [N]; §1323b [P]; §1326c [P]; §1349b [P]; §1546b [P]; §1939b [N].
(4) *Pyr.* §475a [N].

[24] *Wb* I, 50, 3-5; Hannig, H*wb*, 1995, p. 33; *AnnLex* I, p. 18; II, p. 22; III, p. 12.
[25] *ArchAbous* I, p. 242; Altenmüller, *GM* 33, 1979, p. 8.
[26] *Pyr.* §475a [W]; *CT* I, 41-42; *BD* 172, 24.

(5) *Pyr.* §736b [T].
(6) *Giza* II, p. 155, fig. 21: mastaba de *K3-nj-njswt*; III, p. 135, fig. 17: mastaba *Kꜥj*; VII, p.167, fig. 70: mastaba *K3jsdw3*; VIII, fig. 56: mastaba *K3jḫrptḥ*; VIII, fig. 72, p. 149: sarcophage de *Mrrj-ib*; Weeks, *Giza Mastabas* V, fig. 22.
(7) Statue Ramses III (*Caire JE 69771*): Altenmüller, *GM* 33, 1979, p. 8.
(8) *BD* 172, 24.
(9) *BD* 102, 8.
(10) *Giza* III, p. 75, fig. 9b: mastaba *Njswtnfr*; III, fig. 22: mastaba *K3njnjswt*; *Hawawish* I, fig. 17, p. 31; II, fig. 24, p. 35.
(11) Griffith, *Siut*, I, pl. IV, col. 276.
(12) *pap. Rhind*, I, 10,4.

jb

Graphies à composante phonétique
Type I. Signes unilitères pour les deux radicales.

a)  mon. AE **(1)** - pap. litt. NE **(2)** - pap. méd. NE **(3)**

b)  mon. AE **(4)** - inscrip. ME **(5)** - ostr. litt. NE **(6)**

c)  pap. litt. NE **(7)**

d)  mon. XVIII dyn **(8)**

copte:
ϩⲓⲉⲓⲃ (S) ϩⲓⲏⲃ (B) **(9)**

Particularités graphiques:
Le suffixe *-t* de la graphie **c)** indique qu'il s'agit d'un collectif.

Sens:
« mâle de bovin ou caprin, chevreau » [27]

Dans le nom:
P3-jb ostr. non litt. NE **(10)**

Textes:
(1) *Giza* V, fig 26: mastaba di *Snb*. Liste d'offrandes *w3ḥ-ꜥḫ*.
(2) *Sall* I 4,3; *An* IV 15,5.
(3) *pap. Berl. 3038*, X, 12.
(4) *Giza* V, p. 97, fig. 26: mastaba de *Snb*; *LD* II, 4: tombeau 1.
(5) Farag, *RdE* 32, 1980, pp. 79.
(6) Posener, *Catalogue ostraka*, II, n° 1203, x+2, pl. 42-42°; n° 1261, 5, pl. 68-68a.
(7) *Sall* II, 11,8.

[27] *Wb* I, 61, 7; F*DC*, p. 15; Hannig, H*wb*, 1995, p. 39.

(8) *Rekhmara*, pl. 6; *Urk* IV, 1132, 1.
(9) Vycichl, *Dictionnaire étymologique*, p. 291.
(10) Grandet, *Catalogue ostraka non litt.*, X, n° 10016, 2.

jb-ḥḏ

Graphies à composante phonétique
Type I. Signes unilitères pour les deux premières radicales.

a)  pap. adm. Ram. **(1)**

Type II. Idéogramme pour les deux premières radicales.

a)  pap. adm. Ram. **(2)**

Étymologie:
Mot composé par le terme *jb* « chevreau » et l'adjectif *ḥḏ* « blanc ».

Sens:
« chèvre blanche ».[28]

Dans les expressions:

 « alimentation pour les chèvres blanches » **(3)**

 « domaine des chèvres blanches» **(4)**

Dans le nom *Mk-sw-jb-ḥḏ.t*:

 idéo. roy. XVIII dyn **(5)** [29]

Textes:
(1) *pap. Wilbour,* Commentary, p. 23. §187-188; 190-193; 247; § 189; 194-195.
(2) K*RI* I, 45, 4: stèle de Sethi I; *CGC* 34502, 4.
(3) *pap. Wilbour,* Commentary, p. 23. §187-188; 190-193; 247.
(4) *pap. Wilbour,* Commentary, p. 23. § 189; 194-195.
(5) K*RI* I, 45, 4: stèle de Sethi I; *CGC* 34502, 4; Daressy, *RT* 14, 1893, p. 38 n° LVIII.

[28] Hannig, H*wb*, 1995, p. 40.
[29] Le nom contient une référence aux chèvres blanches.

jb3.w

Graphies à composante phonétique

Type I. Avec le phonogramme  .

a)  mon. AE **(1)**

b)  mon. AE **(2)**

Type II. Avec le signe b3  .

a)  CT **(3)**

Type III. Avec le signe 3w  .

a)  mon. AE **(4)** - CT **(5)**

Particularités graphiques:
La troisième radicale est représentée par le signe trilitère *jb3* ou par un signe bilitère (*b3* ou *3w*).

Étymologie:
Formation sur la racine du verbe *jb3* « danser »[30], probablement avec allusion au mouvement de l'animal. Il faut noter un autre rapport sémantique intéressant avec le mot *jb3* « pièce de jeu de table ».[31] Cabrol note que il y a un dénominateur commun entre ces termes, la notion de saut.[32]

Sens:
« mouflon à manchettes ». [33]
Ce terme désigne le mouflon sauvage *Ammotragus lervia Pallas.*
Ce mouflon est appelé à l'ancienne « mouton de Barbarie ».
Caractéristiques de cet animal sont les cornes divergentes et les franges qui pendent de sa gorge et du haut de ses membres.
Il est présent dans le gibier des déserts, dans les scènes de chasse et dans les défilés de bêtes destinées à la boucherie des mastabas memphites. On le trouve déjà dans des représentations d'époque prédynastique: sur des vases datés du Naqada I, sur un couteau du Naqada III et sur une palette provenant de Hierakompolis où sont figurés des animaux réels ou fabuleux qui se battent.[34]
Cette espèce pouvait incarner une divinité et, en particulier, elle était liée au dieu Amon. [35]

Textes:
(1) *Beni Hasan* II, pl. IV: scène de chasse dans le désert.
(2) Steindorff, *Ti,* pl. 128: scène du contrôle des troupeaux d'animaux sauvages et des bœufs; Wild, *Ti* III, 1953, pl 166: scène du défilé du gibier et de l'apport des faons.
(3) *CT* I, 270d [B10C[b]-B10C[d]].
(4) *Nianchchnum*, fig. 19; pl. 47.
(5) *CT* I, 270d [B10C[a]-B10C[c]].

jm3.t

Graphies à composante phonétique

a)  mon. AE **(1)** - mon. ME **(2)**

Sens:
Ce mot désigne le bouquetin femelle, mais il est aussi lié avec le nom d'autres animaux sauvages pour indiquer la femelle de ces espèces. [36]
Textes:
(1) Wild, *Ti*, pl. 165.
(2) *Beni Hasan* II, pl. 4; *Ptahhotep* II, pl. 19.

jmn.w

Graphies à composante phonétique
Type I. Signe bilitère pour la troisième radicale.

a) 

 Pyr. **(1)**[37]

---

[30] Hanning, H*wb*, 1995, p. 41.
[31] *Wb* I, 62, 7.
[32] Cabrol, *Voies processionnelles*, p. 408, note 785.
[33] *Wb* I, 62, 18: il est désigné comme *Ovis tragelaphus*; Hannig, H*wb,* 1995, p. 65; F*CD,* p. 15: « Barbary sheep »; *AnnLex* I, p. 22; *AEO* I, p. 9, note n. 5; Van der Molen, *Dictionary Coffin Texts*, p. 27.
[34] Störk, *LÄ* III, coll. 1123-1124; Hilzheimer, *Sahure*, II, Text, p. 173; Vandier, *Manuel*, V, p. 8; Yoyotte, in *Bestiaire*, pp. 168-169; Gaillard-Daressy, *Faune momifiée*, p. 24; Boessnek, *Tierwelt*, pp. 29, 36-37, fig. 29 a-b; Keimer, *Les moutons arabes;* Lortet-Gaillard, *Faune momifiée,* pp. 103-106, figg. 50-56; Houlihan, *The Animal World,* pp. 59-61, figg. 31, 34, 45, pl. I.
[35] Keimer, *ASAE* XXXVIII, 1938, pp. 297-331 et 6 planches; Varille, *ASAE* 40/2, 1941, pp. 563-564, pl. LVIII. Sur une plaquette de calcaire provenant de Deir el Medineh on trouve sculptée une image du bélier d'Amon. Cela est probablement à rattacher aux monuments qui révèlent la religion des fonctionnaires ramessides de ce village. Vandier d'Abbadie, *Ostraca figurés* II, pl. XXIV, n° 2190-2191. Sur un ostracon provenant de Deir el Medineh, est représenté un mouflon à machettes au-dessus duquel il y a écrit le texte 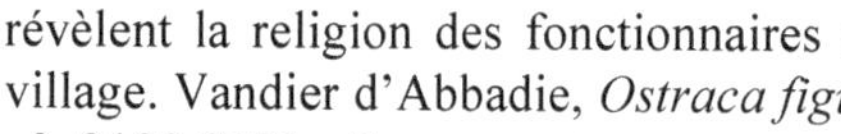 « le ba vivant du dieu Amon-Rê ».
[36] *Wb* I, 79, 1-2; Hannig, H*wb*, 1995, p. 69; Möller, *ZÄS* 54, 1918, pp. 136-138; Osborn-Osbornova, *Mammals*, pp. 180-181.

b) 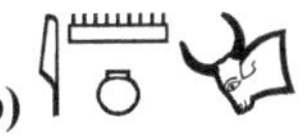 Pyr. **(2)**

Type II. Signe unilitère pour la troisième radicale.

a) 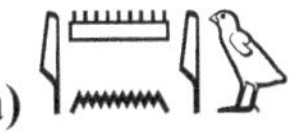 Pyr. **(3)**

b) 

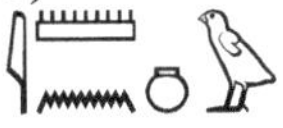 Pyr. **(4)**

Sens:
« taureau de bataille ».
Ce mot est présent dans les Textes des Pyramides.[38]

Dans l'expression:
jmn.w n sm3 « taureau de bataille victorieux » **(5)**

Textes:
(1) *Pyr.* § 481bc [N]; §944c [P]; §998b [N].
(2) *Pyr.* §944c [N]; §1477c [M].
(3) *Pyr.* §1477c [P].
(4) *Pyr.* §481bc [W M]; §944c [M].
(5) *Pyr.* §481b [W M N]; §944c [P M N]; §998b [N]; §1477c [P M].

jns.t

Graphies à composante phonétique
Type I. Graphie du signe s.

a)  arch. AE **(1)** - inscrip. hiérat. ME **(2)** - texte rélig. NE **(3)** - mon. ptolém. **(4)**

b)  pap. méd. NE **(5)**

Type II. Non graphie du signe s.

a) 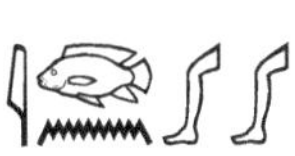 mon. ptolém. **(6)**

Particularités graphiques:
On trouve soit le déterminatif de la jambe humaine soit celui de la patte animale.

Sens:
« jarret de la patte postérieure ».
Il peut indiquer aussi la partie inférieure de la jambe humaine.[39]

Textes:
(1) *ArchAbous* I, p. 242.
(2) Griffith, *Siut*, pl. 8
(3) Naville, *Mythe*, pl. 6, 3.
(4) *Edfou* VI, 78, 6
(5) *Eb* 66, 16; 67, 6; *pap. Hearst*, 11, 16; *pap. Berlin 3038*, X, 11.
(6) *Edfou* VI, 78, 4.

jry.t

Graphie à composante phonétique

a)  texte hist. XVIII dyn **(1)**

Sens:
« vache laitière ».[40]
Selon Kruchten il s'agit d'une autre écriture par *jrw* « impôt sur le bétail ».[41]

Textes:
(1) *Urk* IV, 73, 6; 743, 12-14.

jrw

Graphie à composante phonétique

a)  mon. NE **(1)**

Sens:
« morceau de viande ».[42]

Textes:
(1) Guillemette-Cauville, *RdE* 29, 1977, p. 6; Fairman in Pendleburry, *The City* III, p.173, n°217: *jrw*: nouveau mot présent dans une énumération de viandes.

jrw

Graphies à composante phonétique
Type I. Graphie du complément phonétique r.

a)  mon. AE **(1)** – CT **(2)** - mon. XVIII dyn **(3)**

b)  pap. ierat. NE **(4)**

---

[37] On a ici un jeu des mots sur *jmn* et *sm3*, deux animaux pour le sacrifice. Littéralement: « celui qui se maintient sur le lieu de combat des taureaux ».
[38] *Wb* I, 85, 9; Hannig, H*wb*, 1995, p. 142.

[39] *ArchAbous* I, p. 242; *Wb* I, 99, 18-20; F*CD*, p. 24; Wilson, *Ptolemaic Lexikon*, p. 86.
[40] *Wb* I, 114, 18; F*DC*, p. 28; Hannig, H*wb*, 1995, p. 92.
[41] Kruchten, *Le Decret d'Horemheb,* p. 88.
[42] Hannig, H*wb*, 1995, p. 92; *AnnLex* I, p. 39.

Type II. Non graphie du complément phonétique r.

a)  mon. AE **(5)** - mon. ME **(6)**

Type III. Signe bilitère pour les deux premières radicales.

a)  mon. AE **(7)**

b)  statue NE **(8)**

Étymologie:
Il s'agit peut-être des formes participiales du verbe *jrj* « faire », bien attesté avec le sens de « produire ». Il signifie donc « ce qui est produit » ou « ce qui a été produit ». Les différents déterminatifs sont en fonction des objets auxquels les graphies s'appliquent.

Sens:
« impôt sur le bétail; recensement du bétail ».
On le trouve dans les inscriptions des tombeaux du Moyen Empire.[43]

Dans les expressions:
jrw nfr n k3.w « un bon recensement des taureaux » **(9)**
jrw nfr n ʿw.t « un bon recensement des chèvres » **(10)**
m33 jrw jn ḥ3tj-ʿ « regarder le recensement du bétail par le chef » **(11)**
r ṯnw rnp.t n.t jrw « chaque année de l'impôt-bétail »
m33 jrw m mnmn.t nb.t « regarder le produit, tout le bétail »
jrj jrw « faire le recensement du bétail, percevoir les impôts de bétail »[44]
wḏ3 jb=k r jrw n rnp.t tn « tu est content de l'inspection du bétail de ces années »
jsṯ gr.t jj.n mnjw pn r irw ẖr jḥ 70 « ce pasteur est arrivé au recensement du bétail avec 70 bœufs »

Textes:
(1) *Beni Hasan* I, 30.
(2) *CT* II, 151e [G2T].
(3) *Urk* IV, 1394, 3; 1478, 1-3.
(3) *CGC* 58058; Bakir, *Egyptian Epistolography*, pl. 6; Wente, *Letters from ancient Egypt*, p. 113.
(5) *Urk.* I, 267, 15; *Meir* IV, pl. 16; *Deir Gebr* I, pl. 7.
(6) *Hagarsa* III, p. 35-36, fig. 38-39.
(7) *Giza* V, pl. 18; *Meir* V, pl. 32; *LD* II, pl. 31.
(8) *Urk* IV, 75, 14.
(9) *Hagarsa* III, p. 36, pl. 39.
(10) *Hagarsa* III, p. 36, pl. 39.
(11) *Hagarsa* III, p. 35, pl. 38-9.

jḥ

A Graphies purement idéographiques

a)  Pyr. **(1)** - statue AE **(2)** - stèle ME **(3)** - pap litt. ME **(4)** - stèle XVIII dyn **(5)** - stèle d'offrande XVIII-XIX dyn **(6)** - idéo. roy. NE **(7)** - ostr. non litt. NE **(8)** - pap. méd. XVIII dyn **(9)**[45] - pap. litt. XX dyn **(10)** - mon. ptolém. **(11)**

B Graphies à composante phonétique
Type I. Signes unilitères pour les deux premières radicales.

a)  Pyr. **(12)** - textes litt. ME **(13)** - textes adm. XVIII dyn **(14)** - textes litt. NE **(15)**[46] - idéo. roy. XXV dyn **(16)** - mon. ptolém **(17)** – pap. relig. époque gr-rom. **(18)**

b)  litt. ME **(19)** - textes adm. XVIII dyn **(20)** - ostr. non litt. NE **(21)** - textes mag XXI dyn **(22)**

démotique:

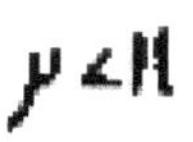

(23)

Copte:
ⲉϩⲉ ⲁϩⲏ **(24)**

Particularités graphiques:
Les idéogrammes  et  sont dérivés par métonymie graphique de l'idéogramme .
La lecture est assuré par des parallélismes.
On peut trouver le suffixe *-t* du féminin pour indiquer le collectif désignant l'espèce bovine toute entière.[47]

Sens:
« *Bos domesticus,* bœuf » [48]

---

[43] *Wb.* I, 114, 5; F*DC,* p. 27; Hannig, H*wb*, 1995, p. 92; Schott, *JEA* 54, 1968, pp. 45-50.

[44] Kruchten, *Le Decret d'Horemheb*, pp. 85-88; Allam, *Melange Mokhtar*, p. 26, n° 42; Helck, *Materialien* III, p. 483.

[45] Le sang et la graisse de vache sont employés comme médicaments pour les yeux.

[46] Dans ce cas-là, il s'agit du féminin pour indiquer la vache. En néo-égyptien, le suffixe *-t* disparaît, le genre est indiqué par l'article ou le démonstratif.

[47] Vernus, in *Bestiaire*, p. 81; Montet, *Géographie* I, p. 58-59: la désinance *–yt* indique qu'il s'agit d'un collectif. Montet considère donc *jḥ.yt* comme un nom collectif désignant l'espèce bovine toute entière. Le château de la vache est mentionné sur des documents très anciens et tout d'abord sur des bouchons de jarre de l'époque du roi Den puis au tombeau de Meten.

[48] *Wb* I, 119, 15-21; 120, 1-6; F*CD*, p. 28; Hannig, H*wb,* 1995, pp. 199-200; *AnnLex* I, p. 41; II, p. 44; III, 1979, p.

Ce mot est le terme générique pour indiquer le bœuf. Il peut donc être employé pour nommer un bœuf, une vache ou le bétail.
La graisse de bœuf est employée pour préparer des médicaments.[49]

Dans les expressions:
ḫrp mr.w jḥ.w « district des champs du bétail » **(25)**
jḥ p.t nom d'une constellation (ainsi *k3-p.t*) **(26)**
d3j-ʿr jḥ « porter la main contre la vache » **(27)** [50]
wš3 jḥ.w « nourrisseur de vache » **(28)** [51]
mj jḥ m-s3 sm « comme une vache après l'herbe » **(29)** [52]
n3y=j jḥ.w w3=w m-d[j....] « mes bovins se sont enfuis de [la garde de...] » **(30)**
jnk ʿš3 jḥ.w s3 ʿš3 jḥ.w « j'était riche en bétail, le fils d'un riche en bétail» **(31)** [53]

Dans les titres administratifs:
jmj-r3-pr ḥsb.w jḥ.w « majordome comptable du bétail » **(32)**
šmsw jḥ.w et *šmsw jmj-r3 jḥ.w* « suivant (directeur) du bétail »
jrj-ʿt n pr jḥ.w « responsable du département de la maison du bétail »
mnjw jḥ.w « responsable du bétail, berger » **(33)** [54]
jp tst rmṯ m jḥ.w m pr.wj « celui qui recense les équipes de gens et les troupeaux de bovidés dans le double domaine » **(34)**
jmj-r3 jḥ.w « responsable du bétail » **(35)** [55]
jmj-r3 jḥ.w n ṯnt.t « responsable du bétail-*ṯnt.t* » **(36)** [56]
jmj-r3 jḥ.w ḏhwty « responsable du bétail du nome Ibis » **(37)**
jmj-r3 jḥ.w n s3w.t(y) ẖnw « responsable du bétail de la maison du berger de la Résidence » **(38)**
mr jḥ.w « directeur de troupeaux » **(39)**
jmj-r3 ḥw.t jḥ.w « intendant de la vacherie » **(40)**
jmj-r3 mr (.w) jḥ (.w) « intendant des champs du bétail» **(41)**

32; Maspero, *Etudes égyptiens* II, pp. 101- 112; Graefe, *MDAIK* 35, 1979, pp. 104-125.
[49] Deines-Westendorf, *Wb Med*, p. 98; Lefebvre, *BIFAO* 57, 1958, p. 179: on trouve  dans l'expression « graisse de bœuf » ou « graisse de taureau ».
[50] Montet, *Kêmi* 11, 1950, p. 88: il s'agit d'une vache et pas d'un taureau parce que l'animal sacré dans le III nome était la vache d'Hathor.
[51] Collombert, *Melange Neveu*, p. 65, note a. Le terme *wš(3)-jḥ.w* désigne plus exactement la personne chargée de l'entretien (c'est-à-dire de l'engraissage) des bœufs.
[52] Smither, *JEA* 27, 1941, pp. 131-132, note d.
[53] Franke, *JEA* 93, 2007, note i p. 158.
[54] Černý, *Misc. Gregor.*, p. 60: en regardant les noms qui suivent le terme *mnjw* en moyen et néo-égyptien, ils devaient être singuliers, mais souvent ils sont suivis par le signe du pluriel. Il s'agit, en effet, d'un nom collectif.
[55] Osing, *Tebtunis*, pl. 14A, fr. X 6, 1: le titre est employé pour le dieu Anubis, « seigneur des vaches ».
[56] Brovarski, *LÄ* VI, p. 391, n° 99.

ḥr-jḥ « berger » **(42)** [57]
sš ḥsb jḥ.w « scribe comptable du bétail » **(43)**
sš n jḥ.w « scribe du bétail » **(44)**
nr jḥ.w « berger » **(45)**
jḥ ḥḏ « bœuf blanc » **(46)**[58]

Comme épithète d'Hathor représentée avec les semblances d'une vache:[59]
tpj-jḥ « Chef de Bovins » ou « Chef de Vaches » **(47)** [60]
ⲧⲡⲏϩ ⲡⲉⲧⲡⲉϩ **(48)**

Comme épithète d'Anubis:
Jnpw s3 Wsjr p3-mr-jḥ « Anubis, fils d'Osiris, le vacher » [61] **(49)**

Dans les énumérations d'animaux:
jdr ḳnw n ssm.wt jdr ḳnw n jḥ.w jdr ḳnw n ʿnḫ.w jdr ḳnw n ʿw.t
« Troupeaux des chevaux, troupeaux de bétail, troupeaux des chèvres, troupeaux de petit bétail » **(50)**

Dans les offrandes:
ḥr ḥpg bʿḥ=sn bḥd.t m t3 jwf ḳbḥ.w jrṯt m ḥfn ḥḥ(?) n bw nfr jḥ.w wr sfṯ.tj m-ḫt mrr.t jw3.w
« ils inondèrent la Cité du Trône de pain, de viande, d'eau de libation, de lait et de millions et de centaines de milliers de bonnes choses, de nombreux bovidés furent abattus de par les rues et du bétail gras » **(51)**

sm3ʿ ʿ3b.t ʿ3.t jḥ.w 3pd.w jḫt nb.t nfr.t wʿb.t
« consacrer la grande offrande (composée de) bœufs, volailles et toutes bonnes choses pures » **(52)**

Dans les payements des taxes:
mj jḥ n sw3ḏ « comme vache à donner » **(53)**

[57] Aufrère, *BIFAO* 85, 1985, pp. 38-40: selon l'auteur, la transcription correcte est *ḥr-jḥ.w*. Ce titre est utilisé dans l'Ancien Empire et il semble disparaître après le Moyen Empire. Il désigne celui qui était chargé de veiller à l'alimentation de l'animal destiné au sacrifice et de l'amener sur le lieu de l'immolation.
[58] Il n'y a pas de parallélismes. Kurth, *Edfou VII*, p. 494, note 10.
[59] Allam, *Hathorkult*, p. 112-113.
[60] Il s'agit du surnom de la déesse d'Atfih, « Aphroditopolis », toponyme dérivant directement de *tpy-jḥ.w* . En effet, on trouve *tp-jḥ* dans les toponymes et dans les noms propres à partir du Moyen Empire, en particulier dans *pr-nb.t-tpj-jḥ.w* « maison de la dame de la tête des vaches ».
Wild, *HomSauneron* I, 316-318; *AEO*, 1947, p. 119; Wild, *BIFAO* 69, 1970, pp. 102-104; Fecht, *Wortakzent und Selbenstruktur*, pp. 36-38; Grandet, *Papyrus Harris*, 61b 17, note 837.
[61] *LÄ* I, col. 327-334; Quaegebeur, *StudAeg* 3, 1977, pp. 119-130: l'épithète « le vacher » conférée à Anubis s'explique par le lien avec la déesse-vache Hesat, qui est sa mère. Dans les textes de l'époque gréco-romaine, le pharaon est souvent appelé « l'image vivant du Seigneur des vaches laitières » s'assimilant ainsi à Anubis, le « seigneur des vaches laitières » *nb wp.wt*.

Dans les noms propres:
P3-jmy-r3-jḥ.w **(54)**

P3-jḥ **(55)**

P3 n-tp-jḥ.w

Sens dérivé:
 *jḥ* « poids (?) en forme de bovidé » [62]

Textes:
(1) *Pyr.* §8035.
(2) Berlin-Charlottenburg 1/85: Fischer, *Varia Nova*, pp. 32-33, pl. 6.
(3) *Stela BM EA* 1628.
(4) *Sall* I, 4,8; *pap. Berlin* 9785, 2; *An* IX, 9; *Horus et Seth* 6, 8; 7, 4.
(5) *Urk* IV, 25.
(6) Demaree, *The 3ḫ jḳr n R^c-stelae*, p. 34, pl. IV; p. 84, pl. VIII.
(7) K*RI* I, 55, 1; 58, 2; II, 247, 7; 257, 11; 283, 5; 820, 2; *Amarna* VI, pl. XXXIII.
(8) Černý, *Ostraka non litteraires*, I, pl. 62, ostr. 113; Sauneron, *Catalogue ostraka non litt.*, pl. 8, n° 563, 1; Grandet, *Catalogue ostraka non litt.*, VIII, n° 812; IX, n° 975; n° 980 r°, l. 1 et l. 4; X, n° 10060, 2; n° 10080, 3 - 4.
(9) *Eb* 435; *pap. Ram V.*
(10) *LES,* 7,2-10,2; Lefebvre, *RdE* 24, 1940, pp. 20-21.
(11) *Edfou* IV, 11, 10; Cauville, *Dendera*, index, p. 49; *Dend* VI, 158, 5; VIII, 105, 11.
(12) *Pyr.* §1544a [P]; 1550a [P]; §1717b [M]; §1977a [N].
(13) *LES* 71,4.
(14) *pap. Lansing* 8, 2; *pap. Berlin 9785*, 9.
(15) *Orb*, 5,9; Sethe, *Dram Texte*, 1928, p. 137; *LES* 15,4/5.
(16) Stèle du Caire *JE 36861*, l. 11 et 19.
(17) *Dend* VIII, 104, 3 et 13; Chassinat, *Le mistère d'Osiris*, I, 115, 7.
(18) *pap. Leyde T32*, II, 11, pp. 154-155.
(19) *Sin,* 194; *Sall* I, 4,3.
(20) *pap. Berlin 9785,* l. 5 et 10.
(21) Černý, *Ostraka non litteraires*, I, pl. 59, ostr. 106 v°, l. 4.
(22) *pap. Boulaq* 6, r° VIII, 4, p. 84.
(23) Erichsen, *Demotisches Glossar*, p. 41; *ODL* 99, pl. XXIV, p. 158, 3; Vittman, *Der demotische Papyrus Ryl. 9*, I, VIII, 5.
(24) Fecht, *Wortakzent und Selbenstruktur*, pp. 36-38; Vycichl, *Dictionnaire étymologique*, p. 26.
(25) G1235, *Stela de Yeni:* Reisner, *Giza necropolis* I, pl. 20; mastaba de *Remenwka*: Hassan, *Giza* II, fig. 205.
(26) *Pyr.* § 1717b [M].
(27) *Edfou* I, 330.
(28) *Wb* I, 369, 7; *pap. Salt* 124, recto p. 2; *Sall* I, 4, 8; *An* II, 7, 5; *pap. Wilbour*, A 27, 34; Collombert, *Melange Neveu*, p. 65; col. 9-12 « le bouvier(a) Oupouaoutmès, le taureau(b), il dit... ».
(29) *An* II, 11,1; *ODM* 1057, 4.
(30) Grandet, *Catalogue ostraka non litt.*, X, n° 10060, 2.
(31) *Stela BM EA 1628.*
(32) Ward, *Index*, p. 25, n° 60; *Kahun*, pl. IX, 13, 24.
(33) *pap. Wilbour,* A, 17, 10; 17, 13; 55, 21; Ward, *Index*, p. 95, n° 792; Černý, *Misc. Gregor.*, p. 58.
(34) Berlin-Charlottenburg 1/85: Fischer, *Varia Nova*, pp. 32-33, pl. 6; Moreno Garcia, *JEA* 50, 1999, p. 243, note n° 6.
(35) K*RI* I, 55, 5; II, 894, 13; *Wb* I, 119, 21; *AEO,* p. 276; pl. XV, 1 (the *Hood Papyrus*); Davies, *Ken-Amun*, vol. I, pl. VIII; XLV, A, 5; *Harr* 7, 9; *CGC* 20428 c1; Černý, *Ostraka non litteraires*, IV, pl. 8, n°269, l. 3; pl. 14, n° 290 r°, l. 2; pl. 15, n°295, l. 4; *pap. Turin A*, vs. 2, 8: *p3 mr jḥ.w*; Ward, *Index*, p. 11, n° 41; Jones, *Index* I, p. 61, n° 286; Couyat-Montet, *Hammamat*, p. 94, pl. 34; *Urk* I, 119, 21; 258, 9-13; Simpson, *Giza mast* 4, p. 34, n° 1 et fig. 34; *Meir* IV, pl. III, 1b; Mostafa, *ASAE* 71, 1987, p. 174, n° 5; Vittman, *Der demotische Papyrus Ryl. 9*, I, XXIV, 12.
(36) Jones, *Index* I, p. 61, n°287; *Meir* I, p. 7, n° 5; Allam, *Hathorkult*, pp. 36-37; Ward, *Index,* n° 41.
(37) Jones, *Index* I, p. 61, n° 288; Montet, *Kêmi* 8, 1946, p. 219, n° 5; Altenmüller, *Mehu*, p. 125, n° 209-210; *Horus et Seth* 6, 8; 7, 4.
(38) Jones, *Index* I, pp. 61-62, n° 289; Fischer, *BiOr* 19, 1962, p. 244; Goedicke, *MDAIK* 36, 1980, p. 173.
(39) *Urk* IV, 403, 12; 448; 1021, 7; Davies-Macadam, *Funerary Cones* I, n° 255, 256, 257; Lefebvre, *Histoire*, p. 50; Davies, *Ken-Amun*, vol. I, pl. XXV; XXXVIII; LVI, B.
(40) Jones, *Index* I, p. 162, n° 623; Drioton, *ASAE* 43, 1943, p. 507: chapelle de Merou; Drioton, *ASAE* 43, 1943, p. 509: chapelle de Smederti; Wild, *Ti*, pl. 63; *Giza* VIII, p. 70, n° 5, fig. 33a -34; Maspero, *Etudes Egyptiennes* II, p. 178, n° 1; Montet, *Géographie* I, p. 58; Goedicke, *MDAIK* 21, 1966, p. 31, n° 4; Strudwick, *Administration*, p. 68, n° 22; p. 72, n° 27; p. 107, n° 80; p. 163, n° 162; Piacentini, *Scribes*, G. Gi. 6; E. Sa. 23; E. Sa. 6; G. Sa. 26.
(41) mastaba R 64, tombeau du scribe *Shepses*: Garstang, *Third Egyptian Dynasty*, pl. 28-29.
(42) *CAA* Wien IV, 4,35; *CGC* 20305 b2; *Harr.* 7,9; *Rouen AEg.348*, pp. 37-40, pl. IX; *Esna* II, 30, 1; Ward, *Index*, p. 138, n° 1191.
(43) *Urk* IV, 516, 8; 516, 10; 954, 8; Davies-Macadam, *Funerary Cones* I, 1957, n° 447 et 556.
(44) Ward, *Index*, p. 157, n° 1353; *Meir* III, pl. 3.
(45) *CT* VI, 236u [B3B0]; *BD* 439, 4-5; Hannig, H*wb*, 2006, p. 1305; stèle *CGC* 20538, l. C4; *Hatnub*, p. 41-42, pl. 20, graffito n° 19, l. 4; Helck, *2 Zz*, p.16.
(46) *Edfou* VII, 263, 16.
(47) *Dend*, index, p. 49; *Dend* VI, 16, 12; 79, 3; 118, 8: *ḥt-ḥr nb.t tpy-jḥ.w* «Hathor maîtresse d'Atfih».
(48) *Kopt Hwb*, p. 44.
(49) *pap. Schmidt*, pp. 119-130.
(50) K*RI* II, 283, 5: stèle de Coptos.
(51) *Edfou* IV, 11, 10.

[62] Janssen, *Commodity Prices*, p. 175, note 24; Meeks, *HomSauneron* I, p. 243 n° 37; *Studies in honor of J. A. Wilson*, p. 71 n-r.

(52) *Dend* VI, 158, 5.
(53) *pap. Lansing,* 8, 2.
(54) Grandet, *Catalogue ostraka non litt.*, X, n° 10037, 4; n° 10054, 2.
(55) Gardiner, *ZÄS* 43, 1906, p.30.

jḥ.t

Graphie à composante phonétique
Type I: Signes unilitères pour les radicales.

a)  pap. adm. XVIII dyn **(1)** - mon. XVIII dyn **(2)** - pap. Ram. II **(3)** - ostr. Ram. II **(4)** - pap. XX dyn **(5)** - mon. ptolém. **(6)** - pap. dém. **(7)**

Sens:
« vache ».
Il s'agit du féminin du mot *jḥ*, désignant le « bovin ».

Dans l'expression:
jḥ.t n nbw nfr.t « vache d'or au beau visage » **(8)**

Dans le nom de la ville d'Aphroditopolis en Haute Égypte:
njw.t n.t jḥ.t « Ville de la Vache » **(9)**
ḥw.t-jḥ.t « Château de la Vache » **(10)**

Dans les rites:
nsj.tw rn=k ḫnt srw m M3dw ḫft st3 jḥ.t
« on invoque ton nom parmi les notables de Médamoud au moment de la tractation de la vache(?) » **(11)** [63]

Dans les noms propres:
jḥ(.t)-wr(.t)  **(12)**
jḥ.t-nfr.t  **(13)**
P3-šrj-n-t3-jḥ(.t)  **(14)**
t3-šrj.t-n(.t)-t3-jḥ.t  **(15)**
tp-iḥ.w t  **(16)**

Textes :
(1) *pap. Berlin 9784*, l. 16 : « fais-moi donner une vache pour le prix de 3 acres du champ ».
(2) *Deir el Bahari*, pl. 9 Aa.
(3) *pap. Chester Beatty* III V, 16.
(4) K*RI* II, 382, 8; Goedicke-Wente, *Ostraka Michaelides*, pl. XII, n° 90.
(5) *pap. Jumilhac* XXI, 1-9; *pap. BM 10208*, III, 18; *pap. Louvre* I 3079, CXI, 36.
(6) *Edfou* VIII, 71, 5.
(7) Griffith, *Ryland papyri*, vol. II; vol. III, p. 216-217.
(8) Clère, *Les chauves d'Hathor*, p. 203 text C l. 3.
(9) *pap. Jumilhac* XXI, 1-9.
(10) *pap. BM 10208,* III, 18; *pap. Louvre* I 3079, CXI, 36; *Edfou* VIII, 71, 5; Montet, *Géographie* I, p. 58-59; Goedicke, *MDAIK* 21, 1966, p. 31, n° 4: parmi les titres de *Wsrk3f-ˁnḫ* on trouve *jmj-r3 ḥw.t-jḥ.t.*
(11) *pap. Leyde T32*, II, 11.
(12) Ranke, *Personennamen*, I, p. 44, n°4.
(13) Ranke, *Personennamen*, I, p. 44, n°5.
(14) Griffith, *Demotic Papyri*, 3, 444.
(15) Ranke, *Personennamen*, I, p. 370, n° 3.
(16) Wild, *HomSauneron* I, 316-318; *AEO*, 1947, p. 11.9; Wild, *BIFAO* 69, 1970, pp. 102-104; Fecht, *Wortakzent und Selbenstruktur*, pp. 36-38; Grandet, *Papyrus Harris*, 61b 17, note 837; *Dend*, index, p. 49; *Dend* VI, 16, 12; 79, 3; 118, 8

jd

Graphie à composante phonétique

a) 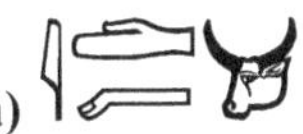 Pyr **(1)**

Sens:
« taureau ».[64]
Il est employé dans les Textes des Pyramides.

Textes:
(1) *Pyr.* 1545b [P].

jd.t / ḥm.t

A Graphies purement idéographiques

a)  CT **(1)**

b)  mon. AE **(2)**

c)  mon. AE **(3)**

B Graphies à composante phonétique
Type I. Signe bilitère pour la première radicale + suffixe t

a)  Pyr **(4)** - mon. AE **(5)** - textes litt. ME **(6)**

b)  statue XVIII dyn **(7)**

[63] Herbin, *Le livre de parcourir l'éternité*, pp. 154-155. Il s'agit d'un moment de la fête *ḥry-jb-njw.t=f.* On ne sait pas exactement de quelle fête il s'agit. Peut-être qu'elle était au nom du dieu Montou.

[64] *Wb* I, 152, 2; *FCD*, p. 35; Hannig, H*wb*, 1995, p. 116.

c) ; ; textes adm. XVIII dyn **(8)** - textes litt. NE **(9)** - texte relig. IV a. C. **(10)**

Type II. Avec le signe de l'utérus

a) ; ; ; mon. AE **(11)** - CT **(12)** - BD **(13)**

b) mon. AE **(14)**[65] - CT **(15)**

c) ; mon. AE **(16)**

d) mon. NE **(17)**

e) mon. AE **(18)**

f) mon. AE **(19)**

g) arch. AE **(20)**[66]

Particularités graphiques:
Ce mot est translittéré *jd.t* ou *ḥm.t.*[67] Cette dernière translittération est préférée surtout dans les Textes des Sarcophages.
La lecture des graphies purement idéographiques est assurée par des parallélismes.

L' idéogramme est dérivé par métonymie graphique de l'idéogramme .

Selon Gardiner, le signe est utilisé à la place du signe plus ancien avec la valeur « féminin ».[68]

Collombert dit qu'il s'agit d'une adaptation de la forme hiératique.[69] On peut penser soit que le hiéroglyphe « vulve » était à l'origine différent du signe *ḥm,*[70] soit que avait deux formes hiératiques distinctes, transcrivant *ḥm* et *jd.* Il pourrait enfin dériver du signe .[71]

Ce mot présente comme déterminatif le signe qui correspond à l'utérus de vache, mais qui peut évoquer l'utérus féminin. Cela était conçu comme une corne ou un organe muni de cornes comme on peut deviner en regardant la forme de certains objets du Nouvel Empire. Il s'agit des ustensiles à onguent pour des injections vaginales et qu'à l'époque tardive les Égyptiens ont associé à Hathor. Mais on pourrait encore penser que la corne rappelle de façon imaginaire l'utérus qui pouvait, d'après les textes médicaux, effectivement être assimilé à une corne ou encore à un organe pourvu d'une paire de cornes évoquant les tubes utérins. L'utérus féminin est, en outre, représenté comme un organe capable de se mouvoir de manière indépendante comme une sorte d'animal. Cette conception, remontant à l'époque gréco-romaine, est liée à la déesse Serket pour indiquer son rôle protecteur dans la naissance et la renaissance.[72]

Sens:
« vache ».[73]
Ce terme est lié au mot désignant la vulve des animaux femelles et est probablement utilisé pour indiquer la bœuf femelle avec attention pour sa distinction sexuelle. Selon Loret, en effet, ce mot désigne une « femelle considérée sous l'angle de la maternité », « femelle ayant enfanté ou en âge d'enfanter ».[74]
En effet on le trouve souvent écrit avec le signe représentant l'utérus comme déterminatif ou idéogramme.

Sens dérivé: « animal femelle ».
Le mot *jd.t* est utilisé comme épithète pour indiquer le féminin d'un animal. Vernus explique qu'il existe deux sous-systèmes d'explicitation du sexe d'un animal. Dans le premier le sexe est explicité par des termes spécialisés, suivant le zoonyme en apposition. Pour le mâle on trouve *ṯ3j*, pour la femelle *jd.t* ou *ḥm.t.* Dans le deuxième, le sexe est explicité par des termes spécialisés, précédant le zoonyme qui prend le statut soit de complément de nom soit d'apposition. Pour le mâle on a *k3* « taureau », pour la femelle *jd.t* « génisse ».[75]

Dans les expressions:
jd.t n Jrs « vache de Cyprus » **(21)**
jd.t gḥs.t « femelle de gazelle » **(22)**
jꜥ3.t jd.t « ânesse » **(23)**

[65] *ms jd.t*: représentation d'une vache qui accouche.
[66] Collombert, *RdE* 46, 1995, pp. 205-208.
[67] Lecture d'après Gardiner: *jd.t* « veau femelle».
[68] *AEO* II, pp. 258-262.
[69] Möller, *Hieratische Paläographie*, n° 602.
[70] Möller, *Hieratische Paläographie* I, p. 9, n°1.
[71] Collombert, *RdE* 46, 1995, pp. 205-208.
[72] Spieser, *GM* 209, 2006; Ritner, *JNES* 43, 1984, p. 212.
[73] *Wb* III, 76, 4-14; F*CD*, p. 35; Hannig, H*wb*, 1995, p. 116; Hannig, H*wb*, 2003, p. 241; Van der Molen, *Coffin Textes*, p. 62.
[74] Loret, *RT* 18, 1896, pp. 196-209; Grittith, *KÊMI* 2, 1929, p. 83, pl. III; Gardiner, *ZÄS* 43, 1906, p. 38; Collombert, *RdE* 46, 1995, pp. 205-208.
[75] Goldwasser, *Prophets, lovers and giraffes*, pp. 85-86; Vernus, in *Bestiaire*, p. 82; Collombert, *RdE* 46, 1995, pp. 205-208; Vernus, in *Fs Junge,* pp. 693-698; *AEO* II, pp. 258-259*; *Meir* V, pl. 32; Vandier, *ASAE* 36, 1936, pp. 35, n° 2; Janssen, *Commodity Prices*, p. 168.

jd.t n šṯw « tortue femelle » **(24)**
jd.t fꜣy « vipère femelle » **(25)**
jd.t šꜣy « truie » **(26)**

Textes:
(1) *CT* VII, 347k.
(2) Montet, *Scènes*, p. 108.
(3) *LD* IV, pl. 35b.
(4) *Pyr.* §531c [T]; §568b [P M]; §569b [N].
(5) *Deshasha*, p. 54, pl. 51.
(6) *Sin* B119.
(7) *Urk* IV, 1020, 10.
(8) *pap. Berlin 9785*, l. 6; *Ram Adm Doc.* 19: plusieurs exemples.
(9) *Lansing* 2, 6; *An* IV, 17, 9.
(10) *pap. BM 10208*, II, 15; *pap. Louvre* I 3079, CXI, 3.
(11) tombeau de Iasen (G 2196): Simpson, *Giza Mastabas* 4, fig. 30.
(12) *CT* II, 81b; III, 159b [A1C]; VI, 97d; 1541; 298j.
(13) *BD* 303, 12; 333, 11-12.
(14) *Giza* IV, pp. 81-82, pl. XII; Simpson, *Giza Mastabas* 4, pl. XLIII b, fig. 30; Kanawati, *Tombs at Giza I*, pl. 36: tombeau de Kaiemankh.
(15) *CT* III, 159b [B1B0^{a}].
(16) Montet, *Scènes*, p. 155; *LD* II, 25: tombeau 36; Kanawati, *Tombs at Giza II*, pl. 46: table d'offrande, mastaba de *Sšꜣtḥtp* (G5150); *Giza* II, fig. 33, p. 187; III, fig. 9b, p. 75: table d'offrande, mastaba de *Njswtnfr*.
(17) Lefebvre, *Tombeau de Seti I*, IVème partie, pl. XVII, col. 55.
(18) Montet, *Scènes*, p. 98; *Akhethetep*, p. 131 et p. 153; tombeau de *Iasen* (G 2196): Simpson, *Giza Mastabas* 4, XLIII b; fig. 30; *Meir* V, pl. XXXII: tombeau de Pepi'onkh, représentation des taureaux qui se battent.
(19) Montet, *Scènes*, p. 99.
(20) *ArchAbous*, p. 251.
(21) *An* IV, 17, 9.
(22) Montet, *Scènes*, p. 136; Wild, *Ti* III, pl. 165-166.
(23) *Pyr.* §523b [T]; *CT* III, 52c [B3C]; *Urk* IV, 1735, 27; Vandier, *ASAE* 36, 1936, p. 35, n° 2.
(24) *pap. Tebtunis* Fr. U20.
(25) Sauneron, *Traité d'ophiologie*, p. 95, note 1.
(26) Massart, *Leiden Papyrus*, v° II, 9, p. 50, n° 7.

jdr

A Graphie purement idéographique

a)  litt. NE **(1)**

B Graphie à composante phonétique

a)  litt. NE **(2)**

Particularités graphiques:
La lecture des graphies idéographiques est assurée par des parallélismes.

Sens:
« troupeau ».[76]

Dans le titre administratif:
jmj-rꜣ jdr nsw « responsable du bétail royale » **(3)**

Textes:
(1) *Adm* 9,4.
(2) Enmarch, *Ipuwer*, col. 9, 2.
(3) Ward, *Index*, p. 12; *Bersheh* I, pl. 18.

[76] *FCD*, p. 35; Hannig, H*wb*, 1995, p. 118.

ʿ

ʿw.t / j3w.t

A Graphies purement idéographiques

a) ; ; ; ; mon. ptolém. **(1)**

B Graphies à composante phonétique
Type I. Idéogramme + déterminatif.

a) TR Ram II **(2)**

b) mon. ptolém. **(3)**

c) mon. ptolém. **(4)**

Type II. Complément phonétique w.

a) ; ; ; ; ; ;
mon. AE **(5)** - textes hist. I PI **(6)** - textes litt. ME **(7)** - textes hist. XVIII dyn **(8)** - TR NE **(9)**

b) ; ; ; ; ; mon. AE **(10)** - CT **(11)** - litt. ME **(12)** - pap. math. XV dyn **(13)** - ostr. non litt. XVIII dyn **(14)** - mon. Ram. II **(15)** - TR NE **(16)**

c) ; ; ; mon. AE **(17)** - mon. ME **(18)** - textes hist. XVIII dyn **(19)** - TR Ram. II **(20)**

d) ; ; ; ; ; ; litt. ME **(21)** - pap. adm. XVIII dyn **(22)** - pap. méd. NE **(23)** - ostr. litt. NE **(24)**

e) TR IV a. C. **(25)**

Type III. Métathèse graphique.

a) BD **(26)** - stèle royale XVIII dyn. **(27)**

b) ; ; ; mon. AE **(28)** - mon. XVIII dyn **(29)**[77] - textes hist. XVIII dyn **(30)** - inscrip. Ram. **(31)** - stèle XXIV dyn **(32)**

c) ; ; mon. AE **(33)** - mon. Ram. **(34)** - mon. NE **(35)**

Type IV. Graphie du signe .

a) ; mon. ptolém. **(36)** - mon. gr-rom. **(37)**

b) ; mon. ptolém. **(38)** - mon. gr-rom. **(39)**

Type V. Signe unilitère pour la première radicale.

a) ;

b) mon. relig. Ram. II **(40)**

c) arch.AE **(41)**

d) CT **(42)**

e) CT **(43)**

f)

g)

Type VI. Signe unilitère pour la première radicale et signe bilitère pour la deuxième.

a) ; ; ;
mon. AE **(44)** - textes hist. AE **(45)** - CT **(46)** - mon. XVIII dyn **(47)**

b) ;

[77] Le mot *ʿw.t* est utilisé pour désigner les hommes.

animal indistinct dont la tête a disparu mon. AE **(48)** - texte hist. AE **(49)** - mon. ME **(50)** - TR XIX dyn **(51)**

c) CT **(52)**

Type VIII. Graphie j3w.t.

a) ; pap. adm. NE **(53)** - ostr. litt. NE **(54)** - mon. XX dyn **(55)** - pap. litt. NE **(56)**

b) stèle NE **(57)**

c) idéo. roy. NE **(58)**

d) mon. gr-rom. **(59)**

Type IX. Graphies défectives.

a) mon. AE **(60)**[78]

b) mon. Ram II **(61)**

Démotique: **(62)**[79]

Particularités graphiques:

La lecture des graphies purement idéographiques est assurée par des parallélismes.

Le signe se substitue à partir du Moyen Empire dans les textes hiératiques et hiéroglyphiques aux deux idéogrammes et . L'idéogramme du bâton de berger qu'on trouve par métonymie figure dans les exemples les plus anciens avant d'être remplacé fréquemment par .[80]

À partir du Nouvel Empire, on trouve aussi l'idéogramme , présent dans le mot *ꜥw.t* « fonction » par confusion graphique.

En ce qui concerne les déterminatifs, ce terme peut être déterminé par une seule figuration de quadrupède qui suggère toute la catégorie d'animaux. Toute d'abord, dans l'Ancien Empire, différents déterminatifs sont fréquemment employés: quand il s'agit du petit bétail domestique, il y a un bélier, une chèvre, un âne; quand il s'agit des ruminants du désert un oryx, une gazelle et un bouquetin; enfin, son acception élargie « bétail » en général peut être explicitée par neuf déterminatifs: une chèvre, un oryx, une gazelle, un bouquetin, un âne, un mouflon, un bélier, un animal dont la tête a disparu et un bovin. Ce choix peut être expliqué avec le procédé de la dissimilation. En effet, le scribe au lieu de montrer trois fois le même animal pour indiquer le pluriel, représente trois animaux de la même catégorie.[81]

Le déterminatif de ce terme est choisi en fonction du genre de texte où il apparait. Par exemple, dans la scène de recensement dans la tombe de Pepiankh à Meir, ce mot présent comme déterminatifs un mouton, une chèvre et un âne.[82]

Ces anciens déterminatifs de ce terme qui représentaient plusieurs espèces de petit bétail ont été remplacés à partir du Moyen Empire par un signe représentant un chevreau, qui en hiératique est souvent substitué par le petit trait oblique. Par contre, les scribes abrégeaient souvent cette graphie en écrivant seulement un mouton.

Au Nouvel Empire il y a une tendance à l'uniformisation qui caractérise l'emploi du déterminatif. Au cours de cette période, paraît également , qui détermine non seulement les mots en rapport avec la notion de peau, mais aussi les termes désignant les quadrupèdes.[83]

Dans les phases plus tardives de l'Égyptien, apparaît la graphie *j3w.t.*[84] Celle-ci marque l'évolution de ꜥ > *j3* et elle est souvent renforcée à l'aide d'un préfixe *tp-n* désémantisé sous la forme *tp-n-j3w.t.*[85]

La graphie , attestée dans le papyrus d'Abousir, est exceptionnelle à l'Ancien Empire mais usuelle au Moyen Empire. Dans ce texte le *t* n'a jamais été écrit.[86]

---

[78] Fischer, *JEA* 65, 1979, p. 178. Il s'agit de l'abréviation de l'écriture .

[79] Nims a classé vingt-trois différentes graphies en démotique du mot *j3w.t:* Nims, *JEA* 22, 1936, p. 52.

[80] Megally, *CdE* 66, 1991, pp. 117-118.

[81] Vernus, in *Bestiaire*, p. 74; Van de Walle, *Ägyptologische Studien*, pp. 372-377; *Meir* V, pl. 41; Yoyotte, in *Bestiaire,* p. 101; Roulin, *Livre de la nuit*, I, p. 27; pp. 344-345, note e; II, pp. 1-2.

[82] *Meir* V, pl. 41.

[83] Megally, *CdE* 66, 1991, pp. 118-119; Goldwasser, *Prophets, lovers and giraffes*, p. 72; Vernus, in *Bestiaire*, p. 73.

[84] *Wb* I, 29, 15-16; F*CD*, p. 8.

[85] Vernus, in *Bestiaire*, p. 87-88; Vittman, *Der demotische Papyrus Ryl. 9,* I, XXIV, 9.

[86] *ArchAbous* I, p. 251.

Il y a vingt-trois différentes graphies en démotique, classées par Nims.[87]

Sens:
Ce mot est un collectif qui désigne des animaux d'origine sauvage dont les Égyptiens pratiquaient la domestication. En particulier, il indique la catégorie des petits quadrupèdes: ovins et capridés. À la fin d'une évolution sémantique, il devient le terme indiquant l'animal en général et on peut le rattacher au grec ζῷα.[88]
En démotique le groupe désignant le petit bétail est considéré comme dérivant du mot *ʿw.t* du moyen-égyptien. En copte, ce mot signifie l'animal domestique.[89]
Le signe du caprin peut comporter les quadrupèdes domestiques, mais aussi les ruminants, plus généralement, les quadrupèdes du *gebel*, d'où les signes  occasionnellement utilisés comme déterminatifs.
Le terme *ʿw.t* à côté de son sens originel peut prendre selon les contextes différents sens. Il peut désigner, en effet, le « bétail » en général, par métonymie tous les quadrupèdes, les « animaux terrestres » et l' « animal » en général.
À l'origine, *ʿw.t* désigne des troupeaux d'animaux vivant sur le *gebel* sous la surveillance d'un pâtre.[90]
Dans l'Ancien Empire, il indiquait tout le petit bétail, c'est-à-dire les moutons, les chèvres, les ânes, les cochons, à l'exception des bovins.[91] Cette différentiation reflétait la division administrative de la richesse animale du pays dans ces deux catégories. La priorité donnée aux bovins dans les recensements montre que leur importance était plus marquée à cause de leur abondance et de leur valeur économique. Les animaux désignés par le mot *ʿw.t* pouvaient être plus fréquents parmi les petits propriétaires et le mouton était sans doute le plus important parmi le petit bétail, comme nous témoigne la préférence accordée au déterminatif de cet animal dans l'écriture.
À partir du Moyen Empire *ʿw.t* devient un terme spécifique pour désigner les chèvres. Son déterminatif est alors une chèvre seulement.
Dans les textes ramessides, il est remplacé par le terme néo-égyptien *ʿnḫ*.[92]
Par extension *ʿw.t* et sa forme renforcée *tp-n-j3w.t* signifient « bétail », puis « quadrupèdes » et « animal terrestre ». Enfin, il fini par signifier « animal » en général.[93]
Dans l'époque ptolémaïque, *ʿw.t* peut indiquer aussi l'animal sacré.[94]
Dans les Textes des Sarcophages, ce collectif montre le signifié dérivé des humains. Il indique littéralement « le bétail des dieux », c'est à dire « les hommes ».[95]
Dans la forme *j3w.t*, ce mot est aussi employé dans le sens de « fonction ».[96]

Dans les titres administratifs:
jrj-ʿw.t « berger » **(63)**[97]
jmj-r3 ʿw.t « responsable de chèvre » **(64)**
mnjw ʿw.t « berger de petits quadrupèdes » **(65)**[98]
jmj-r3-pr ḥsbw ʿw.t « majordome comptable du bétail » **(66)**
mnjw nb ʿw.yt « Surveillant d'une troupe de bergers de petit bétail» **(67)**[99]

Dans les expressions:
ʿw.t nt ḫ3s.t « bétail du *gebel* = ruminants sauvages » **(68)**
ʿw.t nḏs.t « petit bétail = chèvres » **(69)**
ʿw.t ḥḏ.t « bétail blanc = mouton » **(70)**
ʿw.t nb.t jmy.t t3 « tout animal qui est à terre »
ʿw.t nṯrjt « les animaux sacrés » **(71)**
jhj n ʿw.t « l'enclos à bétail » **(72)**

Pour indiquer les humains:
ʿw.t šps.t « noble bétail = les humains » **(73)**

[87] Nims, *JEA* 22, 1936, pp. 51-54.
[88] *Wb* I, 170, 7-171, 1; *FCD*, p. 39; Van der Molen, *Coffin Texts*, p. 68; *ArchAbous* I, p. 251; Goldwasser, *Prophets, lovers and giraffes*, p. 69-78; Van de Walle, *Ägyptologische Studien*, pp. 372-377.
[89] Nims, *JEA* 22, 1936, pp. 51-54.
[90] Vernus, in *Bestiaire*, pp. 17-18.
[91] Loffet-Matoïan, *RdE* 47, 1996, pp. 33: le bétail *j3w.t* n'est pas confondu avec le bétail *mnmn.t*.
[92] Megally, *CdE* 66, 1991, pp. 108-128.
[93] Vernus, in *Bestiaire*, pp. 87-88; *pap. BM n°47.218.156*, p. 28, note qq, pl. V, l. 5: *jw=f n tp j3w n ʿw.t=f* « il est pourvu d'une tête d'animal sur ses membres ». Selon Sauneron, il s'agit de l'expression *tp n ʿw.t* .
[94] Wilson, *Ptolemaic Lexikon*, pp. 140-141.
[95] *CT* I, 154e; 155b.
[96] *Horus et Seth*, pp. 137-145. Dans l'épisode de l'île du milieu l'auteur joue sur les mots: *j3w.t* « fonction » et *j3w.t* « bétail ». Le mot est écrit, selon la valeur qu'il présente, avec le déterminatif ou . Ce jeu est motivé par le fait que la fonction royale est rattachée par allusion graphique à la fonction de pasteur. En effet, le roi est métaphoriquement le pasteur des hommes. Dans le texte cité *j3w.t* signifié « fonction » dans les passages suivants: *Horus et Seth* 1, 4; 1, 11; 8,7; 12, 3; 15, 13. Au contraire, il présente la valeur de « troupeau » dans: *Horus et Seth* 6, 11; 7, 5.
[97] Ce titre est relativement rare et il est remplacé dans l'époque ramesside par *mnjw ʿnḫ*.
[98] Černý, *Misc. Greg.*, p. 59-60: le titre en copte ⲙⲁⲛ-ⲏⲩ pourrait dériver de **mnjw j3w.t*, vu que le mot *j3w.t* est employé dans le Nouvel Empire pour indiquer le bétail. Cette expression est présente en démotique, mais nous ne connaissons pas d'exemples en néo-égyptien. D'autre part, nous avons une attestation de *mnjw ʿw.t*, forme ancienne de *j3w.t*. Bien que les noms qui suivent le titre *mnjw* présentent le signe du pluriel, il s'agit de collectifs.
[99] Franke, *JEA* 93, 2007, p. 156 note d. Le titre complet d'Antef était probablement *jmj-r3 ṯ(3)st n mnjw.w ʿw.yt* « Surveillant d'une troupe de bergers de petit bétail ». En raison de leur importance, on trouve fréquemment cités les bergers dans les autobiographies et représentés dans les tombeaux du Moyen Empire.

ꜥw.t n.t nṯr « le bétail du dieu: les humains » **(74)**

Dans les énumérations d'animaux:
ꜥw.t mnmn.t « petits quadrupèdes, grands quadrupèdes » **(75)**

ꜥw.t mnmn.t ꜣpd.w rm.w ḥfꜣ.w « petits quadrupèdes, grands quadrupèdes, oiseaux, poissons, reptiles » **(76)**

(mꜣ)ꜣ jwꜣ ꜥw.t ḫꜣs.t ꜣpd.w jnw n m njw.wt pr-ḏt
« regarder les bœufs, les animaux du désert, les oiseaux, apportés des villages de la Maison des Provisions » **(77)**

jrw nfr n ꜥw.t
« un bon recensement des chèvres » **(78)**

jdr ḳnw n ssm.wt jdr ḳnw n jḥ.w jdr ḳnw n ꜥnḫ.w jdr ḳnw n jꜣw.t
« troupeaux des chevaux, troupeaux de bétail, troupeaux des chèvres troupeaux de petit bétail » **(79)**

swr ꜥw.t mnmn.t ḥr sꜣ.t=sn
«multiplier le petit bétail et le troupeau dans leur étables » **(80)**

n ḫnd s(t) s ꜥw.t nb ḥfꜣw srḳ nb
« aucun homme ou animal, aucun serpent ou scorpion ne la parcour » **(81)**

jw gr mḥ.n(=j) wḏb.w=s m jḥ.w mḫr.w=s m ꜥw.t
« j'ai rempli ses rives avec des bovidés et ses pâturages avec du pétit bétail » **(82)**

jw grg.n(=j) jꜣw.t=s nb(t) m sw jḥ.w [...]*r*[...] *ꜥw.t m bw mꜣꜥ*
« j'ai peuplé toutes ses collines avec des hommes, des bovidés [...] et du pétit bétail, en vérité » **(83)**

Textes:
(1) *Edfou* III, 168, 18; Wilson, *Ptolemaic Lexikon*, pp. 140-141; *Tôd*, 322, 5.
(2) K*RI* II, 626, 16.
(3) *Dend* IV, pl. 16.
(4) *Edfou* I, 489; *Esna* II, 15, 10; 15, 20; 17, 39; 95, 4.
(5) *Beni Hasan* I, pl. XXX; Vandier, *Manuel* V, p. 12; *Iteti,* fig. 20, pl. 18.
(6) *Urk* I, 3, 2; 55, 16; 77, 10.
(7) *Sin* B89; B119.
(8) *Urk* IV, 705, 7-8; 727, 6.
(9) *Amarna* IV, pl. XXXII.
(10) Capart, *Rue des tombeaux*, p. 80.
(11) *CT* II, 405i [T1L].
(12) *Westcar* 8,17.
(13) *pap. Rhind* I, 3, 7.
(14) *O. Mond* n° 171.
(15) K*RI* II, 319, 1.
(16) *Amarna* IV, pl. 32.
(17) *Gemnikai,* I, 15; II, 26; Capart, *Rue des tombeaux*, p. 44 et p. 80.
(18) *Bersheh*, I, 7.
(19) *Urk* IV, 664, 13.
(20) K*RI* II, 626, 15
(21) *Adm* 5, 5; 12, 3; 15, 14.
(22) *pap. Berl* 9784, l. 8, pl. I-II.
(23) *Eb* 79,22; *pap. Berlin 3038*, 6, 3; 7, 6; 9, 3; 16, 7.
(24) Posener, *Catalogue ostraka,* II, n° 1224, l. 7, pl. 54-54a; n° 1226, l. 4, pl. 55-55a; III, n°1675 v°, l. 11-12, pl. 84-84a.
(25) *pap. BM 10208*, II, 18; *pap. Louvre* I 3079, CXI, 5.
(26) *BD* 268 (cap. 125).
(27) Kuentz, *Stèles d'Amenophis*, 14, 3: 2: (A) et (E).
(28) *Deir Gebr* II, 24, l. 23-24.
(29) stèle *JdE n° 28569.*
(30) *Rekhmara*, pl. 5-6; *Urk* IV, 664, 14; 699, 11; 699, 14; 1124, 18.
(31) K*RI* II, 333, 5.
(32) Lorton, *SAK* 21, 1995, p. 162; trad. p. 168, l. 11.
(33) *Beni Hasan* I, pl. XXX.
(34) Seele, *Tjanefer*, pl. 10, 4.
(35) *Amarna* VI, pl. 27, 5.
(36) Gutbub, *Kôm Ombo*, 235, 2.
(37) *Esna* II, 156, 20.
(38) *Dend* V, 96, 4.
(39) *Esna* II, 184, 17.
(40) K*RI* II, 151, 11.
(41) *ArchAbous* I, p. 251.
(42) *CT* I, 155.
(43) *CT* I, 154e; 155b.
(44) Goedicke, *Königliche Dokumente,* p. 89; *LD* II, 3; II, 5; *Deir Gebr* I, pl. 11; II, 24, l. 12-13; *Iteti*, fig. 20.
(45) *Urk* I, 55.
(46) collectif pour « petit bétail »: *CT* II, 405i; VI, 171m; pour « hommes »: *CT* I, 154e; 155b.
(47) *Ptahhotep* II, 18.
(48) *Deir Gebr* II, 24, l. 14-15.
(49) *Urk* I, 237, 9-13.
(50) *Meir V,* pl. 41.
(51) Roulin, *Livre de la nuit*, vol. II, pp. 1-2: tombe Sethi I.
(52) avec la valeur de « berger »: *CT* II, 165d.
(53) *Urk* I, 51, 12; *Harr* I, 59, 10; I, 7, 9; Loffet-Matoïan, *RdE* 47, 1996, p. 35, l. 3.
(54) Posener, *Catalogue ostraka*, III, n° 1441, col. II, 2, pl. 26-26°; Gasse, *Catalogue ostraka*, n° 1721, x+4.
(55) *Med Habu* II, pl. 75, 33/4; II, pl. 75, 37-38.
(56) *Horus et Seth* 7, 5.
(57) *Urk* IV, 1309, 6.
(58) K*RI* II, 283, 5.10: *stèle de Coptos;* Kitchen-Gaballa, *ZÄS* 96, 1970, p. 16, fig. 2, 10 et 16.
(59) *Esna* II, 17, 32.
(60) Hassan, *Neb-Kaw-Her*, p. 29, fig. 13.
(61) K*RI* II, 151, 11; *AnnLex* III, p. 44.
(62) Erichsen, *Demotisches Glossar*, p. 17.
(63) *Wb* II, 74-75, 1; Megally, *CdE* 66, 1991, p. 127.
(64) Ward, *Index*, p. 13, n° 60; *Bersheh* I, pl. 27.
(65) Ward, *Index*, p. 95, n° 795; *Beni Hasan*, pl. 30.
(66) *AnnLex* II, p. 65.
(67) *Stela BM EA* 1628.
(68) *Iteti*, fig. 20, pl. 18; *Sin* B89.
(69) *Urk* IV, 664, 13; 705, 8.
(70) *Iteti*, fig. 20; *Urk* IV, 664, 14; 705, 8.
(71) *CT* I, 154e; VI, 1e; F*ECT* I, p. 29, note n° 23 et 26; II, p. 107, note n° 5; *Dend* VIII, 111, 12.
(72) K*RI* II, 151, 11; *AnnLex* III, p. 44.

(73) *Westcar* 8, 17.
(74) Helck, *Merikara*, p. 83; Goedicke, *Neferyt*, p. 95; *AnnLex* I, p. 59.
(75) *Esna* II, 15, 10.
(76) *Esna,* II, 15, 20; 17, 39.
(77) *Iteti,* fig. 20, pl. 18.
(78) *Hagarsa* III, p. 36, pl. 39.
(79) K*RI* II, 283, 5.10.
(80) *Dend* V, 96, 4.
(81) *Tôd*, 322, 5.
(82) *Urk* I, 77, 10-11; Moreno Garcia, *RdE* 50, 1999, p. 244.
(83) *Urk* I, 78, 17-79, 1; Moreno Garcia, *RdE* 50, 1999, p. 244.

ʿnḫ.t

A Graphie purement idéographique

a) [100] mon. I PI **(1)** - mon. ME **(2)**

B Graphies à composante phonétique
Type I. Graphie des compléments phonétiques et du suffixe –t.

a) 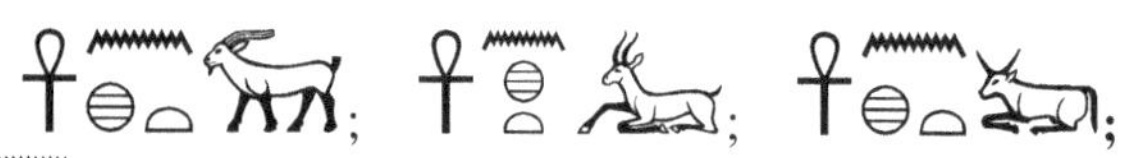
 mon. AE **(3)** - mon. I PI **(4)** - mon. ME **(5)**

b)  pap. magic.-méd. NE **(6)**[1]- ostr. non litt. NE **(7)**

c) 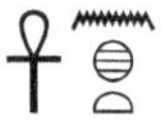 mon. I PI **(8)**[101]

Type II. Graphie des compléments phonétiques sans le suffixe –t.

a) 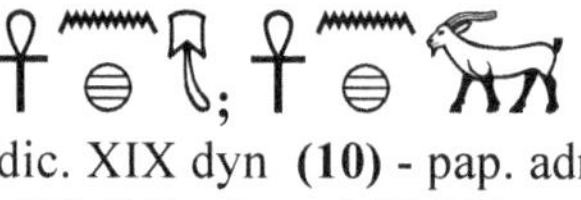 idéo. roy. NE **(9)** - pap. médic. XIX dyn **(10)** - pap. adm. XX dyn **(11)** - ostr. non litt. NE **(12)** - lettre NE **(13)**

b)  texte admin. NE **(14)** - ostr. non litt. NE **(15)**

c)  idéo. roy. NE **(16)**

Type III. Graphie du suffixe -t sans les compléments phonétiques.

a)  pap. méd. XIX dyn **(17)**

Type IV. Graphie du signe  *+ déterminatif.*

b)  idéo. roy. NE (demot. *pꜣ ʿnḫ*) **(18)** - pap. méd. XIX dyn **(19)**

c)  idéol. roy. XIX dyn **(20)**[102]

Particularités graphiques:

La lecture de la graphie  est assurée par des parallélismes dans d'autres textes où il y a la même expression et le mot *ʿnḫ.t.* [103]
Tout d'abord, se pose un problème typographique. En effet, Gardiner n'a pas enregistré dans sa liste le signe spécifique pour indiquer la chèvre , mais seulement ce qui indique le mot *sʿḥ* , qui se distingue du premier par le fait que l'animal porte un collier. Le signe , par contre, est présent dans l'*Extended Library* du *Handwörterbuch* de Hannig.

Le mot *ʿnḫ*.t présente le déterminatif  seulement dans les textes du Nouvel Empire.[104]

Le determinatif de la vache assise  se trouve seulement dans la stèle *CGC* 20001b et il se rapporte au déterminatif du mot précédent désignant le troupeau.[105]
Dans les textes du Nouvel Empire, la *–t* du féminin disparaît suite à l'emploi de l'article déterminatif.[106]

Étymologie:
Ce mot présente la même racine du nom *ʿnḫ* « vie ». Il signifie donc « la vivante » avec allusion au caractère très vivace de l'animal.

---

[100] Barns, *Five Ramesseum Papyri*, pl. XII, p. 21, note 1, « Not in list of varieties in *AEO* II, p. 221»; Westendorf, *HbMed*, vol. I, p. 411, note 671; Germer, *Untersuchung*, p. 151.
[101] *ʿnḫ* est employé ici dans l'expression « grenier du blé», mais dans Schenkel, *MHT,* p. 39, il est traduit « Pferche voll Ziegen ».

[102] Sauneron, *Traité d'ophiologie,* § 46e, p. 70: « fil de chèvre » parmi les remèdes pour expulser le venin du serpent-*sekhtef*; § 58, p. 83: « graisse de chèvre » parmi les remèdes pour la morsure de tout serpent venimeux; § 69, p. 95: « lait de chèvre » parmi les remèdes pour dégager la gorge de celui qui a été mordu.
[103] voir Couyat-Montet, *Hammamat*, inscrip. n°114, pp. 83, 10, pl. XXXI; *Hawawish* VII, fig. 16, p. 25; *CGC* 20001b, 5-6.
[104] voir textes n° **(12)** et **(13).**
[105] Goldwasser, *Prophets, lovers and giraffes*, p. 67 et 84.
[106] *CGC* 20001b, 5-6; Goedicke, *Königliche Dokumente*, p. 96.

Sens:
« chèvre, *Capra hircus* ». Il peut indiquer aussi le bouc.[107]
Ce terme est employé surtout dans les textes de la pratique et dans les inscriptions monumentales. Il s'agit du nom au sens générique désignant la chèvre et il est attesté dès l'Ancien Empire. À partir du Nouvel Empire, il remplace quelquefois le mot *ꜥw.t* pour désigner le petit bétail, donc il inclue aussi les moutons et les brebis. Dans l'ostracon Wente, provenant de Deir el Medineh, le mot *ꜥnḫ.t* indique seulement la chèvre, parce que dans ce village il n'y avait pas de moutons. Elle pouvait servir en tant que médicament, pour payer le médecin ou simplement pour sa viande.[108]
Le sang d'un chevreau est employé comme remède contre la morsure d'une femelle de vipère. Un parallèle à ce prélèvement de sang sur la chevrette vivante est présent dans un rite qui consiste à amputer un veau d'une de ses pattes. Le sang « vivant » semblait avoir des vertus plus fortes que celui d'un animal abattu.[109]

Dans le titre:
mnj ꜥnḫ.t « chevrier » **(21)**

Dans les expressions:
mskꜣ n ꜥnḫ « peau de chèvre, cuir » **(22)**[110]
ꜥnḫ.t - nḏs.t « chevreau » **(23)**
bty ꜥnḫ.t « blé de chèvre » **(24)**[111]

Dans les énumérations des animaux:
sb.n(=j) m-ḫt nb.t ir.n(=j) n=f ꜣb.t wr.t m kꜣ.w m jwꜣ.w m ꜥnḫ.w
« je l'ai chargé avec tout, j'ai fait pour lui un grand sacrifice de taureaux, de boeufs-*jwꜣ*, de chèvres » **(25)**[112]
jw [jr.n(=j)] rmṯ r wr ꜥnḫ.t r wr
« j'ai pris beaucoup de gens et beaucoup de chèvres » **(26)**

pꜣ jdr ꜥnḫ « le troupeau de chèvres » **(27)**

Parmi les médicaments:
snf ꜥnḫ « sang de chèvre » **(28)**[113]

Dans l'épithète de *Sekhat-Hr*:
nb(.t) ꜥnḫ.w « maîtresse de chèvres » **(29)**

Textes:
(1) *Urk* IV, 75, 15; Vandier, *Mo'alla*, n° 13, l. 2: tombe de *Ankhtifi.*
(2) Petrie, *Dendereh*, pl VIIA; pl. 10A; pl. 10,3; pl. 11; *CGC* 20007; *Beni Hasan* I, pl. 21, 3: inscription hiératique tombeau 2; *Urk* VII, 23, 5; Couyat-Montet, *Hammamat*, inscrip. n°114, pp. 83, 10, pl. XXXI; Schenkel, *MHT*, p. 257.
(3) tombe de *Jbj*: *Urk* I, 144, 15; 266, 12; *Deir Gebr* I, pl. VII et XXIII; Goedicke, *Königliche Dokumente*, p. 96; *CGC* 20001b, 5-6.
(4) Stèle funéraire de *Heka-Yeb*: Polotsky, *JEA* 16, 1930, p. 195, pl. XXIX, 8; Fischer, *Dendera*, fig. 31, p. 142: tombe de *Mrr'j*; Petrie, *Qurneh*, pl. X, 4: Stèle de *[R]hw[-j]*; *Hawawish* VII fig. 16, p. 25: tombe de Rehu-Rausen; Petrie, *Dendereh*, pl. X A: stèle des *Bbj*; *CGC* 20001b, 4: stèle de *Jtj*; Schenkel, *MHT*, pp. 57-58; 61-62; Vandier, *MIFAO* 66, 1935-1938, p. 138; Fischer , *Kush* 9, 1961, p. 47- 48; Montet, *KÊMI* 3, 1930-35, p. 51; Daressy, *ASAE* 15, 1915, p. 207.
(5) tasse 19606P/d-6: Pilgrim, *Stadt*, p. 288-289, line 1; *Siut*, pl. 5, 247; *Urk* VII, 59, 4; stèle de *Antef*, *BM* 134 [1164]; Lange, *Inschrift aus Hermonthis*, pl. IV, pp. 995; Clère-Vandier, *Textes de la PPI*, § 33; Schenkel, *MHT*, p. 234.
(6) *pap. Ramess* III B, 8: Barns, *Five Ramesseum Papyri*, pl. 12.
(7) *ODM* 368.
(8) *Hagarsa* III, pl. 35, p. 32-33, note 105: tombeau de *Mery-aa.*
(9) *Deshasha*, p. 50, pl. 46; K*RI* II, 247,7; 380,14; Zivie, *Giza*, p. 232; *O. Wente*, l. 4-5; *O. Ashmolean 1945.37+1945.33*: Černý-Gardiner, *Hieratic Ostraca*, pl. LXXV.
(10) *pap. Berlin 3038*, p. 75, n° 110; *pap. Leid I 343+I 345*, vs X, 1.
(11) *pap. Tur 1907+1908* vs I, 9.
(12) Černý, *Ostraka non litteraires*, I, pl. 43, ostr. 50 r°, l. 6; pl. 48, ostr. 66, l.4; pl. 50, ostr. 73 r°, l. 3; II, pl. 4, ostr. 118 r°, l. 2; Sauneron, *Catalogue ostraka non litt.*, pl. 12a-12, n° 574, 3.
(13) Černý, *Papyrus hiératique*, I, pl. 23, 23a, n° VII r°, l. 2.
(14) *Sall* I 4,3; *Harr* 54b,I; liste E (produits pour les offrandes au Nil): dans ce cas, ce mot est employé pour indiquer le « petit bétail divers ».
(15) Černý, *Ostraka non litteraires*, V, pl. 3, n° 350 r°, l. 2, col. 1.
(16) K*RI* II, 380, 14.

---

[107] *Wb* I, 205, 11-12; F*CD*, p. 44; Deines-Westendorf, *Wb Drogennamen*, p. 98; Hannig, H*wb*, 1995, p. 147; H*wb*, 2003, pp. 278-279; H*wb*, 2006, p. 542; *AnnLex* I, p. 67; II, p. 74; III, p. 50; Spiegelberg, *ZÄS* 48, 1911, pp. 146-151; Goldwasser, *Prophets, lovers and giraffes*, appendix p. 36.
[108] Grandet, *Papyrus Harris*, nota 598; Helck, *Materialien* III, pp. 488-489; Störk, *LÄ* VI, 1399-1400; Janssen, *SAK* 3, 1975, p. 152 n°109; Janssen, *Commodity Prices*, p. 165; Janssen, *Household Animals*, pp. 27- 35; Wente, *Studies in Honor of W. K. Simpson*, vol. II, pp. 855-
867; Megally, *CdE* 66, 1991, p. 123.
[109] Sauneron, *Traité d'ophiologie*, p. 96, note 2.
[110] Il est fréquent dans les listes et les comptes de toutes les époques.
[111] *bty ꜥnḫ.t* « goats emmer ». L'expression « blé de chèvre » indique qu'il s'agit de blé de mauvaise qualité.
[112] Lichtheim, *Autobiographies*, p. 54 note 20: «The great sacrifice (*ꜣb.t wr.t*) was of course designed to feed the crew during the voyage, as was pointed out of Kaplony»; Kaplony, *MDAIK* 25, 1969, pp. 25-27.

[113] Le sang de chèvre est ici cité parmi les médicament contre le mal *pꜣ ꜥḫw*.

(17) *pap. BM n°47.218.48*, § 70, p. 95.
(18) K*RI* II, 257, 11; 283, 5.10: *stèle de Coptos*; Kitchen-Gaballa, *ZÄS* 96, 1970, p. 16, fig. 2, 10 et 16.
(19) *pap. BM n°47.218.48*, §46e, p. 70; §58, p. 83; §69, p. 95.
(20) K*RI* I, 51, 12: *Stèle dècret de Nauri.*
(21) Zivie, *Giza*, p. 232; *pap. Wilbour*, A 26, 42; 40, 34; 61, 25; Stèle funéraire de *Heka-Yeb*, p. 195, pl. XXIX, 8.
(22) *pap. Reisner* II, pl. 1A, 35; 1A, 43; 24A; var. *msk3 n ꜥnḫj*: pl. 20A; p. 38 note 7.
(23) *pap. BM n°47.218.48*, § 70, p. 95.
(24) *pap. Ramess* III B, 8.
(25) Couyat-Montet, *Hammamat*, pp. 81-84 pl. XXXI.
(26) *Hawawish* VII, fig. 16, p. 25: tombe de *Rehu-Rausen* .
(27) *pap. Tur 1907+1908* vs I, 9.
(28) *pap. Berlin 3038*, p. 75, n° 110; *pap. Leiden I 343+I 345*, vs X, 1.
(29) Vandier, *Mo'alla*, n° 13, l. 2: tombe de *Ankhtifi* .

ꜥr

Graphies à composante phonétique
Type I. Graphies avec déterminatif.

a) pap. relig. époque gr-rom. **(1)**[114]

b) pap. relig. époque gr-rom. **(2)**

c) mon AE **(3)** - CT **(4)** - BD **(5)** - pap. méd. NE **(6)**[115] - TR NE **(7)**[116] - mon. ptolém. **(8)**[117]

d) toponyme **(9)**[118]

e) pap. méd. NE **(10)** - mon.ptolém. **(11)**

Type II. Graphies sans déterminatif.

a) Pyr. **(12)**[119] - scarabée II PI **(13)** - TR XVIII dyn **(14)**

b) TR XVIII dyn **(15)**

Type III. Graphie avec doublement du signe r

a) Pyr. **(16)**

Type IV. Graphie avec t

a) TR XVIII dyn. **(17)**

b) ; CT **(18)** - TR NE **(19)**

c) TR NE **(20)**

Particularités graphiques:
Tout d'abord, il faut constater que dans la *signs' list* de Gardiner, l'égyptologue a marqué seulement le signe qui indique le mot *sꜥḥ*. Les graphies désignant la chèvre *ꜥr* présentent comme déterminatif le signe de la chèvre sans collier .[120]
Dans certaines graphies la présence de la tête d'un bubale comme déterminatif à la place de celle d'une chèvre est due à la confusion entre les deux animaux.
Dans les textes ptolémaïques, le *r* est écrit par le signe de la bouche .

Étymologie:
Ce nom signifie « celle qui grimpe » et a une grande similitude avec le verbe *ꜥr* « monter ».[121]

Sens:
« chèvre » et en général « animal à cornes ».[122]
Ce mot apparaît à partir de l'Ancien Empire.[123]
Il est utilisé dans les textes médicaux où le sang et la graisse de chèvre sont mentionnés parmi les médicaments pour plusieurs problèmes.[124]

---

[114] Goyon, *Confirmation*, pl. XIA; p. 114 n° 274: selon Goyon l'animal sacré de *B3-nb-ḏdw* pouvait être un bouc dès Nouvel Empire.
[115] Palanque, *Le Nil*, pp. 62-63.
[116] Le sang de chèvre est employé comme médicament pour les yeux.
[117] Les chèvres étaient brulées dans un holocauste parce que elles symbolisaient le pouvoir du mal. La graphie présente le déterminatif de la chèvre avec la tête coupée en parallèle à la tête coupée de l'oie.
[118] Ce nom est présent dans le calendrier pour indiquer la fête de Sokharis.
[119] On trouve la tête de bubale à la place de celle de chèvre par confusion.

[120] Voir *ꜥnḫ.t.*
[121] Sethe, *Übersetzung und Kommentar* III, p. 421: dans les textes du Moyen Empire on trouve le nom *ꜥr* désignant la chèvre, donc Sethe pense que le terme *ꜥr* présent dans le textes des Pyramides indique peut-être un manteau de chèvre.
[122] *Wb* I, 208, 10; Hannig, *Hwb*, 1995, p. 148; *AnnLex* I, p. 67; II, p. 74; Budge, *Egyptian Hier Dict* I, p. 129; *LGG* I, pp. 177- 178; Yoyotte, in *Bestiaire*, p. 511; Loret, *Manuel de la langue égyptienne*, p. 118, n° 222; Darby-Ghahoungui, *Food* I, p. 211; Boessneck, *Haustiere*, pp. 14-17.
[123] Zibelius, *AegSiedl*, p. 58.

En outre, il est mentionné dans les textes religieux.
Cet animal est présent, en effet, dans des listes d'animaux sacrifiés dans les temples. Il s'agit d'une offrande sacrificielle (*ḫry*.t) brulée comme holocauste. Ces animaux représentaient peut-être le pouvoir du mal selon les principes de l'homéopathie et de la magie. Ils se trouvent mentionnés dans ces scènes religieuses avec les porcs pour symboliser les impuretés.[125]

(*ḥr*) *rdj.t ms=sn mj ˁr.w grḥ ḫt ḫ3w rkt ˁḫw jm* « les faisant amenér comme des chèvres la nuit de la fête du sacrifice à l'occasion de laquelle les brasiers sont allumés » **(21)**

Il est aussi présent dans le toponyme:

 *p3 sg3 n ˁr* « le Castel de la Chèvre » **(22)** [126]

Dans l'expression:
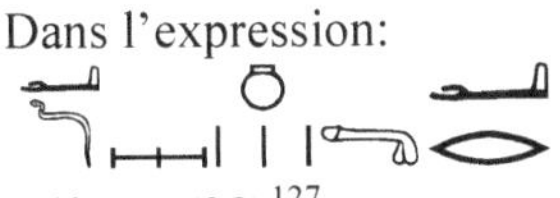 *ˁḏ ˁr* « graisse de chèvre mâle » **(23)**[127]

On trouve aussi le nom *ˁr.ty* qui semble avoir la même racine du terme *ˁr* et indiquer la chèvre.

 **(24)** TR NE

Ce terme est employé dans le Nouvel Empire aussi pour indiquer des divinités.[128]

 *ˁr.ty-wr* « La Grande appartenant à la chèvre » **(25)**[129] TR NE

 *ˁr.tyt* « La chèvre divine » **(26)**[130] TR NE

 *ˁr.tyt* « La chèvre divine » **(27)** TR NE

Dans un texte du temple d'Edfou relatif au nome de Mendès et dans un papyrus magique il y a une attestation du mot *ˁrˁr* 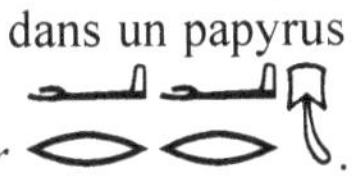. **(28)**
Montet pense que ce mot soit une réduplication du terme *ˁr* « chèvre ».[131]
Selon Sauneron, il faut distinguer les deux termes et *ˁrˁr* désignerait un « animal comestible ».[132]
Pour ce qui concerne le texte du temple d'Edfou, il faut probablement «couper» le texte différemment et lire simplement  *ˁr* « chèvre » en expliquant le rattachement des deux premiers signes à celui qui précède, rappelant l'expression 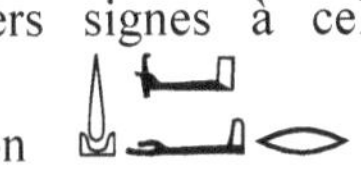 *ḏ3j-ˁr* « porter la main sur », relative aux animaux sacrés pour les maltraiter.[133]
Dans les textes d'Edfou, en effet, *ˁr* est un animal sacré et le dieu de Mendès à l'époque tardive est souvent considéré comme un bouc.[134]

Textes:
(1) *pap. Leyde* T32 IV,4; *pap 47.218.50 Brooklyn*, col. XVI, 10.
(2) *CGC* 58036, l. 11 et 20.
(3) *Giza* V, p. 97, fig. 26: mastaba *Snb.*
(4) *CT* VII, 7.
(5) *pap. Nu* 17, 10; *pap. Iahtesnacht* 64, 11.
(6) *Eb* 63, 16; 425.
(7) Caminos, *Osorkon,* p. 50; Otto, *Mundöffnungsritual*, scène 23, II 6 (tombeau de *P-dj-ˁJmn-ipt*); scène 24 IIc (tombeau de Seti I; tombeau de Tauseret; chapelle d'Amenerdis à Medinet Habu); pp. 76-78; scène 43e (tombeau de Peduamenap); scène 44g (chapelle d'Amenerdis à Medinet Habu; tombeau de Peduamenap); pp.102-105.
(8) *Med Habu* III, pl. 158.

---

[124] Wilson, *Ptolemaic Lexikon*, p. 165; Deines, *Wb Drogennamen*, p. 105; Darby-Ghahoungui, *Food* I, p. 225.
[125] Fischer, *Orientation* I, p. 129 et n° 429; Darby-Ghahoungui, *Food* I, p. 223; Caminos, *Osorkon*, p. 50; Goyon, *Rituel du sḥtp sḫmt*, p. 63-68; Herbin, *Le livre de parcourir l'éternité*, p. 172 et p. 443, pl. IV.
[126] Zibelius, *AegSiedl*, p. 57 et n° 380; Vernus, *RdE* 19, 1967, pp. 166-169; Montet, *Géographie* II, p. 191: *p3 sg3 n* 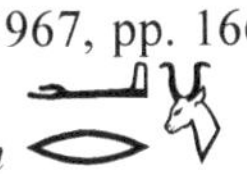 *ˁr.w* « le castel de la Chèvre » fait penser au *Pr-Wsr ḫnt*  « le domaine du roseau ». *ˁr.w* « chèvre » et *ˁr.w* « roseau » ne diffèrent que par le déterminatif.
[127] Lefebvre, *BIFAO* 57, 1958, p. 179. Selon Lefebvre, cette graphie qu'on trouve dans le Papyrus Ramesseum V, XIV est créé par le scribe pour indiquer le mâle de la chèvre *ˁr;* Vernus, in *Bestiaire,* p. 82 souligne qu'il est employé pour faire une distinction sexuelle les épithètes *k3*, pour le mâle, et *jd.t* pour la femelle.
[128] *LGG* II, p. 178.

[129] Cette inscription se trouve au-dessous de la 4ème barque présente dans le 2ème registre du sarcophage et il semble indiquer un dieu qui frappe le serpent d'Apophis avec une lance.
[130] Le sous-registre du milieu du 2ème sarcophage de Taho, fils d'Amasis, présente cette inscription pour indiquer une déesse parmi d'autres. Elle est représentée coiffée du bonnet blanc.
[131] Montet, *Kêmi* 11, p. 94; Meeks, *RdE* 25, 1973, pp. 209-216.
[132] Sauneron, *Le papyrus magique,* p. 29, note *ww*; *Wb* I, 210, 7.
[133] *Edfou* I, 330, 13; 331,2.
[134] Meeks, *RdE* 25, 1973, pp. 209-216; Michailidis, *BIFAO* 63, 1965, p. 144, note 4; *AEO* II, p. 152.

(9) Montet, *Géographie* II, p. 191; Tresson, *Mél. Maspero* I, p. 817-840, pl. I, 21.
(10) *pap. Ram* V, 15.
(11) *Edfou* III, 298, 6.
(12) *Pyr.* §771c [M N].
(13) Rowe, *Scarabs*, p. 79, n° 307, pl. VIII.
(14) *Rekhmara*, pl. 107; Otto, *Mundöffnungsritual*, scène 23 II b (tombeau de *Rekhmira*); pp. 73-76.
(15) *Rekhmara*, pl. 107; Fischer, *Orientation* I, p. 129 et n° 429.
(16) *Aba*, pl. XXVI, 211: textes funéraires de Oudjebten.
(17) *Rekhmara*, pl. 107; Otto, *Mundöffnungsritual*, scène 24 II c (tombeau de *Rekhmira*); pp. 76-78.
(18) Firth-Gunn, *Teti Pyr Cem* I, p. 228; II, pl 23b: sarcophage de Gemni.
(19) Otto, *Mundöffnungsritual*, scène 43e (papyrus de *Sꜣjs*); pp. 102-103.
(20) Otto, *Mundöffnungsritual*, scène 44g (papyrus de *Sꜣjs*); pp. 103-105.
(21) Caminos, *Osorkon*, p. 50.
(22) Vernus, *RdE* 19, 1967, p. 167; Tresson, *Mél. Maspero* I, p. 817-840, pl. I, 21.
(23) *pap. Ram* V, XIV.
(24) Otto, *Mundöffnungsritual*, scène 23 II a; 24 II c; 44g (sarcophage de *Bw-thꜣj-ꜥJmn*), pp. 73-78 et 103-105.
(25) Piankoff, *Le livre du jour*, p. 11.
(26) Hornung, *Amduat*, p. 139, n° 78 [R VI]; *CGC* 29305: Maspero, *Sarcophages*, p. 174.
(27) Hornung, *Amduat*, p. 139, n° 78 [S I-A II-Th IIIK-Th III].
(28) *Edfou* I, 334, 7; *pap. BM n° 47.218.156*, pl. 5, 7.

ꜥrw.jt

Graphie à composante phonétique

a)  mon. ptolém. **(1)**

Sens:
« la vache d'Hathor ». [135]
Ce mot est employé en époque ptolémaïque.

Textes:
(1) *Dend* VIII, 151, 1.

ꜥḳꜣ

Graphie à composante phonétique

a)  TR XVIII dyn **(1)**

Sens :
Ce terme est employé pendant la XVIIIème dynastie et désigne une partie du corps du taureau.[136]

Textes:
(1) *Pap. Boul* 11, 2, pl. II, 11.

ꜥgnj

Graphie à composante phonétique

a)  stèle XVIII dyn **(1)** - pap. NE **(2)**

Étymologie:
La racine *ꜥgl* est présente dans les langues sémitiques . On peut le comparer au copte ⲁϭⲟⲗ (B) « veau ». [137]

Sens:
Ce mot est un toponyme. Il s'agit probablement de la ville d'Hathor, c'est-à-dire Esna.
Gardiner rapproche ce nom à celui de *Jꜣ.t-ngꜣ.w.*[138] Mais Vandier souligne qu'il serait étrange que le scribe eût omis soit le *t* du féminin soit le ꜥ initial du nom de la ville d'*ꜥgnj.*[139]

Textes :
(1) *CGC* 34001, 29: *stèles d'Ahmose*, 29, 29-30.
(2) *An* IV, 13, 11; *pap. Lansing* 4, 7.

[135] *AnnLex* II, p. 74.
[136] *Wb* I, 234, 11; Hannig, H*wb*, 1995, p. 163.

[137] *Wb* I, 236, 8; *AnnLex* I, p. 75; Westendorf, *KoptHwb*, p. 19; Vycichl, *MDAIK* 16, 1958, p. 381, n° 4; Nims, *JEA* 38, 1952, pp. 40; Vycichl, *Dictionnaire étymologique*, p. 23. Le déterminatif du bœuf fait en effet penser à la racine sémitique *ꜥgl* « veau, génisse » et, en effet, Hathor fut vénérée à *ꜥgny* sous la forme d'une vache. Il s'agit probablement d'un nom de relation *ꜥgl-iy*.
[138] *AEO* II, pp. 13-15.
[139] Vandier, *Mo'alla*, p. 26, n° 1.

w

w3p.t

Graphies à composante phonétique
Type I. Non graphie du complément phonétique 3.

a)  Pyr **(1)**

Type II. Graphie du complément phonétique 3.

a)  BD **(2)**

Particularités graphiques:
Ce mot présente une graphie riche en compléments phonétiques et avec le déterminatif de la brebis dans le Livre des Morts.

Sens:
« brebis » .[140]
Ce terme est employé dans les textes religieux.

Dans les expressions:
msj.w sj.t b3k.t snk.w fd.t w3p.t
« née d'une brebis blanche, nourris par 4 brebis » **(3)**

Textes :
(1) *Pyr.* §252c [W]; *Unas*, pl. 37.
(2) *pap. Nebseni*, pl. 54; *BD* 462.
(3) *Pyr.* §252c [W].

wʿty

Graphies à composante phonétique
Type I. Signe bilitére pour les deux premières radicales.

a)  mon. AE **(1)** - inscript. ME **(2)**

Type II. Signe unilitère pour la deuxième radicale.

a)  inscript. ME **(3)**

b)  inscript. ME **(4)**

Sens:
« chèvre » dans le sens générique.[141]

Textes:
(1) Cairo JE 43290; *CGC* 1596; *CGC* 1759.
(2) Gardiner, *Sinai* I, pl. XXXIIIA, 91W.
(3) Griffith, *Siut*, pl. VII; Pilgrim, *Stadt*, p. 288-289, l. 2.
(4) Gardiner, *Sinai* I, pl. XXXVII, 112W, 8.

wnḏ.w

Graphies à composante phonétique
Type I. Signe bilitère pour la deuxième radicale n.

a)  mon. AE **(1)**

b)  mon. AE **(2)**

c) 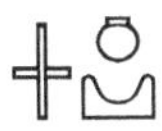 mon. AE **(3)**

Type II. Graphie du suffixe t.

a)  CT **(4)**

b)  CT **(5)**

c)  CT **(6)**

Type III. Signes bilitères wn + ḏw.

a)  CT **(7)**

b) 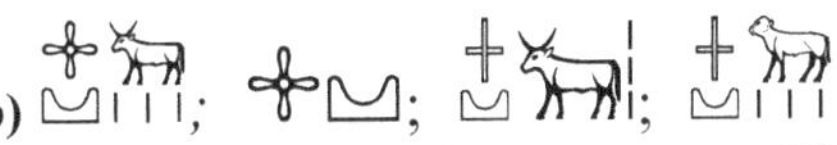 mon. ME **(8)** - textes hist. XVIII dyn **(9)** - mon. XVIII dyn. **(10)** - textes hist. NE **(11)** - TR Ram. **(12)** - mon. NE **(13)** - mon. ptolém. **(14)**

c) 

d)  CT **(15)**

Type IV. Graphie du suffixe w.

a)  textes litt. NE **(16)** - ostr. litt. NE **(17)** - textes admin. NE **(18)**[142] - mon. ptolém. **(19)**

---

[140] *Wb* I, 251, 8; Hannig, H*wb*, 2003, p. 302; Spiegel, *Auferstehungsritual*, pp. 222-225.
[141] *FCD*, p. 56; Hannig, H*wb*, 1995, p. 182.

[142] Grandet, *Pap Harris*, vol. I p. 325: (69,10) « bœufs, veaux de boeufs, boeufs à longues cornes, bétail divers, boeufs à cornes courtes… ».

b)  mon. AE **(20)** - CT **(21)** - texte biogr. XVIII dyn **(22)** - mon. NE **(23)**

c)  litt. NE **(24)**

Type V. Signe unilitère pour la deuxième radicale n.

a)  mon. NE **(25)** [143]

b)  CT **(26)**

Particularités graphiques:

Alternance entre le signe  et .
À partir du Nouvel Empire, le complément phonétique *w* est écrit avec la variante hiératique .
Le suffixe *-t* indique dans ce cas un nom collectif.
Les graphies **(25)** et **(26)** présentent un signe unilitère pour la deuxième radicale.

Étymologie:
Il s'agit probablement d'un emprunt du mot *wnḏ.w* utilisé pour designer les chèvres dans l'Ancien Empire et il est dérivé de *wn* « ouvrir » et *ḏw* « montagne » donc « ouvrir les montagnes ».[144]

Sens:
« bovin aux cornes courtes et droites » ou « espèce de chèvre ». [145]
Le terme est utilisé pour les bovins aux cornes courtes ou qui en ont été privés.
Les chèvres domestiquées étaient privées des cornes et pour cette raison ce nom était employé aussi pour désigner les autres animaux domestiques qui venaient traités dans la même façon.
Il est souvent mentionné avec les bœufs *jwꜣ*.

Dans les Textes des Sarcophages, *wnḏ.w* présente une valeur métaphorique et désigne les hommes qui sont le « bétail des dieux ».
À Edfou les *wnḏ.w* faisaient partie des offrandes de viande.[146]
Ces bœufs sont présents aussi dans les scènes qui ornent les parois des temples et des tombeaux dans les défilés des victimes au sacrifice. Le sacrifice d'animaux par le roi symbolisait le triomphe d'Égypte sur ses ennemis, puisque le taureau ou le bœuf sacrifié symbolisait l'ennemi.
Le rite *ḥw.t r stp.wt* désigne les quatre catégories d'animaux à sacrifier comme *jwꜣ, wnḏ.w, gḥs* et *mꜣ-ḥḏ*. Ce rite signifiait la victoire sur l'ensemble du monde. [147]

Comme collectif:
wnḏ.wt « bétail, bovins ».
wnḏ.jt « bétail, bovins ».
Dans ces cas, il peut désigner soit le bétail soit les hommes, vus comme « le bétail des dieux ».

Dans les expressions:
rmṯ n wnḏ.w nb « tous les hommes de quelque catégorie » **(27)** [148]
wnḏ.w nfr.w n stw.t « beaux taureaux de parade » **(28)** [149]

rn wnḏ.w « jeune bœuf *wnḏ.w* » **(29)**

Parmi les tributes:
pꜣ jnw m ḫt=f nb m jwꜣ.w rnn ngꜣ.w wnḏ.w gḥs mꜣ-ḥḏ
« Le tribute en toutes ses choses de bœufs-*jwꜣ*, veaux, bœufs-*ngꜣ.w*, bœufs-*wnḏ.w*, gazelles, oryxes » **(30)**

Textes:
(1) *Hatnub,* 17, 7; *Gemnikai* I, pl. XIII, p. 20; *Meir* IV, pl. 16: tombeau de Pepi'onkh; *Mereruka*, pl. 152 et 153; *Hawawish* VII, fig 3: tombeau G98.
(2) *Urk* I, 134, 7.
(3) Simpson, *Giza Mastabas* 4, pl. IVb, fig. 4.
(4) *CT* I, 144c [B4L].
(5) *CT* I, 144c [B3B0].
(6) *CT* I, 144c [B4L].
(7) *CT* I, 144c [L2Li].
(8) *LD* III, pl. 65; *Beni Hasan* I, pl XVII: représentation des hommes qui portent des offrandes des bœufs; pl.

---

[143] Les animaux pour le sacrifice représentés sont: « jeune de bœuf-*ngꜣ.w*, jeune de bœuf-*wnḏ.w*, jeune d'oryx, jeune de bouquetin, jeune de gazelle ». Chacune des six espèces est caractérisée par la forme des cornes et de la queue et, pour plus de précision le nom de l'espèce est écrit près de la tête. Les bêtes sacrifiées sont représentées des dos quand la tête des animaux est tournée vers la gauche; inversement, c'est le ventre qui est montré quand l'animal est tourné vers la droite. Les victimes sont toujours orientées de façon à faire face au dieu. Sur chacune des bêtes immolées on a placé les trois pièces de choix: la patte antérieure droite, une partie des côtes et le cœur.

[144] Wilson, *Ptolemaic Lexikon*, pp. 239-240.

[145] *Wb* I, 326, 2-4; F*CD,* p. 63; Hannig, H*wb*, 2003, p. 353; Van der Molen, *Coffin Texts*, p. 95; Wilson, *Ptolemaic Lexikon*, pp. 239-240; *AnnLex* I, p. 91; III, 1979, p. 71; Letellier, *Mélange Leclant*, p. 474.

[146] Janssen, *Ship's*, p. 38; Ghoneim, *Rhind*, p. 80; Grandet, *Pap Harris*, vol. II, p. 20 nota 83: « Ces bovidés s'opposent par leur cornes courtes aux bovidés *ngꜣ* à longues cornes ». Caminos, *LEM*, p. 348 et 419; Vandier, *Manuel* V, p. 255; *Rekhmara* II, pl. XXX; *Beni Hasan*, pl XVII.

[147] Leclant, *MDAIK* 14, 1956, p. 141-142; Letellier, *Mélange Leclant*, p. 471-477.

[148] Vernus, *BIFAO* 75, 1975, p. 13. Il s'agit d'une expression typique de la Troisième Période Intermédiaire.

[149] Letellier, *Mélange Leclant*, p. 477: cette expression semble être nouvelle. Elle souligne le fait qu'il s'agit des bœufs « modèles », « de parade ». Ces animaux seraient des modèles sélectionnés pour leur qualité pour représenter l'ensemble du lot offert au dieu.

XXX: tombeau 3; pl. XXXV; II, pl. XXXII; Müller, *Elephantine*, p. 33, fig. 5, pl. 5a.
(9) *Urk* IV, 171, 12; 695, 13; 716, 7; 720, 12; 741, 12.
(10) *Rekhmara* II, pl. XXX.
(11) *Pianchi*, 64; K*RI* II, 510, 7.
(12) K*RI* II, 280, 5; *Med Habu* III, pl. 150, 499.
(13) Lacau-Chevrier, *Hatshepsout,* 1977, p. 56*;* Kuentz, *Stèles d'Amenophis*, 14, 3 (A) et (E); *Buhen* I, pl. 40.
(14) Helmi, *Catalogue* I, p. 186: tombeau d'Assouan.
(15) *CT* I, 128b [B12C^{b}-B13C-B16C]; 144c [B16C-B12C^{b}- B13C^{b}].
(16) *Adm,* 8,11; *pap. Koller* 3,6; *pap. Leiden I 350*; K*RI* II, 810,10; 812,11.
(17) Posener, *Catalogue ostraka,* III, n° 1675 v°, l. 11, pl. 84-84a.
(18) *Harr* 12b, 8; 20a, 8; 35b, 12; 69,10.
(19) *Edfou* III, 125, 7; VI, 57, 1; VII, 73, 6; 226, 1; VIII, 116, 15; Gutbub, *Kôm Ombo*, 92, 6.
(20) *Meir* V, pl. XXX.
(21) *CT* I, 270c [B10C^{d}].
(22) *Urk* IV, 953, 17.
(23) Davies, *Tomb of Ken-Amun*, vol. I, pl. XXXV.
(24) *Wb* I, 326, 4; Tablette Ashmolean Museum 964. 489, p. 74, pl. XA.
(25) Lacau-Chevrier, *Hatshepsut*, p. 309, pl. 18 n ° 44 et 143.
(26) *CT* I, 270c [B10C^{c}].
(27) inscription Chéchanq I, l. 9, p. 17, n° k: Vernus, *BIFAO* 75, 1975, p. 13.
(28) Letellier, *BdE* 106.1, 1994, p. 475.
(29) *Beni Hasan*, pl. XVII, XXX, XXXV; *Mereruka*, pl. 152 et 153; Simpson, *Kayemnofret*, pl. G, pl. 17; Lacau-Chevrier, *Hatshepsout*, p. 56; p. 309, pl. 18 n ° 44 et 143.
(30) *pap. Koller* 3,6.

wr

Graphies à composante phonétique
Type I. Signe unilitère pour la deuxième radicale.

a)  toponyme ME **(1)**

b)  CT **(2)**

c)  CT **(3)** - pap. ptolém. **(4)** - TR NE **(5)**

Type II. Signe bilitère pour les deux radicales.

a)  mon. AE **(6)**

b)  toponyme Pyr. **(7)** - CT **(8)**

Sens:
« taureau ».[150]
Dans le Moyen Empire, ce mot est employé dans la plus part de cas dans le toponyme *hw.t-wr.w,* « Domaine des Taureaux-*wr* ».[151]

Dans le toponyme:
hw.t-wr.w **(9)**

Dans le nom:
k3-wr **(10)**

Textes:
(1) Lacau, *RT* 26, 1904, p. 70, l.13: sarcophage de 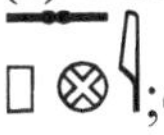;*CT* II, 168d [B2P-Sq4C]; 196a [B1C-B17C-B2P-B4L^{a}]; *Antefoker*, pl. XXII; Herman, *Hymnen*, p. 3, l. 2.
(2) *CT* I, 143b [B3B0-B4L-B12C^{b}-B16C]; 146d [B3B0-B4L-B12C^{b}-B16C]; II, 156e [S1C-G2T-S2C]; 196a; VI, 385i; VII, 472j [B1P-B1Be]; *Nianchchnum*, p. 155, pl. 76-77.
(3) *CT* II, 170m [B2L].
(4) *pap. lac Moeris*, pl. IV.
(5) Otto, *Mundöffnungsritual* I, scène 59B d, p. 151; Hornung, *Anbetung an Re*, p. 179; p. 181 [R IV].
(6) Murray, *Saqq Mast* I, pl. II; *Medum*, pl. XIII.
(7) *Pyr.* §189a [W].
(8) *CT* II, 155c-d [S1C]; 170m [Sq4C]; 196a [B2L-B1L-B3L].
(9) Otto, *Mundöffnungsritual* I, scène 59B d, p. 151; Lefebvre, *Tombeau de Seti I*, troisième partie, pl. XII, col. 209; *Pyr.* §189a [W].
(10) *Nianchchnum*, p. 155, pl. 76-77.

wr.t

Graphies à composante phonétique
Type I. Signe bilitère pour les deux radicales.

a)  mon. ME **(1)** - TR NE **(2)** - mon. ptolém. **(3)**

Type II. Graphie r pour la deuxième radicale.

a)  CT **(4)** - TR NE **(5)**

b)  mon. ptolém. **(6)**

c)  mon. ptolém. **(7)**

d) 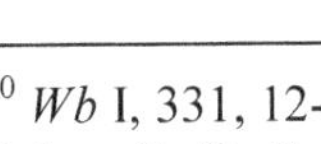 mon. ptolém. **(8)**

[150] *Wb* I, 331, 12-14; Hannig, H*wb*, 1995, p. 204; Van der Molen, *Coffin Texts,* p. 98; *AnnLex* II, p. 101; III, p. 72.
[151] Zibelius, *ÄegSiedl*, pp. 151-152; Borchardt, *Sahure* II, p. 128.

Particularités graphiques :
Le suffixe *-t* indique qu'il s'agit du féminin du mot *wr* « taureau ».

Sens :
« vache sacrée ».[152]
Ce terme est employé dans les textes religieux à partir du Moyen Empire jusqu'à l'époque ptolémaïque. Dans les Textes des Sarcophages le mot *wr.t* désigne la vache du ciel.[153]

Dans l'expression :
jrtṯ n.t wr.t « le lait de la vache » **(9)**

Dans le toponyme *ḥw.t wr.t* :
sb k3=k r ḥw.t wr.yt « ton *ka* se rend au château de la Vache » **(10)**[154]

Textes :
(1) *CGC* 20040.
(2) Hornung, *Anbetung an Re*, p. 179 [S II] ; p. 181 [R II].
(3) *pap. lac Moeris*, pl. VII; *Dend* IV, pl. II.
(4) *CT* II, 168d [B2L]; V, 212a [S2C-B1C]; 214b; 215a; 225k [S2C]; Lefébvre, *Tombeau de Seti I*, I partie, pl. V, col. 26.
(5) Hornung, *Anbetung an Re*, p. 179 [Th III-SI-R II-Mer-Si-R III]; p. 180 [Th III-SI-R II-Mer-S II-Si]; p. 181 [Th III-SI-Mer-S II-Si].
(6) Piehl, *Inscriptions* II, pl. CXXVII; *Edfou* XV, 32, 7.
(7) *Dend* VIII, 93, 6.
(8) *Dend* I, 116, 14.
(9) *Dend* I, 116, 14.
(10) *P. Leyde* T32, II, 11.

wḥm

Graphies à composante phonétique
Type I. Signe trilitère avec complément phonétique

a)  stèle ME **(1)**

Type II. Signe trilitère sans complément phonétique

a)  CT **(2)** stèle ME **(3)** mon. ME **(4)**

Particularités graphiques:
Les radicales sont écrites avec le signe trilitère de la patte antérieure d'animal terminée par un sabot. Dans la graphie du type I, il y a le complément phonétique *m*.

Sens:
« patte de bœuf ».[155]
Il s'agit d'un substantif masculin qui indique la patte du bœuf.
On le trouve surtout dans le titre administratif *jmj-r3 wḥm* à partir du Moyen Empire et dans les inscriptions de la XVIIIème dynastie pour indiquer avec une métonymie les animaux à sabots.[156]

Dans le titre:
jmj-r3 ꜥb.w wḥm.w « intendant des animaux à cornes et à sabots » **(5)**
jmj-r3 ꜥb.w wḥm.w šw.w nšm.wt « intendant des animaux à cornes, à sabots, plumes et à coquilles » **(6)**

Textes:
(1) *CGC* 20536 ; Petrie, *Dendereh*, pl. 11.
(2) *CGC* 28027.
(3) Cramer, *ZÄS* 72, 1936, p. 85 ; Hayes, *JEA* 35, 1949, pl. IV; Rowe, *ASAE* 39, 1939, p. 189.
(4) *Beni Hasan* I, pl. 7.
(5) Ward, *Index*, p. 13 n° 63; Petrie, *Dendereh*, pl. 11.
(6) Ward, *Index*, p. 14 n° 64; *Beni Hasan* I, pl. 7; Hayes, *JEA* 35, 1949, pl. IV; Rowe, *ASAE* 39, 1939, p. 189; Loret, *RT* 38, 1916, pp. 61-68.

wšb

Graphies à composante phonétique
Type I. Signes unilitères pour les radicales.

a) 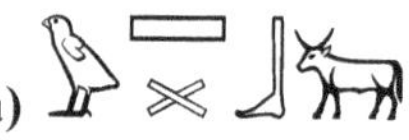 biogr. XVIII dyn **(1)**

b)  CT **(2)**

c)  mon. AE **(3)**

d) 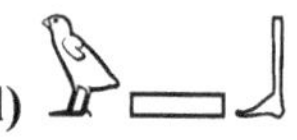 mon. AE **(4)**

Type II. Abréviation hiératique de  *pour la première radicale.*

a)  mon. ptolém. **(5)**[157] - TR ép. gr. **(6)**

[152] *Wb* I, 331, 15; F*CD*, p. 64; Hannig, H*wb*, 1995, p. 204; *AnnLex* II, p. 101.
[153] voir *3h.t*.
[154] Herbin, *Le livre de parcourir l'éternité*, p. 128: l'auteur souligne que, dans ce contexte, le « château de la vache-*wr.yt* » ferait référence plutôt à une place mythique qu'à un sanctuaire géographiquement situé. En effet, ce texte ne permet pas de voir avec certitude un sanctuaire réel situé en Basse Egypte. En outre, il note que l'absence du déterminatif  peut indiquer qu'il s'agit d'une place funéraire.

[155] *Wb* I, 345, 3.
[156] Ward, *Index*, pp. 13-14, n° 63-64; Loret, *RT* 38, 1916, pp. 61-68.
[157] Blackman - Fairman, *JEA* 36, 1950, pp. 65-66, n.14.

b)  mon. ptolém. **(7)**

c)  litt. ME **(8)**

d)  mon. ptolém. **(9)**

e)  mon. ptolém. **(10)**

Particularités graphiques:
Le suffixe *-t* de la graphie **5b** indique qu'il s'agit d'un collectif.
Surtout dans les textes d'époque ptolémaïque, on trouve l'abréviation hiératique  de  comme première radicale.

Étymologie:
Il dérive peut-être du verbe *wšb* « répondre ». Il s'agit donc d'une bête qui réplique, un taureau agressif, mal domestiqué.[158]
Son déterminatif peut être le signe de la vache ou celui du bœuf.

Sens:
« taureau de bataille », en allemand « Kampftier ».[159]
Ce mot est présent surtout dans les textes religieux et signifie souvent « vache ».[160]

Dans l'expression:
jty n wšb.w **(11)**[161]

Dans le sens de vache:
dj=k ꜥnḫ m ḥ3.t wšb « pose la vie dans la tête de la Vache » **(12)**[162]

nb 3ḫ.t sḫpr wšb.w « le maître des vaches qui fait advenir les vaches laitières» **(13)**

Comme collectif pour indiquer les bovins:
wšb.w **(14)**

Textes:
(1) *Urk* IV, 1076, 2; *Rekhmara* I, pl. XI, l. 14.
(2) *CT* IV, 66q [T1C]; F*ECT* I, 228.
(3) *Deshasha,* p. 54, pl. 51: tombeau de *Shedu.*
(4) Firth-Gunn, *Teti Pyr Cem* I, pp. 203-4; II, pl. 21b (bœuf-*wšb* amené pour être abattu). Lefebvre, *Petosiris* II, 18 = n° 46,1.
(5) *Edfou* III, 169, 1; 171, 10-11; IV, 241, 17.
(6) Stricker, *OMRO* 34, 1953, p. 21 (4, 19); *pap. Bremner-Rhind* I, 6,1; *Esna* II, n° 155, 2.
(7) *Edfou* V, 87, 6-7.
(8) *Enseignement Loyaliste*, p. 123.
(9) *Dend* III, 52t; VI, 47, 4; IX, 14, 10.
(10) *Edfou* III, 125, 6; V, 87, 6; VII, 313, 16; VIII, 105, 8; *Dend* VI, 47, 4; VII, 139, 15; 139, 18; IX, 14, 10.
(11) *Edfou* III, 125, 6; IV, 241, 17; VII, 313, 16; *Dend* II, 105, 2; III, 69, 9: dans ces passages le titre est lié au dieu Anubis. Dans *Edfou* VIII, 105, 8 il désigne le roi. Tous ces exemples sont présents dans les scènes qui montrent le rite de « chasser les veaux » et d'offrir le lait.
(12) *pap. Bremner-Rhind* I, 6, 1.
(13) *Dend* VI, 47, 3.
(14) *Edfou* III, 171, 10-11; IV, 272, 15; V, 87, 6; *Dend* VI, 47, 4; VII, 139, 15; 139, 18; IX, 14, 10; *Esna* II, 155, 2; Lefebvre, *Petosiris* II, 18 = n° 46,1.

wšb.t

Graphies à composante phonétique
Type I. Signes unilitères pour les radicales.

a)  mon. NE **(1)**

Type II. Abréviation hiératique de  *pour la première radicale.*

a)  mon. ptolém. **(2)**

Particularités graphiques:
Dans les textes d'époque ptolémaïque, il y a l'abréviation hiératique  de  comme première radicale.

Étymologie:
Il dérive peut-être du verbe *wšb* « répondre, se plaindre».[163]

[158] On peut expliquer cette idée en se référant à *Esna* II, 155, 2 où le bétail *wšb* est mentionné après *sḏm.w*. Ce dernier mot présente le déterminatif d'une vache maigre avec les longues cornes. Il s'agit du terme pour désigner le bétail docile, « qui écoute ». Egberts, *In quest of meaning*, I, p. 339; *Enseignement Loyaliste*, pp. 41-42 n°4. Par opposition *wšb* désignerait le bétail « rétif », qui n'obéit pas.
[159] *Wb* I, 373, 4; F*CD*, p. 70; Hannig, H*wb*, 2003, p. 384; Wilson, *Ptolemaic Lexikon*, pp. 266-267; Van der Molen, *Coffin Texts*, p. 104; *Enseignement Loyaliste*, pp. 41-42 n°4, 123.
[160] Faulkner, *JEA* 22, 1936, pp. 125 et 136. Le mot ici est montré être féminine.
[161] À Edfou, *wšb* est généralement utilisé au pluriel et dans les rites *ḥw-bḥs.w* le roi est appelé *jty n wšb.w* « le bouvier des troupeaux ». Cette épithète est souvent liée au dieu Anubis, qui est appelé « souverain du bétail-*wšb* » pour souligner son habilité comme berger.
Egberts, *In quest of meaning*, I, p. 339; Blackman-Fairman, *JEA* 36, 1950, pp. 65-66, n.14; Chevrier, *Anubis*, p. 20.

[162] Le mot *wšb* est ici féminin à cause du parallèle avec *m tp ḥm.t* à la ligne 14, 27 du même papyrus. Il y a sans doute une allusion à la déesse Isis. Faulkner, *JEA* 22, 1936, p. 136.
[163] *FCD*, p. 70

Il y a un rapprochement avec le nom *wšb.t* « celle qui se plaint »,[164] lié à la déesse Isis.

Sens:
« vache ».
Aussi comme épithète de Isis.[165]

Dans le toponyme:
ḥw.t wšb.t « Château de la vache » **(3)** [166]

Textes:
(1) *Buhen* II, pl. 41.
(2) *Dend* VIII, 151, 2.
(3) *P. Leyde T32*, IV, 19.

[164] *Wb* I, 373, 1.
[165] Wilson, *Ptolemaic Lexikon,* pp. 266-267.
[166] Herbin, *Le livre de parcourir l'éternité*, p. 185: un toponyme *ḥw.t wšb.t* est attesté dans le *pap. Jumilhac* XXI, 1, p. 132, qui le définit comme un de noms de la « Ville de la Vache » (*njw.t n.t jḥ.t*) située dans la région de Tehneh. Nous n'en connaissons pas d'autre attestation.

b

bꜣ

A Graphie purement idéographique

a)  CT **(1)** - BD **(2)** - mon. ptolém. **(3)** - mon. gr.-rom. **(4)**

B Graphie à composante phonétique

a)  CT **(5)** - idéo. roy. XVIII dyn **(6)** - TR XXX dyn **(7)** - mon. ptolém. **(8)** - mon. gr.-rom. **(9)**

Particularités graphiques:
La lecture des graphies purement idéographiques est assurée par des parallélismes.[167]
Il faut marquer que le nom du bélier *bꜣ* est homophone de *bꜣ* « l'âme-oiseau », organe subtil de communication entre l'individu, le monde concret et le monde supra humain.[168]
On a deux mots homophones *bꜣ* « Ba » et *bꜣ* « bélier ». Pour les distinguer, il suffit de prêter attention au déterminatif employé. En effet,  indique « Ba » et  indique « bélier ». Parfois, le déterminatif du bélier est à la place du oiseau.[169]

Étymologie:
Ce mot est formé sur la racine *bꜣ* « se répandre » en relation avec la potence sexuelle du bélier.[170] Peut-être qu'il a un rapport avec un radical très répandu en berbère *bal/wal* « mouton ». Il y a aussi la possibilité qu'il s'agisse d'une formation onomatopéique indépendante en égyptien.[171]

Sens:
« bélier ».[172]
En particulier, il est employé pour désigner le bélier sacré de Mendès.[173]
Dans les textes du temple d'Esna, on le trouve comme épithète du dieu Khnoum. **(10)**

Il est présent aussi dans plusieurs noms. [174]

Dans les épithètes:
bꜣ sty « le bélier qui éjacule » **(11)**[175]
bꜣ ꜥnḫ « le bélier vivant » **(12)**
bꜣ dmḏ « complète *ba* » **(13)**[176]
bꜣ wr « le grand bélier » **(14)**
bꜣ mrty **(15)**[177]
bꜣ- nb- ḏd.t « bélier maître de Mendès » **(16)** [178]
kꜣ.t n.t Bꜣ nb hꜣ.yt « l'ouvre du Bélier maître du ciel » **(17)**
bꜣ ps « bélier brûlant » **(18)**
bꜣ-n-pt « bélier du ciel » **(19)**[179] en copte ⲃⲁⲁⲙⲡⲉ **(20)**
bꜣ wr šft « bélier grand de prestige » **(21)**

Dans les expressions où le bélier indique le dieu Osiris:
bꜣ n Rꜥ m tꜣ-rr « le bélier de Rê dans Tarer » **(22)**
bꜣ sty ḥr nfr.wt « le bélier fécondateur des belles » **(23)**

Dans les expressions où le bélier indique le dieu Sokar-Osiris:
ḥr bꜣ=f « avec son image de bélier » **(24)**
bꜣ ꜥnḫ nty ḥw ḫfty.w=f « le Bélier vivant qui frappe ses ennemis » **(25)**

Dans l'expression *Bꜣ nb hꜣy.t* « le Bélier maître de la voûte céleste »:
Bꜣ nb hꜣy.t, ḥry nṯr.w, ḥr sḫkr ḥꜥ.t, ḥr ḏbꜣ ḏt.t m nfr.w
« le Bélier maître de la voûte céleste, chef des dieux, pare ton corps, enveloppe ton corps de belles étoffes » **(26)**

sw mj Bꜣ nb hꜣy.t ḫnt ḥt-nb.w « il est comme le Bélier maître de la voûte céleste dans le temple de l'or » **(27)**

Dans le toponyme *Pr Bꜣ* « Maison du Bélier »:
wḥm=k rnp m hꜣw Pr Bꜣ « tu redeviens jeune dans la Maison du Bélier » **(28)**[180]

---

[167] *Urk* V, 75, 5; 75, 12.
[168] Vernus, in *Bestiaire*, pp. 560-601.
[169] Ward, *The four Egyptian homographic roots b-ꜣ*, pp. 115- 116; pp.148-173.
[170] Wilson, *Ptolemaic Lexikon*, p. 300; Ward, *The four Egyptian homographic roots b-ꜣ*, pp.112-116.
[171] Vernus, in *Bestiare*, p. 76.
[172] *Wb* I, 414, 9-14; *FCD*, p. 77; Hannig, H*wb*, 2006, p. 782; Wilson, *Ptolemaic Lexikon*, pp. 300-301; Yoyotte, in *Bestiaire*, p. 471.
[173] Wilson, *Ptolemaic Lexikon*, p. 300; Ward, *The four Egyptian homographic roots b-ꜣ*, p. 112; Klotz, *Adoration of the Ram*, p. 98, note 209; Montet, *Géographie* I, p. 144.

[174] Altenmüller, *Mehu*, p. 45; pp. 66-70; p. 149.
[175] Cette expression souligne la force sexuelle du bélier.
[176] À Edfou cette expression est utilisée comme épithète d'Osiris, qui étant une momie présente son corps préservé et unifié. Wilson, *Ptolemaic Lexikon*, p. 296.
[177] *mrty* est une épithète divine liée aux divers dieux. Wilson, *Ptolemaic Lexikon*, p. 442.
[178] Pendant l'époque tardive, l'épithète Banebdjed a été lié au bélier de Mendès en dérivant du grec où l'expression *bꜣ nb ḏd.t*, « bélier, seigneur de Djedet », a été mal comprise. Elle devient donc le nom de la ville de Mendès.
[179] Ce titre apparaître dans la XIXème dynastie et il est une épithète du dieu Amon.
[180] Herbin, *Le livre de parcourir l'éternité,* p. 131; p. 128, note n° 46. Ces exemples montrent l'équivalence entre le « Château du Taureau » et le « Château de la Vache ». À la lecture *ḥw.t wr.yt* correspond non pas *ḥw.t kꜣ wr.w*, selon la lecture traditionnelle, mais *ḥw.t wr.w*.

Dans les noms propres:

jj-nj-b3  **(29)**

wr-b3.w-b3  **(30)**

b3-mk.t.j  **(31)**

b3-nb-ḏd.t 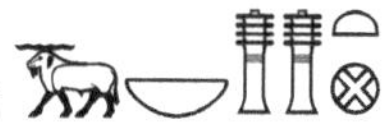 **(32)**

b3.jj  **(33)**

Nj-ʿnḫ-b3  **(34)**

Textes:

(1) *CT* III, 258a [S2C]; IV, 95n [B5C]; 149a [M24C]; V, 130b [M4C]; 148a [M3C-M46C]; 149c [M6C-M3C]; VI, 405b [S10C].
(2) *Urk* V, 75, 5.
(3) *Edfou* III, 258, 6; IV, 302, 7-9; 383, 16-17; 384, 4; 384, 18; VI, 299, 11; *Dend* I, 7, 11; 120, 23; 154, 13; II, 65, 13; 123, 5; 123, 13; 139, 3; 142, 4; 160, 5; 160, 17.
(4) *Esna* III, 225, 18-19.
(5) *CT* I, 284i [T9C-Sq3C]; II, 239c [B9C]; III, 254a [S2C-S1C-B15C-M35C]; IV, 366a [B9C-B14]; V, 130b [M3C-M46C]; 137a [M4C]; 148a [M6C-M4C]; 149c [M21C]; VII, 182a-n [P. Gard. III].
(6) *Urk* IV, 224, 17; V, 74, 16.
(7) *pap. Ramess* VI, col. 90, 95, 103: Gardiner, *Ramesseum Papyri*, pl. XX.
(8) *Edfou* IV, 35, 3.
(9) *Esna* III, 225, 48-49; 225, 59.
(10) *Esna* III, 225, 17-19; 225, 48- 49; 225, 59.
(11) *Edfou* IV, 34, 11; *pap Ram* VI, col. 23.
(12) *Edfou* IV, 34, 14.
(13) *Edfou* IV, 35, 6.
(14) *Edfou* V, 23, 9.
(15) *Esna* III, 225, 17: épithète du dieu Khnoum.
(16) *Dend* I, 120, 23; 154, 13; Kamel, *ASAE* 59, 1966, pp. 27-31, pl. I-II; Klotz, *Adoration of the Ram*, pl. 21, l. 30; p. 112, note B.
(17) *Dend* I, 7, 11.
(18) *Esna,* II, 76, 10; Daressy, *RT* 27, 1905-1906, p. 193.
(19) Fecht, *Wortakzent und Selbenstruktur*, pp. 83-92.
(20) Vycichl, *Dictionnaire étymologique*, p. 28: le nom de l'animal provient probablement de la désignation du dieu correspondant; Fecht, *Wortakzent und Selbenstruktur*, pp. 83-92.
(21) *Esna* III, 277, 19: épithète du dieu Khnoum.
(22) *Dend* II, 139, 3.
(23) *Dend* II, 160, 17.
(24) *Dend* II, 142, 4.
(25) *Dend* II, 160, 5.
(26) *Dend* II, 65, 13.
(27) *Dend* II, 123, 5.
(28) *pap. Leyde T32*, II, 14.
(29) Ranke, *Personennamen*, I, p. 10, n°3.
(30) Ranke, *Personennamen*, I, p. 80, n°26; Borchardt, *Sahure* II, p. 89.
(31) Ranke, *Personennamen*, I, p. 89, n°10.
(32) Ranke, *Personennamen*, I, p. 89, n°11-12.
(33) Ranke, *Personennamen*, I, p. 89, n°14.
(34) *Mereruka*, A 4.

bḥs

A Graphies purement idéographiques

(a)  mon. AE **(1)**

(b) 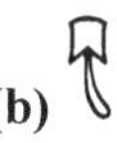 mon. XVIII dyn **(2)**[181]

B Graphies à composante phonétique
Type I. Graphies qui n'entrent que des signes alphabétiques.

(a)  mon. AE **(3)** - CT **(4)** - mon. XXV dyn **(5)**

(b)  CT **(6)**

Type II. Graphies mettant en jeu le signe .

(a)  Pyr. **(7)** - mon. AE **(8)**

(b)  Pyr. **(9)**

(c)  mon. AE **(10)**

(d)  Pyr. **(11)** - mon. AE **(12)** - inscrip. AE **(13)** - mon XVIII dyn **(14)**

Type III. Non écriture du signe .

a) 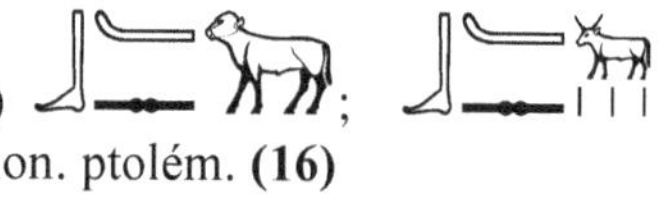 pap. ptolém. **(15)** - mon. ptolém. **(16)**

Type IV. Signe bilitère pour les premières radicales.

(a) 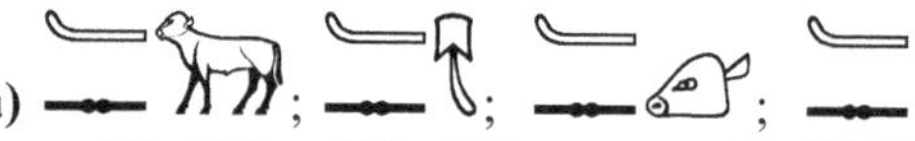 Pyr. **(17)** - mon. AE **(18)** - CT **(19)** - pap. méd. XVIII dyn **(20)** - textes adm. XVIII dyn **(21)** - TR XVIII dyn **(22)** - pap. NE **(23)** - mon. ptolém. **(24)** - pap. dém. **(25)**

(b)  mon. AE **(26)** - mon. I PI **(27)**

[181] Dans ce contexte on trouve une offrande des veaux au dieu Amon.

(c)  mon. ptolém. **(28)**

(d)  mon. ptolém. **(29)**

Copte:
ⲃⲁϩⲥⲉ (S) ⲃⲁϩⲥⲓ (B)[182]

Hébreu:
כתז [183]

Arabe: 

Particularités graphiques:
La lecture des graphies purement idéographiques est assurée par des parallélismes.

L'idéogramme  dérive par métonymie de l'idéogramme .
Dans les graphies du type **IId**, il y a une métathèse entre les signes  et .
Dans l'écriture ptolémaïque et, en particulier, dans les inscriptions du temple d'Edfou, on trouve  ou  à la place de  avec le sens de *bḥ*.[184]
La forme copte dérive de l'égyptien et semble avoir un rapport entre *bḥs* et l'arabe *baḥzaǧ* avec un élargissement en -*ǧ*. [185]
On trouve aussi comme déterminatif pour *bḥs* le signe .[186]

Sens:
« veau ».[187]
On trouve ce terme signifiant le veau:
a) dans l'élevage des bovins
b) comme animal d'offrande
c) dans les cérémonies *ḥw.t-bḥs.w* (Anubis est décrit comme le bon berger et dans les scènes du rite de chasser les veaux, les associations au monde pastoral et à la fonction du berger de guider le bétail sortant).[188]
d) dans les mythes pour indiquer, pour exemple, les jeunes dieux du soleil.
Le mot *bḥs* est employé aussi pour indiquer le jeune d'animal. Cet emploi est attesté jusqu'à la VIème dynastie. Il pourrait s'agir donc d'un nom générique qui devient spécifique.[189]
Le mot *bḥs* en copte a survécu au féminin et signifie uniquement « génisse ».

Dans les expressions:
rn bḥs « jeune veau » **(30)**
wꜥ bḥs « un veau » **(31)**
bḥs dšr « veau rouge » **(32)**
bḥs ḥḏ « veau blanche » **(33)**
sꜣb bḥs « veau tacheté » **(34)**
km bḥs « veau noir » **(35)**
bḥs jr.tj « veau de lait » **(36)** Pyr.
bḥs r jrṯ.t « veau de lait » **(37)**
bḥs šdj « bouvillon d'élevage » **(38)**
bḥs ẖwrr « ... veau (un des âmes de l'orient) » **(39)**
ḥw bḥs.w « chasser, pousser les veaux » comme acte des rois pour un dieu (par exemple le dieu Amon) **(40)** [190]
jꜣꜥ bḥs « Attirer un veau » **(41)**[191]
mḥ.n(=j) mẖr.w (?) ẖr sꜣb.wt s [...] *ẖr jwn ꜥšꜣ jḥ.w ḥr mst m sn.wj sꜣs-pr mḥ(.w) ẖr* [...] *ms bḥs.w*
« j'ai rempli les pâturages de vaches tachetées et l'homme [..] avec plusieurs couleurs (= types de bétail ?) les vaches mettaient au monde par paires tandis que les pâturages étaient pleins de [vaches] enfantant des veaux ». **(42)**

Dans le titre administratif:
mnjw bḥs « responsable des veaux » **(43)**[192]

Dan les noms propres:

bḥs-km  **(44)**

bḥs.jj 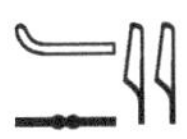 **(45)**

Textes:
(1) Firth-Gunn, *Teti Pyr Cem* I, p. 204; II, pl. 21c.
(2) *Deir el Bahari*, V, pl. 134.
(3) *LD* II, pl. 96: tombeau 1; pl. 102a-b: tombeau 31; Mariette, *Mastabas*, D2; Steindorff, *Ti*, pl. 112; Wild, *Ti* II, pl. CXIV; *Ptahhotep* II, pl. 8; Curto, *Giza*, pl. 7, fig. 7; *Iteti*, p. 2, t. 3; Dunham-Simpson, *Giza Mastabas* 1, fig. 4; *Akhethetep*, p. 139-153; Mogensen, *Mastaba*, pl. VII, paroi C, p. 21, fig 15; Simpson, *Kayemnofret*, pl. 17.

---

182 Vycichl, *Dictionnaire étymologique*, p. 34; Lacau, *JNES* 10, 1951, p. 16.
183 Ember, *ZÄS* 51, 1914, p. 110, n° 2 et note 3.
184 Wilson, *Ptolemaic Lexikon*, p. 324.
185 Vycichl, *Dictionnaire étymologique,* p. 34.
186 Egberts, *In quest of meaning*, I, p. 292 n°4; *Edfou* I, 78, 10-17; IV, 241, 16; V, 125, 4; *Dend* III, 117, 16; IV, 25, 3.
187 *Wb* I, 469, 4-10; F*CD*, p. 84; Hannig, H*wb*, 2003, p. 423; Wilson, *Ptolemaic Lexikon*, p. 324; *AnnLex* II, p. 128; III, p. 90.
188 Blackman-Fairman, *JEA* 35, 1949, pp. 98-112; *JEA* 36, 1950, pp. 63-81; Cauville, *Théologie d'Osiris*, p. 11-12, doc. 9 et p. 173; Egberts, *In quest of meaning*, vol. I, part II, cap. 6-7-8, pp. 249-376.
189 Lacau, *JNES* 10, 1951, p. 13-19.
190 Goedicke, *RdE* 11, 1957, pp. 159-161.
191 Cette expression est attestée seulement dans les textes de l'Ancien Empire.
192 Černý, *Misc. Greg.*, p. 57-58: le mot *mnjw* apparaître déjà dans les Textes des Pyramides lié aux noms d'animaux. Ces termes sont en position du génitif direct. On peut le comparer au copte ⲙⲁⲛ- suivi par le nom d'animal.

(4) *CT* V, 92e.
(5) *Kawa* II, pl. XXIIa
(6) *CT* I, 279b.
(7) *Pyr* §225b [W]; §771b [P M]; §1029b [P]; §1533b [P]; *Unas*, pl. 68 .
(8) Hassan, *Ny-ankh-Pepy*, p. 98, pl. 79, fig. 39; *Mast Idout*, pl. XX: scènes de porteurs d'offrandes et scènes de boucherie.
(9) *Pyr.* §1348b [P].
(10) *Beni Hasan* II, pl. VII.
(11) *Pyr.* §27d [W]; §1533b [P]; *Unas*, pl. 59.
(12) *Deir Gebr* II, pl 19.
(13) Roquet, *BIFAO* 78, 1978, p. 488.
(14) Egberts, *In quest of meaning*, vol. I, p. 259, II, pl. 76.
(15) Vittman, *Der demotische Papyrus Ryl. 9,* I, XXII, 4.
(16) Gutbub, *Kôm Ombo*, 350, 5.
(17) *Pyr.* §771b [N]; §1865c [N].
(18) *LD* II, 1972, pl. 175a, 10.
(19) *CT* I, 279b; II, 372a.
(20) *pap. Kahun*, pl. VI, 20.
(21) *pap. Berlin 9785,* l. 6; *pap. Leiden* I 350 vs., col. II, 5 (= K*RI* II, 807, 11): *bḥs* semble être employé aussi pour désigner autres jeunes animaux.
(22) K*RI* I, 91, 2-3 et 9.
(23) *An* IV, 3,11; *LES*, 9,4; Lefebvre, *RdE* 24, 1940, p. 21.
(24) *Edfou* I, 78, 9-12; 101, 18; 102, 2; 404, 2; II, 51, 12; 86, 2-12; III, 168, 9; IV, 25, 13; *Dend* I, 114, 16.
(25) Griffith, *Ryland papyri*, vol. II, n°VIII; vol. III, p. 216-217.
(26) *Deir el-Bahari* V, pl 134.
(27) Borchardt, *Sahure* II, p.115, pl. 47.
(28) *Edfou* I, 78, 10-11; III, 168, 9; IV, 24, 10; V, 86, 16; VII, 155, 12; *Dend* I, 147, 2; III, 117, 16; IV, 92, 18.
(29) *Edfou* I, 101, 18.
(30) Mogensen, *Mastaba,* pl. VII, paroi C, p. 21, fig 15.
(31) Černý, *Papyrus hiératique*, I, pl. 27, n° X v°, l. 3: *wʿ bḥs*.
(32) *Deir el-Bahari,* V, pl. 134; VI, pl. 161; *Buhen* II, pl. 20.
(33) *Deir el-Bahari,* V, pl. 134; VI, pl. 161; *Buhen* II, pl. 20.
(34) *Deir el-Bahari*, VI, pl. 161.
(35) *Deir el-Bahari*, VI, pl. 161; *Buhen* II, pl. 20.
(36) *Pyr.* §27d [W]; *Unas,* pl. 59.
(37) *Beni Hasan* II, pl. VII; Calverley-Gardiner, *Abydos* II, pl. 36; Hornung, *Grab Sethos* I, l. 100, 1: scène 5 bis 7 de l'ouverture de la bouche.
(38) Roquet, *BIFAO* 78, 1978, p. 488.
(39) *CT* II, 372a; *BD* 222, 9.
(40) *Deir el-Bahari* V, pl 134; Borchardt, *Sahure* II, p.115, pl. 47; *Buhen* II, pl. 20; nombreuses références dans Egberts, *In quest of meaning*, vol. I, part II cap. 6-7-8, pp. 249-376.
(41) Steindorff, *Ti*, pl. 112.
(42) Brunner, *Siut*, p. 65-66; Moreno Garcia, *RdE* 50, 1999, p. 244.
(43) *Pyr.* §1348b [P]; §1533b [P].
(44) Ranke, *Personennamen*, I, p. 98, n°5.
(45) Ranke, *Personennamen*, I, p. 98, n°6; *Sheik Said*, pl. 17.

bk3.t

Graphies à composante phonétique
Type I. Écriture sillabique.

a)  litt. ME **(1)** - pap. litt NE **(2)**

Type II. Signes trilitères pour les premières radicales.

a)  mon. AE **(3)**

Type III. Signes bilitères pour les premières radicales.

a)  mon. ptolém. **(4)**

Copte :
ⲃⲟⲕⲓ[193]

Étymologie:
Ce mot dérive du verbe *bk3* « être enceinte ».[194]

Sens :
« vache gravide». [195]
Ce mot désigne les vaches élevées pour générer des veaux.

Textes:
(1) *An* IV, 9, 1.
(2) *pap. Lansing,* 11, 7.
(3) Munro, *Unas-Friedhof*, pl. 42; Altenmüller, *Mehu*, pl. 41.
(4) *Edfou* III, 169, 1.

[193] Westendorf, *Kopt Hwb*, p. 22.
[194] *FCD*, p. 85; *Wb* I, 481, 1-11.
[195] *Wb* I, 481, 14 ; *AnnLex* I, p. 122; Wilson, *Ptolemaic Lexikon*, p. 334 ; Westendorf, *Kopt Hwb*, p. 22; Hannig, H*wb*, 1995, p. 263.

p

pry

Graphie à composante phonétique

a)  litt. ME **(1)**[196]

Étymologie:
On peut rapprocher ce mot au verbe *prj* « aller », que dans l'expression *pr r* signifie « avancer contre ».[197]

Sens:
« taureau féroce », en allemand « Kampftier ».[198]

Textes:
(1) *Sin* B123.

pḏ.tj

Graphies à composante phonétique
Type I. Signe unilitère pour la première radicale.

a)  Pyr. **(1)**

b)  CT **(2)**

Type II. Signe bilitère pour les premières radicales.

a)  arch. AE **(3)**

Étymologie:
Ce nom peut être rapproché au verbe *pḏ* « étendre »,[199] avec allusion à la manière de laquelle le pattes du bœuf étaient liées avant qu'il soit conduit.

Sens:
« bœuf (en tant qu'animal de boucherie ou de sacrifice) , pièce de bétail »[200]

Textes :
(1) *Pyr.* §1545a [P].
(2) *CT* VII, 26n [T1Be].
(3) *ArchAbous* I, p. 249-250.

---

[196] Gardiner, *Notes Sin*, p. 44, n°110; p. 48, n°123.
[197] *FCD*, p. 91.
[198] *Wb* I, 526, 2; *FCD*, p. 91; Hannig, H*wb*, 1995, p. 285; Baqué, *SAK* 30, 2002, p. 46.
[199] Hannig, H*wb*, 2005, p. 483.
[200] *Wb* I, 569, 6; *AnnLex* I, p. 141; II, p. 146; Van der Molen, *Coffin Texts*, p. 144; F*ECT*, p.15, n. 7. Le sens de ce mot n'est pas clair. Il semble indiquer le bœuf lié avec allusion à ses pattes qui étaient liées ensemble avant qu'il soit conduit à la boucherie.

m

mjs.t

Graphies à composante phonétique
Type I. Signe bilitère pour la première radicale + j.

a) mon. AE **(1)** - mon. I PI **(2)** - CT **(3)**

Type I. Signe bilitère pour la première radicale sans j.

a) arch. AE **(4)** - mon. AE **(5)** - mon. I PI **(6)** - CT **(7)**

b) CT **(8)**

c) mon. ptolém. **(9)**

d) mon. ptolém. **(10)**

e) mon. ptolém. **(11)**

f) texte méd. NE **(12)**

g) CT **(13)**

Type II. Signe unilitère pour la première radicale.

a) mon. AE **(14)**

Copte:
ⲙⲁⲟⲩⲑⲉ, ⲙⲁⲟⲩⲑⲓ[201]

Particularités graphiques:

On trouve une alternance entre les signes , et . En outre, le signe a ici la valeur de *m*.

Sens:
« foie ».
Il apparaît dans les listes d'offrandes à partir de la Vème dynastie.[202]

Cette partie du corps, citée fréquemment dans les textes, est liée soit aux vaches soit aux hommes. Dans les listes, elle était nommée avec *nnšm*, *wf3* et *mḫtw*. Il s'agit des organes intérieurs tels que foie, rate, poumons, intestins, que les Égyptiens extirpaient dans les rites de momification et mettaient dans les vases canopes.[203]
On le trouve cité aussi dans les textes médicaux parmi les remèdes à certaines maladies.[204]

Textes:
(1) *Hawawish* IV, fig. 30; V, fig. 25; VI, fig. 22b et fig. 29a, p. 60.
(2) *Hawawish* III, fig. 17; V, fig. 26; VII, fig. 41b-41d.
(3) *CT* I, 289c [T9C-Sq3C-B10C]; III, 6b [S2C-S1C-B2B0-B4B0-B3B0-B3C-B17C-B1Be]; VII, 143 (140l) [B1P-B5C].
(4) *ArchAbous* I, p. 243.
(5) *Giza* II, fig. 21: mastaba de *K3-njnjswt*; fig. 33: mastaba de *Sš3.t-htp*; III, fig. 9b. mastaba de *Njswtnfr*; fig. 17: mastaba de *K3j*; fig. 22: mastaba de *K3njnjswt*; VII, fig. 40: mastaba de *K3jsḏw3*; VIII, fig. 56: mastaba de *K3jḫrptḥ*; Firth-Gunn, *Teti Pyr Cem* I, p. 255; II, pl. 80; *Meir* IV, pl. 9; pl. 18.1; *Sheik Said*, pl. 20, pl. 26; Goyon, *Kêmi* 15, 1959, pl. 6; Weeks, *Giza Mastabas* 5, fig. 22; fig. 44.
(6) *Hawawish* IX, fig. 30e; *Hagarsa* III, p. 34, pl. 36.
(7) *CT* III, 6b [B5C]; VII, 143 (140l) [G1T-B1Be].
(8) *CT* I, 289c [T9C-Sq3C-B10C].
(9) *Edfou* V, 152, 6; VI, 89, 11
(10) *Edfou* III, 301, 5.
(11) *Edfou* I, 575, 12.
(12) *Eb* 267; 351.
(13) Daressy, *ASAE* 16, 1916, p. 206.
(14) *Hagarsa* I, pp. 31-32, pl. pl. 28.

mnᶜ.t

Graphies à composante phonétique

(a) Pyr. **(1)** - mon. AE **(2)**

(b) mon. AE **(3)**

(c) ostr. litt. NE **(4)**

(d) Pyr. **(5)**

---

[201] Vycichl, *Dictionnaire étymologique*, p. 127.
[202] *ArchAbous* I, p. 243; *Wb* II, 44, 11-14; Hannig, H*wb*, 2003, pp. 513-515; Van der Molen, *Dictionary Coffin Texts*, p. 162; Wilson, *Ptolemaic lexikon*, p. 412.
[203] *AEO* II, pp. 245-249, n° 598.
[204] Deines-Westendorf, *Wb Drogennamen*, pp. 223-225; Deines-Westendorf, *Wb Medizinischen*, pp. 357-358.

Particularités graphiques:
Ce terme présente un signe bilitère pour les premières radicales suivi du complément phonétique *n*. Il y a deux déterminatifs: la mamelle et le bovin (voir graphie **c**).

Étymologie:
Probable lien avec *mnꜥ.t*, « nourrice ».

Sens:
« vache laitière ».[205]
Ce mot est attesté pendant l'Ancien Empire.

Textes:
(1) *Pyr.* §550a [T P]; Leclant-Berger-el Naggar, *Pyramide Pépy Ier*, fig. 16, pl. VII, 1.
(2) Wild, *Ti*, pl. 114; Steindorff, *Ti*, pl. 112.
(3) Kanawati, *Teti Cem* V, p. 32, pls. 26 et 55; Altenmüller, *Mehu*, p. 110, pl. 17a.
(4) Posener, *Catalogue ostraka*, III, n° 1675 v°, l. 11, pl. 84-84a.
(5) *Pyr.* §531c [T].

mnmn.t

A Graphie purement idéographique

a)  mon. ptolém. **(1)**

B Graphies à composante phonétique

a) 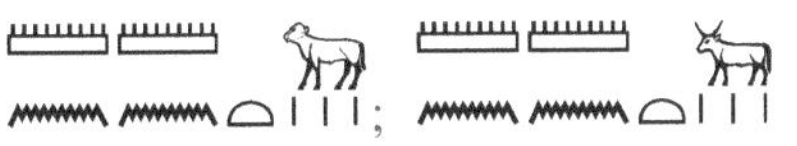 litt. ME **(2)** - mon. ME **(3)** - BD **(4)** - pap XVIII dyn **(5)** - textes biogr. NE **(6)** - stèle XVIII dyn **(7)** - textes adm. ME **(8)** - textes adm. NE **(9)** - TR NE **(10)** - idéo. roy. NE **(11)** - pap. NE **(12)** - textes mag. XXI dyn **(13)** - stèle XXIV dyn **(14)**

b) ;

 mon. ME **(15)**

c) 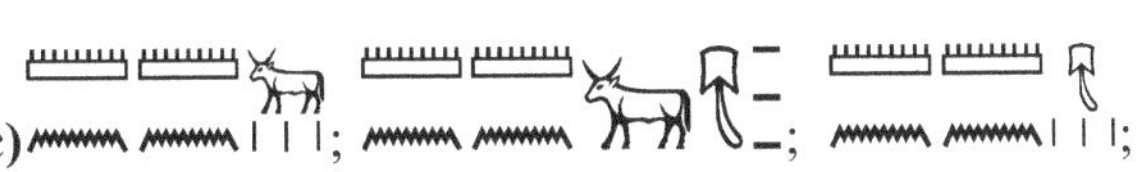;

ostr. litt. NE **(16)** - mon. ptolém. **(17)** - mon. gr-rom. **(18)** - TR IV a. C. **(19)**

[205] *Wb* II, 78, 10; *FCD*, p. 108; Hannig, H*wb*, 2003, p. 532; *AnnLex* I, p. 160; Ghoneim, *Rind*, pp. 224-228.

Particularités graphiques:
La lecture de la graphie  est assurée par des parallélismes dans d'autres textes où il y a la même expression et le mot *mnmn.t*.
Le suffixe *-t* indique qu'il s'agit d'un nom collectif. Il peut se présenter soit sur le déterminatif soit avant celui-ci.[206]
Ce mot présente le déterminatif du bovin avec les traits du pluriel. Dans le Moyen Empire, les scribes ajoutent plusieurs déterminatifs comme un bovin, une chèvre, un âne ou un bovin, une chèvre, un mouton. Il s'agit d'une tendance archaïsante qui reprend une habitude des scribes de l'Ancien Empire. Dans cette période, le dessinateur au lieu de montrer trois fois le même animal pour indiquer le pluriel, préférait représenter trois animaux de la même catégorie en utilisant le procédé de la dissimilation. De cette manière, est évoqué aussi graphiquement l'idée d'un troupeau.[207]
Dans la stèle dite du satrape de l'époque de Ptolémée I Soter, il y a sept déterminatif: trois bœufs, un bélier, une chèvre, un cochon et un âne.[208]

Étymologie:
Il est formé sur la racine rédupliquée du verbe *mnmn* signifiant « se déplacer » et désigne les animaux qui évoluent en groupe. La même évolution sémantique est visible dans le grec τά πρόβατα « ce qui marche en avant ».[209]

Sens:
« Gros bétail, troupeau »[210]
Ce mot est utilisé à partir du Moyen Empire et surtout dans les contextes des taxes.
Il s'agit du nom qui indique la sous-classe des « grands quadrupèdes » dans la pensé égyptienne. Il s'oppose à *ꜥw.t*, désignant les « petits quadrupèdes ». Cette classe est désignée par le bovin, mais elle peut présenter des déterminatifs aussi de chèvres, moutons, ânes, porcs pour souligner que ces animaux aussi sont pris en compte. Son sens se spécifie en « gros bétail », pour indiquer les bovins et parfois « troupeau ».[211]

[206] Grandet, *Papyrus Harris*, vol I, pp. 24, tableau 6; §16.
[207] voir graphie B (**b**). Vernus, in *Bestiaire*, pp. 74; Megally, *CdE* 66, 1991, p. 122; Van de Walle, *Ägyptologische Studien*, pp. 372-377.
[208] *Urk* II, 19, 15.
[209] Vernus, in *Bestiaire*, pp. 17; Goldwasser, *Prophets, lovers and giraffes*, pp. 72-73; Van de Walle, *Ägyptologische Studien*, pp. 372-377.
[210] *Wb* II, 81. 17-23; Goldwasser, *Prophets, lovers and giraffes*, pp. 69-78, appendix chap. 2, p. 21.
[211] Vernus, in *Bestiaire*, pp. 17-18; Goldwasser, *Prophets, lovers and giraffes*, pp. 69-78; Grandet, *Papyrus Harris*, vol. II, p. 17, note 73; p. 40, note 161 et p. 66, note 235.

Avec le valeur de « troupeau » dans les expressions:
tꜣ mnmn.t jḥ.w « les troupeaux des bovins » **(20)**
tꜣ mnmn.t ʿnḫ.w « les troupeaux des chèvres » **(21)**
tꜣ mnmn.t ʿꜣ.w « les troupeaux des ânes » **(22)**
tꜣ mnmn.t šꜣ.w « les troupeaux des porcs » **(23)**
tꜣ mnmn.t ꜣpd.w « les troupeaux des oiseaux » **(24)**
tꜣ mnmn.t n jꜣw.t n tꜣ ḥw.t « les troupeaux des *jꜣw.t* du temple » **(25)**[212]

Pour indiquer toutes les vaches dans l'expression:
m ḥr.jt m kꜣj mnmn.t nb.t n.t Nḥs(j)w
« et en voyage sur terre avec un bateau-*kꜣj* et toutes les vaches de Nubie » **(26)**

Pour indiquer tout le grand bétail:
nty ʿnḫ nḥr r ʿw.t mnmn.t
« tout (être) vivant sans exclure le petit bétail et le grand bétail » **(27)**

swr ʿw.t mnmn.t ḥr sꜣt=sn
«multiplier le petit bétail et le troupeau dans leur étables » **(28)**

Textes:
(1) *Dend* II, 105, 1; 158, 9; III, 69, 8; VI, 47, 3.
(2) *Sin* R16; B24; Gardiner, *Notes Sin*, pp. 177; *Adm*, 5, 5 et 9, 4.
(3) *Beni Hasan*, pl. XXX: tombeau 3; Griffith, *Siut*, pl. 6, 271.
(4) *pap. Nu*, pl. 65; Munro, *Totenbuch-Hand*, pl. 129; pl. 65.
(5) *pap.Berlin 10463*, recto l. 6-7.
(6) *Urk* IV, 7, 12 (=Vandersleyen, *Guerres d'Ahmosi*, pl. 2, 27); 238, 12; VII, 36, 5.
(7) Petrie, *Six temples*, pl. XI, 7; Gasse-Rondot, *Séhel*, p. 131, 6: inscrip. Thutmosis II.
(8) *pap. Kahun*, pl. XVII, 7.
(9) *Harr* 12b 7; 51b 13; 7, 9.
(10) *Med Habu*, II, pl. 75, 35/6.
(11) K*RI* I, 54, 12; 238, 5; III, 139, 14; V, 118, 6; 225, 4; Seele, *Tjanefer*, pl. 10, 4; *Amarna* IV, pl. XXXII; V, pl. 28; Murnane-Van Siclen, *Boundary Stelae*, p. 94, 8-13; Gardiner, *JEA* 39, 1953, pp. 13-31, pl. II, 25.
(12) *pap. Leyden* I 344 recto, col. 5, 5.
(13) *pap. Boulaq* 17, 6, 4, vol. II, pl. 13; *pap. Leiden* I 347, 10, 10.
(14) Lorton, *SAK* 21, 1995, p. 162; trad. p. 168 , l. 11.
(15) *Beni Hasan* pl. XIII: tombeau 2; *stèle Berlin 14753*; *Urk* VII, 36, 9.
(16) Posener, *Catalogue ostraka*, I, n° 1034; II, n° 1191 v°, x+9, pl. 38-38°; Gasse, *Catalogue ostraka*, n° 1702, x+1.
(17) *Urk* II, 19, 15: stèle du satrape; *Dend* V, 96, 4; VI, 13, 1; Gutbub, *Kôm Ombo* 235, 2.
(18) *Esna* II, 15, 10; 184, 17.
(19) *pap. BM 10208*, II, 18; *pap. Louvre* I 3079, CXI, 6.
(20) K*RI* I, 54, 11 (*dècret de Nauri*).
(21) K*RI* I, 54, 11 (*dècret de Nauri*).
(22) K*RI* I, 54, 12 (*dècret de Nauri*).
(23) K*RI* I, 54, 12 (*dècret de Nauri*).
(24) K*RI* I, 54, 12 (*dècret de Nauri*).
(25) K*RI* I, 54, 12-13 (*dècret de Nauri*).
(26) *stèle Berlin 14753.*
(27) *Dend* II, 158, 9.
(28) *Dend* V, 96, 4.

[212] Goldwasser, *Prophets, lovers and giraffes*, pp. 75.

mr/mry

Graphies à composante phonétique
Type I. Signe bilitère pour la première radicale.

(a)  arch. AE **(1)**

Type II. Deuxième radicale r.

(a)  mon. XII dyn. **(2)**

(b)  mon. XII dyn. **(3)**

(c)  mon. XII dyn. **(4)**

Copte:
ⲙⲟⲩⲣ, ⲙⲉⲣ, ⲙⲟⲣ [213]

Particularités graphiques:
À partir du Moyen Empire, on trouve ce mot écrit avec les deux radicales *m* et *r* et deux *j*.[214]

Étymologie:
Il s'agit du participe perfectif. Guilhou rattache ce mot au verbe *mrj* «aimer ».[215]
Je propose plutôt de le lier à *mr* « attacher, enchaîner ».[216]

Sens:
« taureau de bataille », en allemand « Kampftier ». [217]
Ce mot est attesté pendant l'Ancien et le Moyen Empire.

Textes :
(1) *ArchAbous*, p. 251; p. 322; p. 673 index.
(2) *Beni Hasan* I, pl. XIII, p. 37.
(3) *Beni Hasan* II, pl. VII.
(4) *Beni Hasan* I, pl. XXX.

[213] Vycichl, *Dictionnaire étymologique*, p. 119.
[214] Fecht, *Wortakzent und Selbenstruktur*, pp. 9-10.
[215] Guilhou, *BIFAO* 93, 1993, p. 288, note 33.
[216] *Wb* II, 105, 1-8; Hanning, H*wb*, 1995, p. 346; Erichsen, *Demotisches Glossar*, p. 166.
[217] *Wb* II, 106, 8; F*CD*, p. 112; Hannig, H*wb*, 2003, p. 546.

mr.t

Graphie à composante phonétique

a)  stèle NE **(1)** - mon. ptolém. **(2)**

Particularités graphiques:
Il s'agit du féminin du mot *mr* « taureau de bataille ».

Étymologie:
On peut rattacher ce mot au verbe *mrj* «aimer »[218] où plutôt à *mr* « attacher, enchaîner ».[219]

Sens:
« vache noire ».[220]
Ce mot est employé à partir du Nouvel Empire.

Textes:
(1) Bruyère, *Deir el Médineh,* III partie, pl. XXXVII: tombe 360 Kaha; Lüddeckens, *MDAIK* 11, 1943, pp. 154-155, n° 77, fig. 16: tombe 218 Amennakht; Desroches Noblecourt, *BIFAO* 53, 1953, pp. 26-29, pl. II; Guilhou, *BIFAO* 93, 1993, p. 287.
(2) *Dend* IV, pl. 37, 61.

mrw

Graphie à composante phonétique
Type I. Signe bilitère pour les deux radicales.

a) 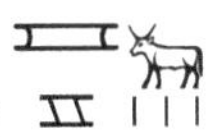 texte litt. XVIII dyn **(1)**

Sens:
« taureau ».[221]

Textes:
(1) Caminos, *Lit. Frag.*, pl. 8,3,5 ; 10,3,7 ; 16,1,5. Voir *mry.*

mhj.t

Graphies à composante phonétique

a) ;  Pyr. **(1)**

Hébreu: [222] מחית

Arabe: مَهَاة

[218] Guilhou, *BIFAO* 93, 1993, p. 288, note 33. Voir *mr/mry.*
[219] *Wb* II, 105, 1-8; Hanning, H*wb*, 1995, p. 346. Voir *mr/mry.*
[220] *Wb* II, 106, 10.
[221] *FCD,* p. 111.
[222] Ember, *ZÄS* 51, 1914, p. 110, n° 3 et note 5.

Étymologie:
Formation sur la racine du verbe *hr* « traire ».[223] Le terme présente le préfixe *–m* du participe et le *–j* à la place de *r* selon une alternance *r/j* connue dans la langue égyptienne.

Sens:
« vache laitière ».[224]
Ce mot est employé dans le Textes des Pyramides.

Textes :
(1) *Pyr.* §550a [T P].

ms

Graphies à composante phonétique
Type I. Graphie du complément phonétique s.

a)  mon. AE **(1)**

Type II. Non graphie du complément phonétique s.

a)  mon. ME **(2)**

Démotique:

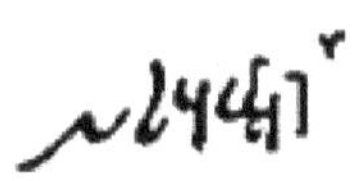 TR dem. **(3)**

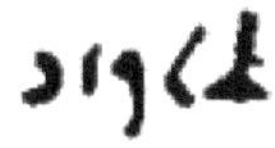 pap. dem. **(4)**

Copte:
ⲙⲁⲥⲉ (S) ⲙⲁⲥⲓ (B) **(5)**[225]

Étymologie:
Ce terme semble dériver du verbe *msj*, « créer» et avoir la même racine du mot *ms*, « enfant, jeune ».

Sens:
« veau, jeune d'animal ».[226]

Le féminin  indique une vache qui accouche. [227]

[223] Hannig, H*wb*, 1995, p. 495.
[224] *Wb* II, 113,16; Hannig, H*wb*, 2003, p. 548.
[225] Vycichl, *Dictionnaire étymologique*, p. 121: il dérive du verbe ⲙⲓⲥⲉ qui signifie « enfanter » et il indique « l'enfant, le petit d'animal ».
[226] *Wb* II, 140, 8-9; Hannig, H*wb*, 1995, p. 361; H*wb*, 2003, p. 560; *AnnLex* I, p. 171; Erichsen, *Demotisches Glossar*, p. 179; Westendorf, *Kopt Hwb*, p. 101; Crum, *Copt Dict*, pp. 185-186; Vycichl, *Dictionnaire étymologique*, p. 121.
[227] Weeks, *Giza Mastabas* 5, fig 34: tombeau G6020. On voit ici une représentation de bovins.

Textes:
(1) *Deshasha,* p. 54, pl. 51.
(2) Griffith, *Siut*, pl. XV, 13.
(3) Spiegelberg, *Mythus*, n° VII, 32, p. 149.
(4) Griffith, *Demotic Papyri* II, n° VIII, 8, pl. 19: « jeune taureau ».
(5) Westendorf, *Kopt Hwb*, p. 101; Crum, *Copt Dict*, p. 185-186; Vycichl, *Dictionnaire étymologique*, p. 121.

n

nj3.w /nr3.w [228]

Graphies purement idéographiques

a)  mon. AE **(1)**

b)  mon. AE **(2)** - texte méd. NE **(3)**

Graphies à composante phonétique
Type I. Signes unilitères pour les deux premières radicales.

a)  mon. AE **(4)**

b)  mon. AE **(5)** - CT **(6)**

c)  mon. AE **(7)**

d)  mon AE **(8)** - mon. ME **(9)** - inscrip. ME **(10)**

Type II. Non graphie du j pour la deuxième radicale.

a)  mon. AE **(11)** - text biogr. ME **(12)** - text hist. NE **(13)** - mon. NE **(14)** - tab. d'offr. XXV-XXVI dyn **(15)**

b)  texte litt. NE **(16)**

Type III. Deuxième radicale r.

a)  mon. AE **(17)** - mon. NE **(18)**

b)  pap. méd. NE **(19)**

c)  pap. méd. NE **(20)** - pap. adm. NE **(21)**

d)  stèle NE **(22)**

Type IV. Signes bilitères  *pour les deux premières radicales n+j.*

a)  mon. ptolém. **(23)**

b) 
 mon. ptolém.**(24)**

c) 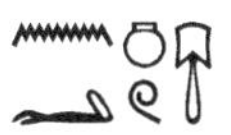 mon. ptolém. **(25)**

d)  mon. ptolém. **(26)**

e)  mon. ptolém. **(27)**

Particularités graphiques:
La graphie *r* de la deuxième radicale recouvre:
-soit un fait de phonétique; hypothèse d'un *j* médian qui se réaliserait comme une liquide devant *3*.
-soit un fait de hypercorrection, le rétablissement d'un *r*, faussement étymologique à la place du *j,* les scribes étant influencés par le fait que beaucoup de *j* provenaient d'un *r* originel, y compris d'un *r* médian.

La graphie tardive à l'aide du bilitère  des deux premières radicales tient sans doute à la vocalisation particulière de la première syllabe.

Étymologie:
Formation à suffixe -*w* sur un radical *nj3*, mais pas de radical verbal *nj3* clairement identifié par ailleurs.
La même racine est présente dans le nom assyrien *na(i)alu*, « ibex ».[229]
Intéressant est le passage du *3* égyptien au *l*.

Sens:
Ce mot est employé à partir de l'Ancien Empire jusqu'à l'époque ptolémaïque.
Il désigne un ibex ou un bouquetin sous les espèces *Capra ibex nubiana* et *Capra aegrarius.*[230]
Dans la Vallée du Nil, il y a deux espèces d'ibex: *Capra ibex nubiana* et *Capra ibex wake.* Elles sont représentées dans les scènes de chasse et comme animaux d'offrande qui symbolisent la destruction des amis du dieu Seth. La graisse et les excréments de ces animaux étaient employés en médecine.

[228] W*b* II, 202, 1-4; II, 280, 3.

[229] Ember, *ZÄS* 50, 1912, p. 87.

[230] W*b* II, 202, 1-4; II, 280, 3; Hannig, H*wb*, 2003, p. 391; Wilson, *Ptolemaic Lexikon*, p. 489; *AnnLex* I, p. 182; II, p. 184; III, p. 141; F*CD*, p. 125; Osborn-Osbornova, *Mammals*, pp. 180-181.

Il est très souvent associé à *mꜣ-ḥḏ* « oryx » et *gḥs* « gazelle » et à côté de *wꜥty* « bouc », probablement en tant que corrélat sauvage du caprin domestique.[231]

Dans le toponyme:
njꜣw.wt « la ville des ibex femelles » **(28)**[232]

Dans les expressions:
rn (n) njꜣ « jeune bouquetin » **(29)**
njꜣ.wt « le troupeau d'ibex » **(30)**
ꜥb njꜣ.w « corne de bouquetin » **(31)**
njꜣ.w/ nrꜣ.w ꜥḏ « graisse de bouquetin » **(32)**
mrḥ.t nrꜣ.w « graisse de bouquetin » **(33)**
ḥs nrꜣ.w « crottes de bouquetin » **(34)**
jwꜣ.w n.w njꜣ.w « bouquetin engraissé (litt.: bœuf- *jwꜣ* de bouquetin) »
spḥ njꜣ.w « prendre l'ibex au lasso »

Dans les processions d'animaux:
rn jwꜣ rn gḥs rn wnḏ.w rn njꜣ.w
« jeune de boeuf-*jwꜣ*, jeune de gazelle, jeune de boeuf-*wnḏ.w*, jeune de bouquetin » **(35)**

rn n jwꜣ rn (n) ngꜣ.w rn (n) mꜣ-ḥḏ rn (n) njꜣ.w
« jeune de boeuf-*jwꜣ*, jeune de boeuf-*ngꜣ.w*, jeune d'oryx, jeune de bouquetin » **(36)**

Parmi les animaux pour les sacrifices:
rn n ngꜣ.w rn n wnḏ.w rn n mꜣ-ḥḏ rn n njꜣ.w rn n gḥs
« jeune de bœuf-*ngꜣ.w*, jeune de bœuf-*wnḏ.w*, jeune d'oryx, jeune de bouquetin, jeune de gazelle » **(37)**[233]

Textes:
(1) Hayes, *Scepter*, pp. 98-99, fig. 56: mastaba de *Reꜥ-em-kuy*.
(2) Simpson, *Giza Mastabas* 3, p. 13, pl. XVII b, fig. 29: mastaba de *Khafkhufu* (G 7140).
(3) *pap. Ram* V, 22, 60; 24.
(4) *Giza* II, pl. XV, fig. 28, p. 181: mastaba de *Sšꜣ.t-ḥtp*; III, fig. 27: mastaba de *Njswtnfr*; XI, fig. 78, p. 204: mastaba de *Sšmnfr*; Hassan, *Gîza II*, p. 123, fig. 136, pl. XL-XLII; *Iteti*, p. 28, fig. 30, pl. 34: tombeau de *Ka-em-nefert*; Kanawati, *Teti Cem Saqq III*, pp. 50-51, pl. 25, 66, 70: mastaba de *Seankhuiptah*; Kanawati, *Teti Cem Saqq V*, p. 37, pl. 58b: tombeau of *Hesi*; Mohr, *Hetep-Her-Akhti*, fig. 10, p. 43; fig. 53, p. 85; Mogensen, *Mastaba*, pl. 7, paroi C, p. 22, fig 16: mastaba de *Ka-em-remt*; *LD* II, 45c: tombeau 15; 61b: tombeau 16; *Ptahhotep* II, pl. 19; Firth-Gunn, *Teti Cem III*, p. 50, t. 70; Simpson, *Kayemnofret*, pl. G, pl. 17; *Nianchchnum*, p. 117, n° 2; fig. 18; pl. 48b; Fischer, *Orientation*, p. 3-4, fig. 1; Steindorff, *Ti*, pl. 128; Wild, *Ti* III, pl. CLXV; Weeks, *Giza Mastabas* 5, fig. 29: tombeau G6020; Kanawati, *Unis Cem Saqq II*, 2003, pl. 35, p. 17: tombeau de *Iynefert*; pl. 60b, p. 50: tombeau de *Ihy* (*Idut*); *Ptahshepses*, inscription n° 109; Simpson, *Giza Mastabas* 4, pl. IVb, fig. 4; pl. Vb: mastaba di *Sekhemka* (G 1029); Weeks, *Giza Mastabas*, 5, p. 41-45, fig. 29: mastaba *Jj-mry*(G 6020); Martin, *Hetepka*, pl. 11, 8; pl. 23, 23; *Medum*, pl. XIV; *Iteti*, fig. 20, pl. 18: mastaba de *Sekhem'ankh-Ptah*; fig. 30c: mastaba de *Kaemnofert*.
(5) Hassan, *Neb-kaw-her*, p. 47.
(6) *CT* I, 270d [B10C[a]-B10C[c]-B10C[d]].
(7) *Mast Idout*, pl XX; Daressy, *ASAE* 16, 1916, p. 206: tombeau de *Sebeki*; Kanawati, *Tombs at Giza II*, pl. 45: tombe de *Seshathetep*, G5150.
(8) tombeau de *Sebeki*: Daressy, *ASAE* 16, 1916, p. 210; *Hawawish* II, fig 19 p. 23: tombeau de *Kheni*; Capart, *Rue des tombeaux*, 1907, pl. 80-81: tombeau de *Nefer-Seshem-Ptah*.
(9) tombeaux de Siout et Deir Rifeh: Montet, *KÊMI* 1, 1928, p. 59, n° 75; Griffith, *Siut*, pl. I, 75.
(10) inscrip. de Mit Rahina: Farag, *RdE* 32, 1980, pp. 78 et 80: *njꜣ.w jbw*.
(11) *Nianchchnum*, fig. 19, pl.47; 67a; *Beni Hasan*, pl XVII.
(12) *Urk* VII, 36, 10.
(13) *Urk* IV, 741, 12.
(14) Lacau-Chevrier, *Hatshepsut*, p. 309; *Buhen* I, pl. 40.
(15) Habachi, *Tavole*, p. 78: table 22054.
(16) *Adm* 16, 11.
(17) *Beni Hasan* I, pl. XXXVII, 1: tombeau 3 inscription hièratique; II, pl. 4: tombeau 15; pl. 13: tombeau 17.
(18) K*RI* II, 510, 6.
(19) *Eb* 82, 19; *Sm* 46 (16, 11).
(20) *Eb* 80, 20-21; *Sm* 41 (14, 6).
(21) *Harr* 20a 14.
(22) Stèle d'Hérmopolis: Roeder, *ASAE* 52, 1954, p. 331, pl. II, l. 5 = K*RI* IV, 28, 10.
(23) *Edfou* IV, 3, 4; 351, 1-2; V, 151, 10-11; VI, 237, 4; VII, 61, 15; 164, 4; VIII, 166, 15.
(24) *Edfou* I, 452, 5; 537, 11; 553, 16; VII, 87, 11; 319, 9-10; 323, 1; VIII, 169, 7.
(25) *Edfou* VI, 28, 7.
(26) *Edfou*, I, 565, 3.
(27) *Edfou* I, 555, 9.
(28) Jéquier, *Pepi* II, pl. 32. 33.
(29) Mogensen, *Mastaba*, pl. VII, paroi C, p. 22, fig 16; *Iteti*, fig. 30c; *Beni Hasan*, pl. XVII; *Hetepka*, pl. 11, 8.
(30) Hannig, H*wb*, 1997, p. 391; Zibelius, *FsEdel*, p. 461 n° 37.
(31) Wilson, *Ptolemaic Lexikon*, p. 143.
(32) Deines-Westendorf, *Wb Drogennamen*, p. 305; *pap. Ram* V, XV; *Eb* 638; 298; 299; 490; 495; 522b; 525; *Sm* 41 (14, 6); 46 (16, 11).
(33) *Eb* 465.

[231] *Mast Idout*, pl. XX; *Iteti*, pl. XX; dans les sacrifices: *Edfou* IV, 351, 1-2; VII, 61, 15; 319, 9-10.
[232] Zibelius, *ÄgSiedl*, p. 106; *AEO* II, p. 36.
[233] Les animaux pour le sacrifice représentés sont: « jeune de bœuf-*ngꜣ.w*, jeune de bœuf-*wnḏ.w*, jeune d'oryx, jeune de bouquetin, jeune de gazelle ». Chacune des six espèces est caractérisée par la forme des cornes et de la queue et, pour plus de précision le nom de l'espèce est écrit près de la tête. Les bêtes sacrifiées sont représentées de dos quand la tête des animaux est tournée vers la gauche; inversement, c'est le ventre qui est montré quand l'animal est tourné vers la droite. Les victimes sont toujours orientées de façon à faire face au dieu. Sur chacune des bêtes immolées, il y a placé les trois pièces de choix: la patte antérieure droite, une partie des côtes et le cœur.

(34) *pap. Berlin 3038*, 68; Deines - Westendorf, *Wb Drogennamen*, p. 305.
(35) Simpson, *Kayemnofret*, pl. G, pl. 17.
(36) Weeks, *Giza Mastabas* 5, p. 41-45, fig. 29: mastaba *Jj-mry*(G 6020).
(37) Lacau-Chevrier, *Hatshepsut*, p. 309.

nwḏ.w

Graphie à composante phonétique
Type I. Signes bilitères pour les radicales.

a)  mon. AE **(1)**

Particularités graphiques:
On a deux signes bilitères pour les radicales.

Sens:
Ce terme désigne l'*Addax nasomaculatus.*[234]
Il s'agit d'une antilope de la même famille de l'oryx, mais qui a les cornes torsadées. Cet animal est souvent représenté dans l'Ancien Empire dans de séquences d'animaux avec *nj3.w*, *m3-ḥḏ*, *jb3.w*, *gḥs*.
Il s'agit des offrandes d'animaux du désert.

Textes:
(1) Mogensen, *Mastaba*, pl. 7, fig 15, p. 21; fig 16, p. 22: mastaba de *Ka-em-remt*; *Giza* II, pl. XVb, fig. 28; *Ptahhotep* II, pl. 19; chapelle de *Akhethetep*: Hassan, *Gîza II*, p.123, fig. 136, pl. XL-XLII; *Mast Idout*, pl. XX: tombeau de *Ka-em-nefert*; *Nianchchnum*, fig. 19, pl. 47, 82, 85; Kanawati, *Tombs at Giza* II, pl. 45; *LD* II, 23; pl. 4; *Medum*, pl. XIV; Simpson, *Kayemnofret*, pl. G, pl. 17; *Iteti*, fig. 20: mastaba de *Sekhem'ankh-Ptah*; Wild, *Ti*, pl. CLXV-CLXI.

nfr.t

Graphies à composante phonétique
Type I. Graphie des compléments phonétiques.

a)  biogr. XVIII dyn **(1)**

b)  biogr. XVIII dyn **(2)**

Type II. Non graphie des compléments phonétiques.

a)  mon. NE **(3)** - mon. ptolém. **(4)**

b)  mon. ptolém. **(5)**

c)  biogr. NE **(6)** - statue NE **(7)**

Particularités graphiques:
Graphies sans les compléments phonétiques. Le suffixe *-t* peut indiquer soit qu'il s'agit d'un nom féminin soit d'un collectif.

Étymologie:
nfr.wt est un mot générique qui indique les femelles. En époque ptolémaïque, il souligne la beauté des vaches sacrées.[235]
Il dérive, en effet, de la racine *nfr*, qui présente le sens de « bon », « être bon » ou « beau ».[236]
nfr.t, forme féminin du participe employé comme neutre, indique « bien, bonne chose » et « beauté ».

Sens:
« vache».[237]
Ce terme est présent dans les textes à partir de la XVIIIème dynastie.
Employé aussi comme collectif avec le valeur de « bétail ».

Textes:
(1) *Urk* IV, 1023, 12.
(2) *Urk* IV, 238, 7; 1161, 3.
(3) *Petosiris*, n° 46, 7, 3; n° 48, 4, 1-3; n° 48, 8.
(4) *Edfou* V, 84, 9.
(5) *Edfou* VI, 257, 10-11; VII, 148, 17.
(6) *Urk* IV, 132, 9.
(7) *Urk* IV, 407, 17.

nḥb.w

Graphies à composante phonétique
Type I. Signes unilitères pour les radicales.

a)  biogr. ME **(1)**

Type II. Signe bilitère pour la première radicale.

a)  pap. hiérat. NE **(2)**

démotique:
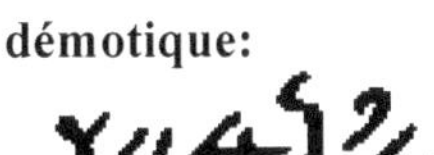 **(3)**

[234] *Wb* II, 226, 15-16; Hannig, H*wb*, 2003, p. 607.

[235] Wilson, *Ptolemaic Lexikon*, p. 516.
[236] Erichsen, *Demotisches Glossar*, p. 216; Vycichl, *Dictionnaire étymologique*, p. 150.
[237] *Wb* II, 261, 13-14; *FCD*, p. 132; Hannig, H*wb*, 1995, p. 410.

Copte:
ⲛⲟⲩϩⲃ (4)

Étymologie:
Ce mot dérive du verbe *nḥb* « atteler ». La même racine est dans le terme *nḥb* « joug ».[238]

Sens:
Ce terme est un collectif qui indique les bœufs attelés.[239] Ce sens semble être corroboré par des textes démotiques qui parlent d'une prestation à payer appelée *ḥd nḥb.* [240]

Textes :
(1) *Urk* VII, 15, 17.
(2) *pap. Boul.* 16 (*CGC* 58058).
(3) Spiegelberg, *Dem Glossar*, p. 222.
(4) Crum, *Copt Dict*, p. 273.

ng

Graphies à composante phonétique
Type I. La troisième consonne radicale ꜣ/n n'est pas écrite.

a)  Pyr **(1)** - mon. AE **(2)** - CT **(3)** - mon. ME **(4)** - mon. NE **(5)** - mon ptolém. **(6)**

b)  CT **(7)**

c)  Pyr **(8)** - mon. AE **(9)** - CT **(10)** - mon. ME **(11)**

d)  mon. ptolém. **(12)**

Type II. Signe unilitère n pour la première radicale et complément phonétique w.

a)  CT **(13)** - pap. adm. ME **(14)** - texte hist. XVIII dyn **(15)** - mon. NE **(16)**

Type III. Signe bilitère nw pour la première radicale.

a)  mon. ptolém. **(17)**

b)  mon. ptolém. **(18)**

[238] *Wb* II, 293, 1-2.
[239] *Wb* II, 293, 14; F*CD*, p. 136; Hannig, H*wb*, 1995, p. 42; Helck, *Materialien* III, p. 483; Allam, *Mélange Mokhtar*, pp. 24-28, pl. IV; Bakir, *Egyptian Epistolography*, pl. 6; pl. VIII.
[240] Mattha, *Demotic Ostraka*, pp. 166-167; Allam, *Mélange Mokhtar*, p. 25, note 32.

Type IV. Signe  *pour la première radicale.*

a)  mon. ptolém. **(19)**

Particularités graphiques:
Il s'agit d'une graphie défective du mot *ngꜣ*, où seulement les premières deux consonnes radicales sont écrites.

Sens:
Ce mot indique une espèce de bœuf avec les cornes longues.
Les différentes espèces des bovins sont distinguées par deux noms: *ngꜣ.w* pour les bœufs sauvages avec les cornes longues, *jwꜣ* pour les bœufs gras avec les cornes à forme de lyre ou sans cornes.

Textes:
(1) *Pyr.* §286e [W]; §386b [W]; §470a [N]; §504a [W]; §547a [T P N]; §1224c [P M N]; §1544c [P]; §2047c [N]; *Unas,* pl. 14-15, pl. 1.
(2) *Medum,* pl. XIII; Simpson, *Kaemnofert*, pl. 58b; *Nianchchnum*, p. 63 pl. 16; *LD* II, 4; II 22: tombeau 24; II, 25; Weeks, *Giza Mastabas* 5, fig. 29: tombeau G 6020; fig. 34, p. 41; *Deshasha*, p. 26, pl. 29: tombeau de Inti; Murray, *Saqq Mast* I, pl. I-III: tombeau de *Seker-kha-bau*; *Giza* II, fig 33: table d'offrande de la mastaba de *Sšꜣtḥtp*; *Giza* III, fig. 9b: table d'offrande de *Njswtnfr* copiée de la mastaba de *Sšꜣtḥtp*; *Giza* IV, pl. XII; *Iteti*, fig. 20, pl. 18; fig. 29: mastaba de *Sekhem'ankh-Ptah*; fig. 30c: mastaba de *Kaemnofert*; Quibell, *Excavations at Saqq* II, pl. X, 2: table d'offrande; Simpson, *Giza Mastabas* 4, fig. 30: Iasen (G 2196); *CGC* 1392.
(3) *CT* II, 400c [B2B0]; III, 166c [S1C et B2B0]; IV, 351d [B6C]; V, 214a [M22C-M23C-S1C]; 214c [M22C].
(4) *Meir* II, pl. IV; *Sheik Said*, pl. XIII: tombeau n° 25 de Urarna II; pl. II: tombeau de *Mentuherkhepeshef.*
(5) *Ptahhotep* II, pl. XXI, p. 16; pl. XXII, p. 17: chapel of *Akhethetep*; Lacau-Chevrier, *Hatshepsut*, p. 309.
(6) *Edfou* III, 285, 5.
(7) *CT* IV, 351d [S2C]; V, 214a [B2B0]; 214c [B2B0-S2C]; 225n [S2C].
(8) *Pyr.* §547a [P M].
(9) *Deshasha,* pl. XVIII: tombeau de *Shedu*; mastaba de *Snb*: *Giza V*, p. 79, fig. 19.
(10) *CT* III, 166c [B1B0[a]]; IV, 351d [S1C]; V, 23j [B1C]; VI, 239i [T1C]; 316a [B1B0]; VII, 111g [Sq10C].
(11) *Meir* V, pl. XXXII et XLI.
(12) *Edfou* IV, 331, 12.
(13) *CT* II, 400c [Y1C]; IV, 351d; V, 214a [B3B0].
(14) *pap. Kahun*, pl. XVI-XVII.
(15) *Urk* IV, 1125; *Rekhmara* II, pl. V-VI-XXX.
(16) *Buhen* I, pl. 40.
(17) *Edfou* IV, 129, 7; VI, 141, 10; VII, 316, 11.
(18) *Edfou* VII, 310, 1.
(19) *Edfou* I, 497, 16.

ng3.w

A. Graphies pleines
Type I. Avec le suffixe w.

a) ; ;
 CT **(1)** - mon. ME **(2)**

b)  texte litt. ME **(3)**

Type II. Sans le suffixe w.

a)  CT **(4)** - texte adm. NE **(5)** - TR NE **(6)** - ostr. NE **(7)** - inscrip. ram. **(8)** - mon. ptolém. **(9)** - pap. ép. rom. **(10)**

b)  CT **(11)**

Particularités graphiques:
Le mot *ng3.w* est écrit avec les graphies pleines, c'est-à-dire que toutes les trois consonnes radicales *n, g, 3* sont écrites.

Sens:
Ce mot indique une espèce de bœuf avec les cornes longues.

Dans l'expression:
ng3 wʿb m sḫ.wt=f « taureau pur dans ses prairies » **(12)**[241]

Dans le titre:
jmj-r3 ng(3).w n Jmn k3y « intendant du bétail de Amon Kay » **(13)**

Dans l'épithète:
ng3.w t3y šmʿ « Taureau de l'Haute Egypte » **(14)**

Textes:
(1) *CT* II, 400c [S2C]; IV, 351d [B15C et B2L]; V, 23j [B1C]; 214c [B3B0-B1C-B2L]; 384o [B3L]; VI, 159g (BH10); VII, 42t [B10C].
(2) *Meir* II, pl. III.
(3) *Sin* B13; B120.
(4) *CT* II, 400c [T3C].
(5) *pap. Koller*, 3, 6; *Harr* 12b, 8; 35b, 10; 69, 10.
(6) Otto, *Mundöffnungsritual*, scène 23 I a.
(7) *ODM 1222,* l. 15.
(8) K*RI* V, 562, 9.
(9) *Edfou* IV, 242, 18-243, 1.
(10) *pap. Leyde T32*, IV, 6, p. 175.
(11) *CT* III, 281d.
(12) *pap. Leyde T32,* IV, 6, p. 175; *Urk* VI, 141, 19.
(13) Rothe Russel-Miller-Rapp, *Pharaonic Inscriptions*, inscrip. MN35, p. 83.
(14) *Edfou* IV, 242, 18-243, 1.

ngn

Graphie à composante phonétique

a)  pap. mag. XII dyn **(1)** - mon. AE **(2)**

Particularités graphiques:
Il s'agit d'une graphie défective du mot *ng3*. L'alternance *3/n* dans la langue égyptienne est connue. On la trouve par exemple dans les graphie du verbe *m33*.

Sens:
Ce mot indique un bœuf avec les cornes longues.[242]

Dans le toponyme:
j3.t-ngn **(2)**[243]

Dans l'expression:
jn.n mnjw ngn=f « le berger qui a amené son taureau» **(3)**

Textes:
(1) *pap. Turin 54003*, p. 34, n° X, 12.
(2) Vandier, *Mo'alla*, p. 25.
(3) *pap. Turin 54003*, p. 34, n° X, 12.

---

[241] Herbin, *Le livre de parcourir l'éternité,* p. 175: *hrw ng3 wʿb m sḫ.wt=f*: « le jour (de la fête) du taureau pur dans ses prairies » est celui de la naissance d'Osiris. La version néo-égyptienne du rituel fait état de la naissance d'Horus en ce jour. Cette fête du « taureau pur dans sa prairie » est l'occasion de grandes réjouissances dans le pays et spécialement à Thèbes ainsi que d'un holocauste à Osiris.

[242] Hannig, H*wb*, 2006, p. 1324.

[243] *pap. Turin 54003*, p. 35, note b: *ngn* est une graphie de *ng3* qui apparaît dans le toponyme *j3.t-ngn*. Celui-ci désigne une localité connue dont le nom signifie « la butte des taureaux ».
Le mot *ng3*, qui désigne les taureaux à longues cornes, dans l'Ancien Empire est écrit indifféremment *ng* et *gn*, ce qui explique la graphie abusive de notre texte. Le premier *n*, en effet, peut difficilement être l'adjectif du génitif, car le mot *j3.t* est féminin.

r

rn.y

Graphies à composante phonétique
Type I. Signes unilitères pour les deux radicales.

a)  ME **(1)**

b)  mon. XVIII dyn. **(2)**

c)  mon. AE **(3)**

Particularités graphiques:
On trouve dans certaines graphies le signe *nw* comme complément phonétique.

Étymologie:
Ce mot dérive probablement du verbe *secundae geminatae rnn* « nourrir, élever ».[244]

Sens:
« veau ».[245]
Ce terme désigne, en effet, un jeune animal.

Textes :
(1) *Les*, p. 76, 21.
(2) *LD* III, pl. 65a, 11; *Urk* IV, 1294, 5.
(3) *Abydos*, I, pl. 53.

rnn

Graphies à composante phonétique
Type I. Signes unilitères pour les radicales.

a)  mon. NE **(1)** - inscrip. ram. **(2)** - mon. gr-rom. **(3)**

b)  pap. hiér. litt. NE **(4)** - text adm. NE **(5)**

c) ;  mon. NE **(6)**

Particularités graphiques:
La deuxième et la troisième radicale sont identiques.

Étymologie:
Ce mot dérive probablement du verbe *secundae geminatae rnn* « nourrir, élever ».[246]

Sens:
« bœuf».[247]
On le trouve en néo-égyptien. Il désigne probablement le jeune d'animal, le veau.[248]
En effet, il est suivi souvent par les termes *jwꜣ* et *ngꜣ.w* et aussi avec un sens plus générique il est lié avec d'autres espèces d'animaux pour désigner leur jeunes.

Dans les expressions :
rnn n jwꜣ « veau de bœuf *jwꜣ* » **(7)**
rnn n ngꜣ.w « veaux de bœuf *ngꜣ.w* » **(8)**

Textes :
(1) *Petosiris*, text 58, 26: hommage des filles de Petosiris à leurs parents.
(2) K*RI* II, 572, 14; III, 146, 7
(3) *Esna* II, 190, 2.
(4) *pap. Koller* 3, 5.
(5) *Harr* 12b, 8; 32b, 10; 35b, 9; 48, 2; 69, 10.
(6) *Petosiris*, texte 45: scène d'élevage.
(7) *Harr* 12b, 8.
(8) *pap. Koller* 3, 5; *Harr* 69, 10.

rnn. t

Graphies à composante phonétique
Type I. Signes unilitères pour les radicales.

a) 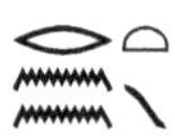; ;  mon. ptolém. **(1)**

Type II. Graphie du signe nw.

a)  idéo. roy. NE **(2)** - mon. ptolém. **(3)**

Type III. Signe bilitère pour la deuxième radicale.

a)  mon. ptolém. **(4)**

Particularités graphiques:
La deuxième et la troisième radicale sont identiques.
Dans les textes d'époque ptolémaïque, le graphies présentent aussi le signe bilitère *nw.* Il y a aussi le pluriel de ce mot.

---

[244] *Wb* II, 436, 2-15; F*CD*, p. 150.
[245] *Wb* II, 429, 8; F*CD,* p. 150; Hannig, H*wb*, 1995, p. 470.

[246] *Wb* II, 436, 2-15; F*CD*, p. 150.
[247] *Wb* II, 435, 13; Hannig, H*wb*, 1995, p. 472; *AnnLex* III, 171.
[248] Grandet, *Papyrus Harris* II, p. 20 note 83: le terme désigne le veau ou le jeune d'animal.

Étymologie:
Ce mot est le féminin de *rnn* « bœuf » et dérive probablement du verbe *secundae geminatae* *rnn* « nourrir, élever ».[249]

Sens :
« vache ».[250]
Dans les textes du temple d'Edfou, il est employé au pluriel pour désigner les vaches d'Hathor qui fournissent le lait-*bnrw*.[251]
Il peut avoir aussi une valeur générale pour indiquer les jeunes animaux femelles.[252]

Textes :
(1) *Edfou* IV, 272, 9-10.
(2) K*RI* I, 49, 4.
(3) *Edfou* VII, 123, 12-13.
(4) *Edfou* VII, 124, 4.

rhnj

Graphies à composante phonétique
Type I. Avec complément phonétique ȝ.

a) 

b)  texte mag. XIX dyn. **(1)**

Type II. Sans complément phonétique ȝ.

a)  statue NE **(2)**

b) 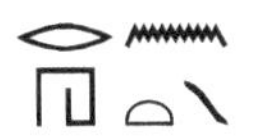 ostr. mag. NE **(3)** - pap. mag. XX dyn. **(4)**

Étymologie:
On peut relier ce mot au verbe *rhn* « être couché »[253] par analogie avec l'attitude du bélier couché. Il indiquerait donc « celui qui est couché ».[254]
Une autre possibilité est abordée par Wainwright qui affirme que la racine *rhn* semble être liée au dieu Amon. En effet, elle présente deux sens. En premier lieu, *rhn* signifie « avancer dans un lac, patauger ». Il exprimerait donc la propension du bélier à demeurer dans les zones aqueuses. En outre, plusieurs noms lient Amon au bélier divin à l'entrée du lac du Fayoum. Dans la XXème dynastie, le bélier-*rhnj* indique donc « l'échassier dans un lac » et Amon est appelé « Amon du lac ».

Un autre sens de la racine *rhn* est « soutenir, supporter »; ce mot est employé pour nommer le Mont Bakhaus qui soutient le ciel. Aussi dans ce cas-là, il y a un rapport avec le dieu Amon qui a aimé un festival « d'élever le ciel ».[255]

Sens:
« bélier ».[256]
Cet animal est souvent associé au dieu Amon. Il est aussi lié à Seth, Min et Geb.
Il s'agit, en effet, d'un animal sacré qui se comporte comme protecteur contre les serpents et les autres animaux dangereux dans les textes magiciens.[257]
Le terme *rhn* est attesté à partir du Nouvel Empire et désigne l'espèce *Ovis platyra aegyptiaca.*[258]
Il s'agit d'un terme ambivalent qui peut désigner des béliers et des criosphinx. Il faut prêter attention au detérminatif.

Dans les expressions:
rhny sȝ sr « bélier fils de bélier » **(5)**
pȝ rhny nfr « le bon bélier »[259]
tȝ mj.t rhny « sphinx de bélier »[260] **(6)**
Jmn-Rʿ rhny « le bélier d'Amon-Rê » **(7)**
rhny ʿnḫ(w) Jmn « le bélier vivant d'Amon » **(8)**
Rhn(y) Jmn-Rʿ « le bélier d'Amon-Rê » **(9)**

Textes:
(1) Roccati, *RdE* 24, 1972, p. 155, l. 4.
(2) *CGC* 1221; K*RI* V, 416, 2.
(3) Černý - Gardiner, *Hieratic ostraca*, I, pl. XV, 3, r°.
(4) *pap. Tur 1993*, vs. 4, 10; Borghouts, *Ancient Egyptian Magical Texts*, p. 92.
(5) *pap. Tur 1993*, vs. 4, 10.
(6) Cabrol, *Voies processionnelles*, p. 74.
(7) Cabrol, *Voies processionnelles*, p. 392.
(8) Cabrol, *Voies processionnelles*, p. 392.
(9) Cabrol, *Voies processionnelles*, p. 392.

[249] *Wb* II, 436, 2-15; F*CD*, p. 150.
[250] Hannig, H*wb*, 1995, p. 472.
[251] Wilson, *Ptolemaic Lexikon*, p. 588.
[252] *Edfou* VI, 61, 12: il indique ici l'hippopotame femelle.
[253] *Wb* II, 440, 4-6.
[254] Cabrol, *Voies processionnelles*, p. 394.
[255] Wainwright, *JEA* 20, 1934, pp. 143.
[256] *Wb* II, 441, 1-3; Hannig, H*wb*, 1995, p. 473; H*wb*, 2006, p. 504; *LGG*, IV, p. 702.
[257] Borghouts, *RdE* 32, 1980, pp. 33-46.
[258] Borghouts, *RdE* 32, 1980, p. 36, note 18; Wainwright, *JEA* 20, 1934, pp. 140-141.
[259] Hannig, H*wb*, 1995, p. 473.
[260] Hannig, H*wb*, 1995, p. 473.

ḥ

ḥw.w

Graphie à composante phonétique

a) mon. AE **(1)** - litt. ME **(2)**[261]

Particularités graphiques:

La graphie qu'on rencontre dans *Sin* 118 peut être rapprochée au mot *wḏw*, ensuite au changement de avec .[262]
Le terme *wḏw* figures dans l'expression *jḥ.w m wḏw* [263] et peut être rapproché plutôt au taureau *w3ḏ* mentionné par Gardiner.[264]
Selon Spiegelberg,[265] le nom in *Sin* 118 ne devait pas être lu *ḥw.w*, mais *wḏw* et il s'agirait du même mot présent dans la stèle d'Israël.[266]

Étymologie:
On peut le rapprocher au verbe *ḥwj* « bâtonner ».[267]

Sens:
Il indique une espèce de bœuf.[6]

Textes:
(1) *Elkab* VI, p. 46, pl. 20+60d, n° N8.
(2) *Sin* B 118.

ḥr.j-s3

Graphies à composante phonétique
Type I. Avec r pour la deuxième radicale.

a) ; ; litt. ME **(1)** - texte adm. NE **(2)**

b) ; mon. NE **(3)**

c) CT **(4)**

Type II. Signe bilitère ḥr pour les premières radicales.

a) ; ; Pyr **(5)** - biogr. XVIII dyn **(6)**

b) mon. AE **(7)**

Type III. Signes unilitère pour les premières radicales.

a) tabl. XXV dyn. **(8)**

Particularités graphiques:

Le féminin est présent à partir de la XXème dynastie.

Le graphie n'est pas étymologique.

Étymologie:
On peut rapprocher ce nom à la proposition *ḥr-s3* « après »[268] et il signifie littéralement « celui qui vient après » pour indiquer des animaux très jeunes.[269]

Sens:
« taurillon ».[270]
Ce mot est utilisé dans les Textes des Pyramides et dans le Nouvel Empire.
Il peut indiquer aussi un taureau attelé ou le bétail aux longues cornes.[271]

Textes:
(1) tablette *Turin CGC* 58005.
(2) *pap. Kahun* XVI, 14.
(3) *Med Habu*, pl. 75, 37.
(4) *CT* VI, 344g [B3L].
(5) *Pyr.* §1544d [P].
(6) *Urk* IV, 1134, 8; 1134, 10.
(7) Abubakr, *Giza*, fig 38, p. 57, pl. 31.
(8) *Med Habu*, p. 60, côté A; tablette *Turin CGC* 58005, pl. 185, 1.

ḥr.j-ḏbʿ

Graphies à composante phonétique
Type I. Avec le complément phonétique r pour la deuxième radicale.

a) ; mon. AE **(1)**

---

[261] Gardiner, *Notes of Sinuhe*, p. 158.
[262] *Wb* I, 398, 13; *Sin* 118; p. 48a; *Adm* 9,2.
[263] *Adm* 9,2.
[264] *AEO*, I, pp. 22-23; II, p. 88; Vernus, *Athribis*, pp. 311-312.
[265] Spiegelberg, *ZÄS* 34, 1896, p. 22, note (59).
[266] Hannig, H*wb*, 2003, p. 780.
[267] Hannig, H*wb*, 2003, p. 780-781.

[268] F*CD*, p. 208.
[269] *ArchAbous* I, p. 250 (E3).
[270] *Wb* III, 135, 7-8; F*CD*, p. 175; Hannig, H*wb*, 2003, p. 866; *AnnLex*, II, p. 256.
[271] F*ECT* II, p. 270 n° 4.

b)  mo. AE **(2)**

c)  mon. AE **(3)**

Type II. Sans complément phonétique r.

a)  mon. AE **(4)**

b)  stèle AE **(5)**

Particularités graphiques:

Les déterminatifs  et  dérivent par métonymie des signes  et .

Étymologie:
Formé sur la préposition *ḥr* + le substantif *ḏbꜤ* « doigt »,[272] il signifie littéralement: « celui qui est sur les doigts ». Il s'agirait donc d'un veau qui est nourrit avec du lait. En fait, pour nourrir le veau on utilisait les doigt.[273]
Selon Montet, il s'agirait plutôt d'un animal si docile qu'on le conduisait du bout du doigt.[274]

Sens:
« veau » ou un «bœuf sans cornes ».[275]

Textes:
(1) *LD* II, 25: tombeau 36; II, 102a: tombeau 1; Murray, *Saqq Mast*, pl. 18; *Giza* II, fig. 27, p. 181: mastaba de *Sšꜣ.t-htp* ; fig. 33, p. 187: table d'offrande; Kanawati, *Tombs at Giza II* , pl. 46: mastaba de *Sšꜣtḥtp*(G5150); *Giza* III, fig. 9b, p. 75: table d'offrande de *Njswtnfr* copiée de la mastaba de *Sšꜣtḥtp*; *Giza* IV, pl. 12; *Giza* XI, fig. 61, p. 143: mastaba de *Sšmnfr*; *Nianchchnum*, pl. 49; fig. 17.
(2) *CGC* 1392.
(3) Hassan, *Giza* V, fig. 106, p. 248: mastaba de *Werkhww.*
(4) *LD* II, 60: tombeau 16; II, 62: tombeau 16; II, 96: tombeau 1; *Giza* II, fig. 33, p. 187: mastaba de *Sšꜣ.t-htp*; Hassan, *Giza* V, fig 123, p. 269: mastaba of *Tesen*; Abubakr, *Giza*, fig 38, p. 52; pl. 30A: mastaba of *Nfrj*; *Medum*, pl. XI.
(5) G 2352 B, stèle de *Setju*: Simpson, *Giza Mastabas* 4, fig. 47.

---

[272] *FCD*, p. 321.
[273] Goedicke, *RdE* 11, 1957, pp. 159 ff; *Giza* VI, p. 51; Ghoneim, *Rind*, pp. 76-80.
[274] Montet, *Kêmi* 13, 1954, pp. 44-45.
[275] *Wb* III, 136, 6; Hannig, H*wb*, 2003, p. 877; Reisner, *Giza* I, pl. 57a; *Nianchchnum*, p. 117; Ghoneim, *Rind*, pp. 76-80.

ḫ

ḫpš

A Graphie idéographique

a)  mon. AE **(1)** - mon. ptolém. **(2)**

B Graphies à composante phonétique
Type I. Signes alphabétiques.

a)  Pyr. **(3)** - arch. AE **(4)** - mon AE **(5)** - CT **(6)** - mon. ptolém. **(7)**

Particularités graphiques:
Le mot *ḫps* est écrit avec l'idéogramme de la cuisse de bœuf ou avec des signes alphabétiques.

Sens:
« patte antérieure du bœuf ou d'autre animal ».
Présent dans les listes d'offrandes de l'Ancien Empire, ce mot est souvent suivi par d'autres termes comme *jwꜥ*. Considéré le morceau noble par excellence, il était associée à Seth et parfois coupé sur la bête vivante. [276]
Dans les textes d'époque ptolémaïque, il indique la patte d'un bœuf donnée comme offrande. À l'occasion de la fête de Behdet trente pattes étaient apportées avec du pain et de la bière, de même que dans la cérémonie de l'Ouverture de la Bouche, dans les rites funéraires, etc.
Dans les mythes, la patte d'hippopotame représente la jambe du dieu Seth et en ce de Horus et Seth la patte devient la constellation de la Grande Orse.[277]

Dans les expressions:
ḫpš hrj « humérus » **(8)**
ḥry ḫpš « radius » **(9)**
pr-ḫpš « laboratoire » **(10)**

Textes:
(1) *Meir* V, pl. XXXIV.
(2) *Edfou* IV, 127, 15; VI, 89, 7; 141, 13; VIII, 34, 8; 36, 11; 143, 8.
(3) *Pyr.* §736b [T]; §1323b [P]; §1326c [P]; §1546a [P]; §1867b [N].
(4) *ArchAbous* I, p. 244.
(5) *Giza* II, p. 155, fig. 21: mastaba de *Kꜣ-nj-niswt*; III, p. 75, fig. 9b: mastaba de *Njswtnfr* copie de la mastaba de *Sšꜣthtp*; III, p. 135, fig. 17: mastaba de *Kꜣj*; III, fig. 22: mastaba de *Kꜣnjnjswt*; VII, p. 167, fig. 70: mastaba de *Kꜣjsdwꜣ*; VIII, fig. 56: mastaba de *Kꜣjḫrptḥ*; fig. 72, p. 149: sarcophage de *Mrrj-ib*; *Meir* IV, pl. IX; V, pl. XXXV; *Sheik Said*, pl. XX; *Ptahhotep* I, pl. XXX; *Hagarsa* I, pl. 28; *Hawawish* I, fig. 17, p. 31; II, fig. 24, p. 35; III, fig. 13; IV, fig. 30, p. 41; V, fig. 8, p. 19; Weeks, *Giza mastabas* 5, fig. 22.
(6) *CT* V, 9c [B2L-B1C]; VI, 180a [S1C-S2C]; 257a [Sq3C-Sq4C]; 262i [D1C]; 355j [B3B0]; VII, 137c [G1T]; 143 (140g) [G1T]; 208h [P. Gard. III]; 228y [P. Gard. II].
(7) *Edfou* V, 127, 6.
(8) Ikram, *Choice cuts*, pp. 122-123.
(9) Ikram, *Choice cuts*, pp. 122-123.
(10) Wilson, *Ptolemaic Lexikon*, p. 723.

[276] *Wb* III, 268, 4-7; *ArchAbous* I, p. 244.
[277] Wilson, *Ptolemaic Lexikon*, p. 723.

ḫm.t

Graphies à composante phonétique

a) 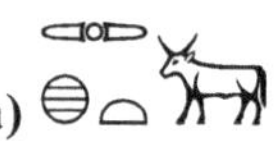 inscript. ME **(1)** [278]

b)  stèle ME **(2)**

Sens:
« vache » [279]
Faisant partie des titres administratifs du Moyen Empire.

Dans le titre administratif:
jmj-rꜣ ḫm.wt ḫnr.w « responsable des vaches et des manœuvres de conscrit » **(3)**

Textes:
(1) Goyon, *Inscriptions Wadi Hammamat*, p. 77, n°77.
(2) *CGC* 20024,7; Gauthier, *Le personnel du dieu Min*, p. 22; Daressy, *RT* 11, 1889, pp. 84-86.
(3) Ward, *Index*, p. 39, n° 295; *CGC* 20024,7; Daressy, *RT* 11, 1889, pp. 84-86.

ḫnḏ

Graphies à composante phonétique
Type I. Troisième radicale ḏ.

a)  Pyr. **(1)** - arch. AE **(2)** - CT **(3)**

b)  CT **(4)**

Type II. Troisième radicale d.

a)  CT **(5)** BD **(6)** - pap. méd. NE **(7)**

b)  CT **(8)**

[278] Goyon, *Inscriptions Wadi Hammamat*, p. 77, note c: la lecture de ce mot est assurée par le titre du Moyen Empire.
[279] *FCD*, p. 191.

c) 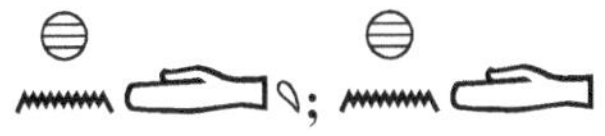 CT **(9)**

Type III. Troisième radicale t.

a) 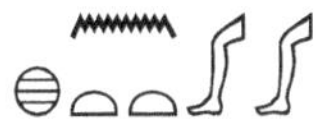 mon. ptolém. **(10)**

b)  mon. ptolém. **(11)**

Particularités graphique:
Alternance entre *ḏ, d, t.* Dans les textes d'Edfou, on trouve le dual.

Le déterminatif  commence à être employé au moment où de *ḫnḏ* passait à *ḫnd*, se confondant avec la racine *ḫnd* « marcher ». Le signe  pourrait donc être dû à la confusion phonétique de racines.[280]

Étymologie:
Probable dérivation du verbe *ḫnd* « marcher, fouler aux pieds».[281]

Sens:
Présent à partir de l'Ancien Empire jusqu'à l'époque ptolémaïque.
Dans les Textes des Pyramides, le mot *ḫnḏ* apparaît à plusieurs reprises. En effet, le repas du mort était à base de viande, pain et boisson. Ce n'est qu'après le Nouvel Empire que ce mot est employé dans les listes d'offrandes où dans les scènes de boucherie. Il est aussi présent dans les textes médicaux. Le sens pourrait être « cuisse » ou « jambe » ou « pied », d'après le déterminatif . Il est évident que *ḫnḏ* désigne une partie paire du corps, se référant à la patte d'un animal ou à la jambe d'un homme. Peut-être que le mot *ḫnḏ*, il désignait à l'origine un morceau de la patte avant, mais par la suite aussi à celle de derrière sous l'influence de la racine *ḫnd* « marcher, fouler aux pieds ».[282]

Textes:
(1) *Pyr.* §124c [W]; §133f [W T M N]; §1547 [P]; *Unas,* pl. 57.
(2) *ArchAbous* I, pp. 244-245.
(3) *CT* III, 70b [B2L-T1C].
(4) *CT* III, 70b [BH3C-T1L-S10C].
(5) *CT* III, 70b [M2NY].
(6) *BD* 28,8; 99, 11; 106, 3; 125, 22.
(7) *Eb* 63, 10; 97, 6.
(8)) *CT* III, 70b [B3B0].
(9)) *CT* III, 70b [M57C-M21C].
(10) *Edfou* I, 17, 20.
(11) *Edfou* IV, 51, 3.

ḫtm.w

Graphie à composante phonétique

a)  pap. math. XII dyn **(1)**

Sens:
« bétail ».[283]

Textes:
(1) *pap. Rhind*, 67.

[280] *ArchAbous* I, pp. 244-245; *Wb* III, 314, 18; *AEO* I, pp. 17-18, n° 280; Van der Molen, *Dictionary Coffin Texts,* p.401; Hannig, H*wb*, 2005, p. 962; Wilson, *Ptolemaic Lexikon*, p. 743; Kuentz, *BIFAO* 30, 1931, pp. 866-875.
[281] Wilson, *Ptolemaic Lexikon*, p. 743.
[282] Wilson, *Ptolemaic Lexikon*, p. 743; Kuentz, *BIFAO* 30, 1931, pp. 866-875.

[283] *FCD*, p. 199.

S

s3

Graphies à composante phonétique
Type I. Signe bilitère pour les radicales.

a)  ;  texte adm. AE **(1)** - BD **(2)** - pap. XVIII dyn **(3)**

Étymologie:
On peut le rapprocher aux bovins *ḥr.j-s3*, représentant des animaux très jeunes.[284]

Sens:
« taurillon ». [285]
Il désigne en particulier un taureau castré.

Textes:
(1) *ArchAbous* I, p. 250 (E, 3).
(2) *Todb* 181.
(3) Gasse, *Pap. hiérat. et hiéro*, pp. 15-16, pl. I-III.

s3b.t

Graphies à composante phonétique
Type I. Graphie sans le complément phonétique b.

a)  ;  mon. I PI **(1)** - TR XVIII dyn **(2)**

Type II. Graphie avec le complément phonétique b.

a)  CT **(3)**

b)  ;  CT **(4)**

Type III. Graphie sans le complément phonétique s.

a)  CT **(5)**

b)  mon. AE **(6)**

c)  mon. AE **(7)**

Étymologie:
Lié à *s3b* « tacheté ».[286]

Sens:
« vache tachetée ».[287]
Il indique précisément une vache tachetée noir et blanc.

Dans les titres:
mnjw s3b.wt « berger de vaches tachetées » **(8)**[288]
sš mr.(w) s3b.(w)t « scribe des pâturages des vaches tachetées » **(9)**
ẖrp mnjw.w s3b.wt bjtj « directeur des bergers des vaches tachetées du roi de Basse Égypte » **(10)**

Dans l'expression:
mḥ.n(=j) mẖr.w (?) *ẖr s3b.wt s* [...] *ẖr jwn ꜥš3 jḥ.w ḥr ms.t m sn.wj s3s-pr mḥ(.w) ẖr* [...] *ms bḥs.w*
« j'ai rempli les pâturages de vaches tachetées et l'homme [..] avec plusieurs couleurs (=types de bétail ?) les vaches mettaient au monde par paires tandis que les pâturages étaient pleins de [vaches] enfantant des veaux ». **(11)**

Textes:
(1) Griffith, *Siut*, pl. XV, 11.
(2) *Urk* IV, 239, 4.
(3) *CT* I, 98b [B1P-T1C[a]-T1C[b]]; III, 159b [S1C-S2C-B4B0-B2B0[b]-B2B0[a]]; 282b [B6C-B1C-B3L-B2B0-B3C-B1C[a]-B2L[b]-B2L[c]].
(4) *CT* III, 159b [B1B0[b]]; Ranke, *Personennamen* I, p. 299; *Urk* I, 158
(5) *CT* III, 159b [B2L-B1B0[a]]; 282b [B1C-B1C[b]].
(6) Mastaba du scribe *K3.i-ꜥpr*: Fischer, *JNES* 18, 1959, p. 257-258.
(7) Kahl-Kloth-Zimmermann, *Inschriften der 3. Dynastie*, pp. 204-205; Moreno Garcia, *RdE* 50, 1999, p. 243, note n° 6.
(8) *Wb* IV, 18, 3; mastaba du scribe *K3.i-ꜥpr*: Fischer, *JNES* 18, 1959, p. 257-258, note 59; *ArchAbous* I, p. 312(e) et note 2; Jones, *Index*, p. 433, n° 1598; Piacentini, *Scribes*, E. As. 3.
(9) *K3-ꜥpr*: PM III[2] 501; Moreno Garcia, *RdE* 50, 1999, p. 243, note n° 6; Fischer, *JNES* 18, 1959, p. 257-258.
(10) Kahl-Kloth-Zimmermann, *Inschriften der 3. Dynastie*, pp. 204-205; Moreno Garcia, *RdE* 50, 1999, p. 243, note n° 6.
(11) Brunner, *Siut*, p. 65-66; Moreno Garcia, *RdE* 50, 1999, p. 244.

---

[284] *ArchAbous*, index, p. 680: « Le mot n'est pas connu, si la lecture est juste. Peut-être à rapprocher des bœufs *ḥr.j-s3*, connus dès Textes des Pyramides, qui représentent des animaux très jeunes. ».
[285] *AnnLex* I, p. 302; Hannig, H*wb*, 2003, p. 1052;
[286] F*CD*, p. 210.
[287] *Wb* IV, 18, 3; F*CD*, p. 210; Hannig, H*wb*, 2003, p. 1065 ; *AnnLex* I, p. 303; Van der Molen, *Coffin Texts*, p. 441.
[288] *ArchAbous* I, p. 312(e) et note 2: Posener propose de lire ici *s3b.wt*, bien que cette graphie avec *s* initial ne soit pas attestée à l'Ancien Empire.
Wb IV, 18, 3 cite *s3b.t* au Moyen Empire.
Le titre *mnjw s3b.wt* a été étudié par Fischer, *JNES* 18, p. 257.

sw.t

A Graphie purement idéographique

a) mon. AE **(1)**

B Graphies à composante phonétique
Type I. Signe bilitère pour la première radicale.

a) ; ; Pyr. **(2)** - mon. AE **(3)**

Type II. Signe unilitère pour la première radicale.

a) ; mon. AE **(4)** - mon. ptolém. **(5)**

Type III. Non graphie du signe t.

a) Pyr **(6)**

b) mon. ptolém. **(7)**

Particularités graphiques:
La lecture des graphies idéographiques et assurée par des parallélismes.

Graphie du signe ou pour la première radicale.

Le signe hiératique fait partie des graphies d'époque ptolémaïque.

Étymologie:
Ce terme pourrait dériver du verbe *sw3* « couper les arts ».[289]

Sens:
Ce mot se réfère à la moitié inférieure de la patte arrière constituée par le tibia et les chairs qui l'entourent. Ce morceau de viande est présente dans les listes d'offrandes à partir de l'Ancien Empire.[290]

Textes:
(1) *Hawawish* V, fig. 8, p. 19.
(2) *Pyr.* §64d [W N]; §1547a [P].
(3) *Giza* III, fig. 17: table d'offrande de *Kˁj*; fig. 22: table d'offrande de *Njswtnfr*; VII, fig. 70, p. 167: mastaba de *K3jsḏw3*; VIII, fig. 56: mastaba de *K3jẖrptḥ*; fig. 72, p. 149: sarcophage de *Mrrj-ib*; Weeks, *Giza Mastabas* 5, fig. 22; *Hawawish* I, fig. 17, p. 31; II, fig. 24, p. 35; IV, fig. 30, p. 41: *CGC* 28008; V, fig. 25, p. 64: *CGC* 28007; *Meir* IV, pl. IX; V, pl. XXXIV; *Sheik Said*, pl. XX.
(4) *Giza* III, fig. 9b: table d'offrande de *Njswtnfr* copiée de celle de *Sš3tḥtp*.
(5) *Edfou* III, 129, 5.
(6) *Pyr.*§1069a [P].
(7) *Edfou* VII, 115, 2.

sbn.t

Graphies à composante phonétique

a) Pyr. **(1)**

b) Pyr. **(2)**

Étymologie:
Lié avec *sbn.t* , indiquant une femme qui allaite.[291]
Il peut être rapproché au verbe *sbn* « s'écouler ».[292]

Sens:
« vache laitière ».[293]

Textes:
(1) *Pyr.* §716c [P]; Faulkner, *AEPT,* p. 134.
(2) *Pyr.* §716c [T]; Faulkner, *AEPT,* p. 134.

spr

Graphies à composante phonétique
Type I. Signes unilitères pour les radicales.

a) ; ; ; Pyr. **(1)** - mon. AE **(2)** - CT **(3)**

b) ; ; ; ; ; Pyr. **(4)** - mon. AE **(5)** - mon. I PI **(6)** - CT **(7)**

Type II. Signe t au lieu de r.

a) mon. AE **(8)**

Type III. Signe trilitère + compléments phonétiques.

a) texte adm. NE **(9)**

---

[289] Reymond, *ZÄS* 98, 1972, p. 137, n° 1.
[290] *Wb* IV, 60, 2-3; *ArchAbous* I, p. 245; Hannig, H*wb*, 2003, pp. 1082-1085; Wilson, *Ptolemaic Lexikon*, p. 817.
[291] *Wb* IV, 90, 2.
[292] F*CD*, p. 220.
[293] *Wb* IV, 90, 1; F*CD*, p. 220; Hannig, H*wb*, 2003, p. 1098.

Copte:
ⲥⲡⲓⲣ (s), ⲥⲫⲓⲣ (b)[294]

Particularités graphiques:
Alternance entre *r/t*.

Sens:
« côte ».[295]

Dans l'expression:
spḥ.t n.t spr « Steak de viande de côte» **(10)**

Textes:
(1) *Pyr.* §81d [N].
(2) Fraser, *ASAE* 3, 1902, p. 122 ff., pl. V; Bourguet, *Mélanges Maspero*, IV, p. III.
(3) *CT* IV, 6e [Sq6C]; 7g [Sq6C]; V, 134b [M3C]; 135a [M46C].
(4) *Pyr.* §81d [W].
(5) *Giza* II, fig. 21, p. 155: mastaba de *K3njnjswt*; III, fig. 9b, pl. 75: mastaba de *Njswtnfr* copie de *Sš3tḥtp*; fig. 17, p. 135: mastaba de *K3j*; fig. 22: mastaba de *K3njnswt*; fig. 33, p. 187: mastaba de *Sš3.t-http*; V, fig. 25, p. 95: mastaba de *šnb*; VII, fig. 70, p. 167: mastaba de *K3jsḏw3*; X, fig. 64: mastaba s 127/129; Hassan, *Giza* IV, fig. 122, p. 176; *Hawawish* VI, fig. 29a; *Sheik Said*, pl. 26; *Ptahhotep* I, pl. 30; Zayed, *ASAE* 55, 1956, p. 131, pl. 2+5.
(6) Firth - Gunn, *Teti Pyr Cem* I, p. 264, n° 51; II, pl. 21B.
(7) *CT* IV, 6e [T1L]; 7g [T1L]; V, 88a [T1C-Sq1Sq]; 94b [Sq1Sq]; 118 (94b) [Sq7Sq]; 134b [G1T-A1C-M2N4-M4C]; 135a [G1T-A1C-M2N4-M4C]; VII 143 (140k) [G1T]; 160h [P. Gard III].
(8) *Giza* VI, fig. 10, p. 47: mastaba de *Nfr*; fig. 72, p. 197: mastaba de *Wrj*; VIII, fig. 56: mastaba de *K3jḫrptḥ*.
(9) *AEO* II, p. 242*, n° 587.
(10) *Giza* VIII, fig. 56; *Meir* V, pl. 34; *Ptahhotep* I, pl. 30; *Hawawish* VI, fig. 29a; *Sheik Said*, pl. 26.

spḥ.t

Graphies à composante phonétique
Type I. Signes unilitères pour les radicales.

a) 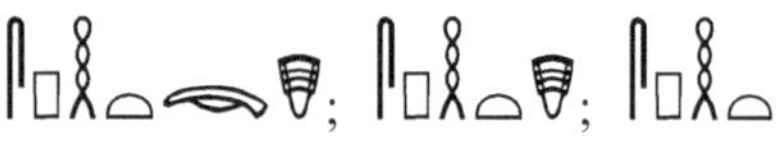 mon. AE **(1)** - mon. I PI **(2)** - CT **(3)**

Particularités graphiques:

Emploi de deux déterminatifs différents: ou .

Sens:
« côtes d'un animal ou d'un mort ou d'un dieu ».

Possible pièce de boucherie dans les listes d'offrandes à partir de la Vème dynastie.[296]

Dans l'expression:
spḥ.t n.t spr « Steak de viande de côte» **(4)**

Textes:
(1) *Giza* VIII, fig. 56; fig. 72, p. 149; X, fig. 53; *Hagarsa* I, pl. 28; *Hawawish* IV, fig. 30, p. 41; V, fig. 8; fig. 25; VI, fig. 29a; Firth - Gunn, *Teti Pyr. Cem.* I, p. 124; II, pl. 21B; pl. 62; pl. 80; *Sheik Said,* pl. 20 et pl. 26; *Meir* V, pl. 34; *Ptahhotep* I, pl. 30; Montet, *Kêmi* 6, 1936, p. 98.
(2) *Hawawish* III, fig. 17; VII, fig. 41b; fig. 30; fig. 35.
(3) *CT* V, 203d [M1C] « côtes d'Isis »; 208a [M1C] « côtes d'Isis »; VI, 38e [P. Gard. II] « côtes de mon père Osiris »; 356k [B3B0]; VII, 3t [L1Li]; 143 (140k) [G1T].
(4) *Giza* VIII, fig. 56; *Meir* V, pl. 34; *Ptahhotep* I, pl. 30; *Hawawish* VI, fig. 29a; *Sheik Said,* pl. 26.

sm3

Graphies à composante phonétique
Type I. Signe bilitère pour la deuxième radicale et complément phonétique 3.

a)  BD **(1)**

b)  Pyr **(2)** - CT **(3)** - TR ME **(4)**

c)  pap. hiér. mag. ram. **(5)**

d)  mon. ptolém. **(6)**

Type II. Signe bilitère pour la deuxième radicale et complément phonétique m.

a)  CT **(7)** - BD **(8)**

b) 
Pyr. **(9)** - mon. AE **(10)** - CT **(11)**

c)  Pyr. **(12)**

Type III. Signe unilitère pour la première radicale et bilitère pour la deuxième.

a)  CT **(13)** - biogr. ME **(14)** - biogr. XVIII dyn **(15)**

[294] Westendorf, *Kopt Hwb*, p. 193.
[295] *Wb* IV, 101, 10 ff.; Hannig, H*wb*, 2003, pp. 1107-1108; F*CD*, p. 223; Van der Molen, *Coffin Texts*, p. 482; *AEO* II, p. 242*, n° 587.
[296] *Wb* IV, 105, 12-14; Hannig, H*wb*, 2003, 1109-1110; Van der Molen, *Coffin Texts,* p. 483; *ArchAbous* I, p. 246.

b)  stèle poet. XVIII dyn **(16)**

c)  mon. ptolém. **(17)**

d) 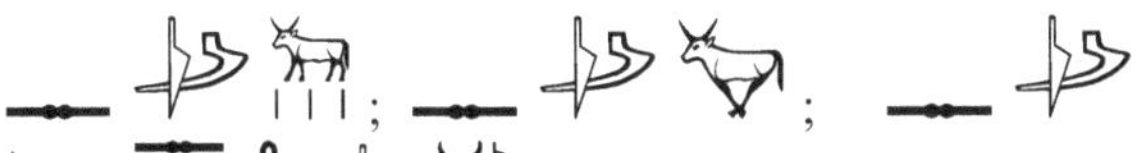
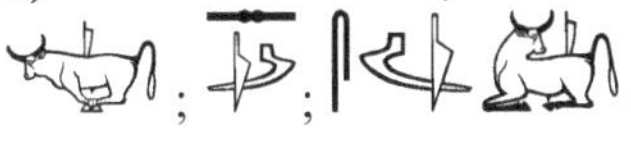 mon. ptolém. **(18)**[297]

e)  mon. ptolém. **(19)**

Type IV. Signes unilitères pour les deux premières radicales.

a)  Pyr **(20)**

Type V. Signe trilitère pour les radicales.

a)  mon. ptolém. **(21)**

b) 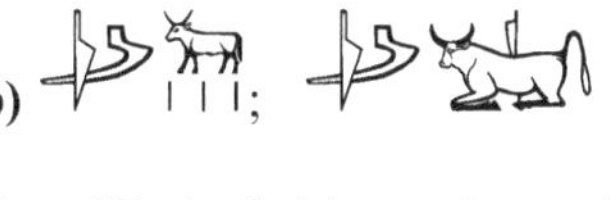 mon. ptolém. **(22)**

Type VI. Antécédence signes déterminatifs.

a)  mon. ptolém. **(23)**

Particularités graphiques:
Dans les graphies, est souvent présent un couteau, probablement pour souligner que, dans les sacrifices, le taureau est tué au moyen de cet objet.

Étymologie:
Probable dérivation du verbe *sm3* « tuer ».[298]
Le *Wb* propose deux mots différents,[299] mais à mon avis il s'agit d'un seul mot. En effet, il peut avoir la fonction du participe actif « le tueur» et du participe passif « le tué ». Dans le premier cas, le mot *sm3* est souvent lié au roi et indique un « taureau sauvage ». Dans le deuxième cas, il se réfère à un « taureau du sacrifice » et est employé surtout dans les textes religieux d'époque ptolémaïque.

Sens:
Comme participe actif, ce mot indique le *Bos primigenius*, le premier taureau sauvage présent dans les scènes du désert. Il s'agit d'un animal qui n'était pas domestiqué.
Littéralement: « celui qui se maintient sur le lieu de combat des taureaux ».

[297] Kurth, *Edfou VII*, p. 266, note 4.
[298] *Wb* IV, 122, 7-123, 11.
[299] *Wb* IV, 123, 14-17-124, 1-7.

Il y a un fréquent jeu des mots sur *jmn* et *sm3,* deux animaux pour le sacrifice.
Il est très souvent utilisé comme épithète du roi dans les Textes des Pyramides et des dieux dans les textes du temple d'Edfou.[300]
Comme participe perfectif, le mot *sm3* désigne un taureau destiné aux sacrifices et est employé surtout dans les textes d'époque ptolémaïque. Cet animal est associé au dieu Seth et son sacrifice est le symbole de la destruction de Seth.[301]

Dans l'expression:
jmn.w n sm3 « le taureau de bataille victorieux » **(24)**

Dans l'épithète:
sm3 wr « le Grand Taureau » **(25)**

Textes:
(1) *Totb* 170, 582.
(2) *CT* VI, 226a [B1C].
(3) *pap. Nu*, pl. 30.
(4) *Urk* V, 77,8.
(5) *pap. Leiden I 343+I 345,* RO IX 1.
(6) *Edfou* I, 555, 6; Gutbub, *Kôm Ombo*, 92, 5.
(7) *CT* VI, 226a [B2L].
(8) *pap. Nebseni*, pl. 54.
(9) *Pyr.* §201a [W]; §481b [W M N]; §486b-c [W P]; §625b [P N]; §809c [P N]; §913d [P M N]; §944c [P M N]; §998b [N]; §1145c [M]; §1308c [P]; §1477a-c [P M]; §1544b [P]; §1977b [N]; *Unas*, pl. V; pl. VII; pl. VIII; Berger-el Naggar – Leclant - Mathieu - Pierre - Croisiau, *Pyramide Pépy Ier*, fig. 16, pl. VII, 14.
(10) *Deir Gebr* I, pl. XI: tomb de *Aba.*
(11) *CT* II, 50f [S1C]; 237c; V, 148a [M21C-M2N4]; 149a [A1C]; VI, 217k [S1C]; 357d [B3B0]; VII, 34e [T1C-T9C-B10C]; 152j [P. Gard. III]; 188m-n [P. Gard. III].
(12) *Pyr.* § 1145c [P].
(13) *CT* VI, 105e.
(14) *Urk* VII, 36, 10.
(15) *Urk* IV, 2, 13.
(16) *Urk* IV, 616; *CGC* 34010, 18.
(17) *Dend* VIII, 93, 14.
(18) *Edfou* V, 165, 4; 165, 8; VI 28, 9; VII, 148, 4; 309, 16.
(19) *Edfou* VII, 261, 11- 12.
(20) *Pyr.* §252a [W].
(21) *Edfou* VII, 309, 16.
(22) *Edfou* IV, 129, 7; VII, 310, 1; 316, 4.
(23) *Kom Ombos*, I, pl. 62, 66; *Edfou*, VI, 141, 8; 141, 13; 142, 1; VII, 73, 5; 107, 10-11.
(24) *Pyr.* §481b [W M N]; §998b [N]; §1477c [M]; *Edfou* VII, 73, 5.

[300] *Wb* IV, 124, 1-7; F*CD*, p. 226; Hannig, H*wb*, 1995, p. 70; H*wb*, 2003, p. 1123; Van der Molen, *Coffin Texts*, p. 492; Wilson, *Ptolemaic Lexicon*, p. 839; Spiegel, *Auferstehungsritual*, p. 223, p. 307 et p. 312; Borchardt, *Sahure* I, p. 173-174.
[301] *Wb* IV, 123, 14-17; Hannig, H*wb*, 1995, p. 703; *AnnLex* II, p. 324; Wilson, *Ptolemaic Lexicon*, p. 839.

(25) *Edfou* I, 197, 8; 519, 13; 555, 6; *Dend Mar*, III, pl. 57i; Gutbub, *Kôm Ombo* 195, 5; *Tôd*, 173, 5: *sm3 wr* « le Taureau vénérable ».

sm3.t

Graphies à composante phonétique
Type I. Signe bilitère pour la deuxième radicale.

a) 
 Pyr. **(1)**

b)  BD **(2)**

c)  Pyr. **(3)**

Type II. Signes unilitères pour les radicales.

a)  Pyr. **(4)**

Particularités graphiques:
Il s'agit du féminin du nom *sm3* « taureau sauvage ».
Dans les graphies, il y a souvent une hache, probablement pour souligner le fait que dans les sacrifices il est tué avec cet objet.

Étymologie:
Probable dérivation du verbe *sm3* « tuer ».[302]

Sens:
« vache sauvage ».[303]
Utilisé dans les Textes des Pyramides.
Le roi est souvent appelé « fils de la Grande Vache ».
Il s'agit d'un épithète donné à la déesse Nechbet à El-Kab.

Textes:
(1) *Pyr.* §388c [W N]; 389a [W N]; 1370a [P]; 1566a [N]; 2003a [N]; *Unas*, pl. XXVI.
(2) *BD* 462, 3.
(3) *Pyr.* §729a [N].
(4) *Pyr.* §729a [T].

sr

A Graphies purement idéographiques

a)  TR NE **(1)** - mon. ptolém. **(2)** - mon. gr-rom. **(3)**

b)  stèle royale **(4)**

B Graphies à composante phonétique
Type I. Graphie r pour la deuxième radicale.

a)  CT **(5)** - litt. ME **(6)** - BD **(7)** - text adm. XVIII dyn **(8)** -TR NE **(9)** - mon. NE **(10)** - mon. ptolém. **(11)** - mon. ép. rom. **(12)**

b)  pap. méd. XVIII dyn **(13)**

c) 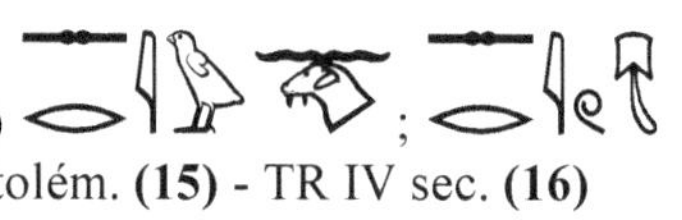 pap. ME **(14)** - mon. ptolém. **(15)** - TR IV sec. **(16)**

d)  pap. méd. XVIII dyn **(17)**

Type II. Graphie j pour la deuxième radicale.

a)  Pyr. **(18)**

b)  pap. adm. XX dyn **(19)** - pap. mag. XX dyn **(20)**

c)  idéo. roy. ram. **(21)**

Type III. Graphie jsw.

a)  mon. ptolém. **(22)**

Copte:
ⲉⲥⲟⲟⲩ , ⲉⲥⲱⲟⲩ , ⲉⲥⲁⲩ[304]

Particularités phonétiques:

Deux signes indiquent le bélier:  et . Employés comme idéogramme dans les graphies purement idéographiques et comme déterminatif dans les graphies à composante phonétique, ils indiquent deux espèces différentes: le bélier aux cornes torsadées et celui aux cornes enroulées.
La graphie *r* pour la deuxième radicale recouvre soit un fait de phonétique, soit un fait d'hypercorrection.
Dans les graphies de l'Ancien Empire, nous avons *r* comme deuxième radicale. En égyptien la radicale *r* devient *j*, comme on voit dans les graphies du type II. Il y a des cas où l'ancien *r* reste avec la nouvelle désinence *j*, visible dans les graphie du type Ib, Ic, Id.
À l'époque ptolémaïque le terme *sr/sj* est souvent écrit *jsw*. Ce mot écrit en toutes lettres est connu dans l'onomastique de la même période. Les noms de la Basse

[302] *Wb* IV, 122, 7-123, 11.
[303] *Wb* IV, 124, 8-10; Hannig, H*wb*, 1995, p. 703; H*wb*, 2003, pp. 1123-1124; Faulkner, *AEPT*, p. 135; p. 214; p. 236; p. 289; Spiegel, *Auferstehungsritual*, p. 271, note n° 6.
[304] Vycichl, *Dictionnaire étymologique*, p. 47.

Époque composés avec *jsw, jsw.t* sont limités au Delta, à Memphis et au Fayoum et ils montrent la popularité des cultes rendus à des béliers sacrés et à leur mère.[305]
En copte il y a un passage de *r* à *ꜣ* ou *j* et le développement d'un *e* prothétique devant un groupe de deux consonnes.[306]

Sens:
« mouton ».
Indique:
a) un animal domestique duquel on s'utilise le manteau ainsi que la graisse et la laine dans les cérémonies.
b) un animal sacré dans le district de Cusae dans l'époque gréco-romaine.
c) la nature divine des dieux dans l'art (le Mouton noir; les dieux solaires; Osiris)[307]
d) la divinité du *nomos* de Mendès [308]
Le mouton était considéré à Eléphantine et Esna l'animal sacré au dieu Khnoum. Il était aussi une manifestation de Herishef à Herakleopolis et un animal sacré à Mendès. Il avait des liaisons avec Rê et parfois aussi le dieu de Thèbes Amon était représenté comme un mouton. Les cornes étaient le symbole de la nature divine et étaient portées par Alexandre le Grand.[309]
Dans *De Iside et Osiride*, Plutarque note que les Licopolitains étaient les seuls à manger les brebis à imitation du loup qui était adoré comme un dieu.[310]

Dans les expressions:
ṯ n ṯwt js sj km sꜣ sj.t km.t ṯ msi.w sj.t bꜣḳ.t snḳ.w fd.t wꜣp.t
« Tu es donc le Mouton noir, fils des brebis noires, qui la claire brebis a généré, que les quatre *Wꜣp.t*-brebis ont allaité » **(23)**

ṯwt sr km msi.w sr.t b(ꜣ)ḳ.t snḳ{.t} m sr.t 4 wꜣyp.w
« Tu es le Mouton noir, né des claires brebis, allaité par quatre *Wꜣp.t*-brebis » **(24)**

nn di.t[w] =k m šn n srj « Ne te pose pas sur un manteau du mouton ! » **(25)**

Parmi les remèdes pour les muscles:
kꜣ ꜥḏ ꜥr ꜥḏ sr ꜥḏ « graisse de taureau, graisse de bouc, graisse de mouton » **(26)**

Dans les noms:[311]
srꜣḥ(j.) **(27)**
s(r)bš **(28)**

Dans les titres administratifs:
jmj-rꜣ sr.w « responsable de chèvres » **(29)**
mnjw srj.w « berger de chèvres » **(30)** [312]

Dans les épithètes de Rê:[313]
sr ꜥꜣ « Grand Bélier » **(31)**

Textes:
(1) Hornung, *Anbetung an Re*, p. 31 [R IV].
(2) *Edfou* I, 164, 6-8.
(3) stèle de Mendes: Kamel, *ASAE* 49, 1966, pp. 27-31, pl. I-II.
(4) *Urk* III, 128, 2.
(5) *CT* IV, 66f [T1C].
(6) *Sin* B198.
(7) *pap. Nebseni*, pl. 54-55; *BD* 462,4.
(8) *Urk* IV, 75, 15.
(9) Hornung, *Anbetung an Re*, p. 31 [U-Th III-SI-R II-Mer-S II-Si].
(10) Lefebvre, *Tombeau de Seti I*, partie I, pl. V, col. 26.
(11) *Edfou* I, p. 341, 8.
(12) *LD* IV, pl. 88°; *Esna* II, 183, 5: *sr wr*.
(13) *Eb* 69, 5.
(14) *pap. Gurob* B 1.2.3-4.
(15) *Dend* IV, pl. 35, 46; Chassinat, *Le mistère d'Osiris*, I, 115, 5.
(16) *pap. Imouthes*, col. 30, 1 p. 220, 4
(17) *Eb* 85, 11.
(18) *Pyr.* §252b [W]; *Unas*, pl. 37.
(19) *pap. Wilbour* B 15,13; 22, 29; A 18, 21.
(20) *pap. Tur 1993*, vs. 4, 10.
(21) K*RI* II, 247, 7; 257, 11.
(22) *Wb* III, 462, 7-14; stèle *Vatikan 209*.
(23) *Pyr.* §252b.
(24) *pap. Nebseni*, pl. 54-55.
(25) *Sin* B198.
(26) *pap. Ram* V, XV .
(27) Osing, *MDAIK* 32, 1976, p. 144, n°43.
(28) Osing, *MDAIK* 32, 1976, p. 145, n°61-63.
(29) Ward, *Index*, p. 44, n° 345.
(30) *pap. Gurob* B 1.2.3-4; *pap. Wilbour* B 15,13; 22, 29; A 18, 21.
(31) Hornung, *Anbetung an Re*, p. 31 [U-Th III-SI-R II-Mer-S II-Si-R IV].

sr.t

Graphies à composante phonétique
Type I. Graphie r pour la deuxième radicale.

a)  BD **(1)**

[305] Thirion, *RdE* 34, 1982-1983, pp. 103-104; Wreszinski, *ZÄS* 45, 1908, p. 111, pl. 5.
[306] Vycichl, *Dictionnaire étymologique*, p. 47; voir **(23)** et **(24).**
[307] *Wb* III, 462, 7-13; F*CD*, p. 235; Van der Molen, *Coffin Texts*, p. 518; *AnnLex* III, p. 261; Hannig, H*wb*, 2003, p. 1168.
[308] Kamel, *ASAE* 49, 1966, pp. 27-31, pl. I-II.
[309] Houlihan, *Animal Word*, pp. 23- 24.
[310] Montet, *Kêmi* 11, 1950, p. 89.
[311] Dans ces cas le mot *sr* est employé comme phonogramme.
[312] Černý, *Misc. Gregor.*, p. 60: en regardant les noms qui suivent le terme *mnjw* en moyen et néo-égyptien, ils devaient être singulier, mais souvent ils sont suivis par le signe du pluriel. Il s'agit, en effet, d'un nom collectif.
[313] Pour les épithètes des dieux on renvoie au *LGG* VI, p. 411-412.

b)

c) ;

Type II. Graphie j pour la deuxième radicale.

a)

b) Pyr. **(2)**

Type III. Graphie jsw.t.

a) mon. ptolém. **(3)**

Particularités phonétique:
La graphie *r* pour la deuxième radicale recouvre soit un fait de phonétique, soit un fait d'hypercorrection.
À l'époque ptolémaïque le terme *sr.t/sj.t* est souvent écrit *jsw.t*. Ce mot écrit en toutes lettres est connu dans l'onomastique de la même période. Les noms de la Basse Époque composés avec *jsw, jsw.t* sont limités au Delta, à Memphis et au Fayoum et montrent la popularité des cultes rendus à des béliers sacrés et à leur mère.[314]

Sens:
« brebis ».[315]
Il s'agit du féminin de *sr* « mouton ».

Dans les expressions:
n ṯwt js sj km s3 sj.t km.t msi.w sj.t b3ḳ.t snḳ.w fd.t w3p.t
« Tu es donc le Mouton noir, fils des brebis noires, qui la claire brebis a généré, que les quatre *W3p.t*-brebis ont allaité » **(4)**

ṯwt sr km msi.w sr.t b(3)ḳ.t snḳ{.t} m sr.t 4 w3yp.w
« Tu es le Mouton noir, né des claires brebis, allaité par quatre *W3p.t*-brebis » **(5)**

Dans le nom:

p3-šrj-(n)t3-jsw.t « l'enfant de la brebis » **(6)**

Textes:
(1) *pap. Nebseni*, pl. 54-55; *BD* 462, 4.
(2) *Pyr.* §252b [W]; *Unas*, pl. 37.
(3) *Wb* III, 462, 7-14; stèle *Vatikan 209*.
(4) *Pyr.* §252b.
(5) *pap. Nebseni,* pl. 54-55.
(6) stèle *Vatikan 209*; Wreszinski, *ZÄS* 45, 1908, p. 111, pl. 5.

[314] Thirion, *RdE* 34, 1982-1983, pp. 103-104; Wreszinski, *ZÄS* 45, 1908, p. 111, pl. 5.
[315] *Wb* III, 462, 14; F*CD*, p. 235; Hannig, H*wb*, 2003, p. 1168.

sḫ.tjw

Graphie à composante phonétique

a) biogr. XVIII dyn **(1)**

Étymologie:
Probable dérivation du terme *sḫ.t* « campagne » [316] indiquant donc « ceux de la campagne ».

Sens:
« une espèce de bœuf ».[317]

Textes:
(1) *Urk* IV, 953, 17.

sḫn

Graphies à composante phonétique
Type I. Signes unilitères pour les radicales.

a) ; ; ; ; ; ; Pyr. **(1)** - mon. AE **(2)** - mon. I PI **(3)**

Type II. Non graphie du n.

a) ; ; ; mon. AE **(4)**

Type III. Signe unilitère pour la première radicale.

a) mon. AE **(5)**

Particularités graphique:

Comme déterminatifs le signe de la viande, de l'excrément, des bras et du vase.

Étymologie:
Probable lien avec le verbe *sḫn* « embrasser ».[318]

Sens:
Partie d'animal identifiée par Dawson, Ebbel et Gardiner au pancréas.
Dawson l'a aussi associé à l'enveloppe graisseuse des rognons.
Cette considération est due au fait que dans les pancartes d'offrandes *sḫn* apparaît derrière *ḫpš* et *jwꜤ* et l'enveloppe

[316] *Wb* IV, 229, 8-14.
[317] *Wb* IV, 232, 11.
[318] F*CD*, p. 241.

graisseuse des rognons était considérée un morceau de première qualité.[319]
Terme utilisé dans l'Ancien Empire à partir de la Vème dynastie dans les listes d'offrandes.

Textes:
(1) *Pyr.* §38c [W N].
(2) *Giza* III, fig. 22: mastaba de *K3njnjswt*; VI, fig. 72, p. 197: mastaba *Wrj*; fig. 98, p. 236: mastaba de *Minw*; *Beni Hasan* I, pl. XVIII; *Meir* IV, pl. 9; V, pl. 34; *Sheik Said*, pl. 20 et pl. 26; *Hawawish* I, fig. 17, p. 31; II, fig. 24, p. 35; V, fig. 25, p. 64: *CGC* 28007.
(3) *Hawawish* VII, fig. 41b; IX, fig. 30; *Hagarsa* III, p. 34, pl. 36.
(4) *Giza* III, fig. 17, p. 135: mastaba de *Kˁj*; IV, p. 25; VIII, fig. 56: mastaba de *K3jḫrptḥ*; fig. 72, p. 149: liste d'offrande sur le sarcophage de *Mrrj-jb*; Weeks, *Giza Mastabas* 5, fig. 22.
(5) *Giza* V, fig. 25, p. 95: mastaba de *Snb*; X, fig. 64.

sk3

Graphie à composante phonétique

a)  litt. ME **(1)** - idéo. roy. NE **(2)**

Particularités graphiques:
Le signe de la charrue est présent dans la graphie pour indiquer le travail effectué par cette espèce de vache.

Étymologie:
Ce mot est formé sur le verbe *sk3* « labourer».[320]

Sens:
Employé à partir du Moyen Empire pour désigner les vaches de labour.
Dans des textes démotiques à propos des contrats de transactions ayant pour objet du bétail, sont mentionées des vaches de labour *sk3*. Cette mention était exclusivité des vaches rouges et semble désigner une espèce de vaches affectées au travail, à la réproduction des bœufs d'attelage et au sacrifice rituel. La couleur rouge était en effet considérée malefique. Il paraît que les contrats de vente ou de societé de ce type de vaches étaient très courantes dans la Troisième Période Intermédiaire et l'époque ptolémaïque.[321]
Les vaches noires ne sont jamais dites de labour.[322]

[319] *Wb* III, 470, 14; Hannig, H*wb*, 2003, pp. 1206-1208; *ArchAbous* II, p. 245; *AEO* II, pp. 253-254.
[320] *Wb* IV, 316, 11; Hannig, H*wb*, 1995, p. 774; 2003, p. 1251; *Adm* 9, 4.
[321] Menu, *Congresso egittologia*, vol. 1, pp. 459-463; *pap. Turin* 2124 et *pap. Louvre* E 7833A: on trouve dans ces textes un contrat de location d'une vache de labour rousse appelée Tachert.
[322] Sauf dans le *pap. Berlin* 3110 où une vache noire tachetée de blanc est qualifiée de ce terme.

Dans les expressions:
tm gm.n=f sk3 m nb mnmn.t
« Lui qui pourrait constater pour lui qu'aucune vache n'ont labouré avec est le propriétaire de bétail » **(3)**

jmj-r(3) 3ḥ.wt nb n pr pn ˁ3my (?) sk3 nb
« N'importe quel surveillant de terre appartenant à cet état, n'importe quel gardien de vaches de labour » **(4)**

Textes:
(1) *Adm*, 9, 4.
(2) K*RI* I, 54, 1.
(3) *Adm*, 9, 4.
(4) K*RI* I, 54, 1.

sd.t

Graphies à composante phonétique
Type I. Graphie du signe d.

a)  arch. AE **(1)** - ostr. NE **(2)**

b) 
 CT **(3)** - mon. ptolém. **(4)**

Type II. Graphie du signe ḏ.

a)  CT **(5)**

b)  CT **(6)**

Copte:
ⲥⲁ[323]

Particularités graphiques:
Possible le suffixe *-t* du féminin. Il y a l'alternance entre *d/ḏ*.

Étymologie:
Rapprochement au verbe *sd3* « trembler »[324] avec allusion au frétiller de la queue.

Sens:
« queue ».
Il y a une seule attestation de ce terme dans l'Ancien Empire, dans les archives d'Abousir. Il n'est pas utilisé dans les listes d'offrandes.[325]

Textes:
(1) *ArchAbous* I, p. 246.
(2) *Ostr. Gardiner* 155, v° n° 3.

[323] Westendorf, *Kopt Hwb*, p. 173.
[324] *FCD*, p. 256.
[325] Hannig, H*wb*, 2003, p. 1270; *AEO* II, p. 244*, n° 594; *ArchAbous* I, p. 246; Wilson, *Ptolemaic Lexikon*, p. 973.

(3) *CT* II, 239c [S1P-S1Chass-B2B0-S2C[c]]; III, 93h [B9C-B3B0-B15C]; V, 86c [T1C-Sq1Sq]; 148a [M2N4-M5C]; 149a [A1C]; VII, 188p [P. Gard. III].
(4) *Edfou* I, 374, 1; 381, 11; III, 168, 14; IV, 13, 4.
(5) *CT* II, 149c [S2P-S2C[d]-Pap. Berl.]; III, 93h [B1L]; V, 396h [S2C]; 148a [M3C].
(6) *CT* IV, 366e [B9C].

š

šbn.t

Graphies à composante phonétique

a)  pap. adm. NE **(1)**

Étymologie:
Lien avec le verbe *šbn* « mélanger »,[326] indiquant des bœufs de différentes espèces.

Sens:
« vache ». [327]
Employé aussi comme collectif pour indiquer « bétail divers ». [328]

Textes:
(1) *Harr* 12b, 8; 35b, 11; 20a, 6; 69, 10.

šf.t/šfy

Graphie purement idéographique

a)  mon. XVIII dyn **(1)** - mon. ptolém. **(2)**

Graphies à composante phonétique
Type I. Signes unilitères pour les radicales.

a)  BD **(3)** - mon. XVIII dyn **(4)**

b) 
ostr. litt. NE **(5)**

Type II. Signe bilitère pour les premières radicales.

a)  mon. ptolém. **(6)**

Type III. Idéogramme pour la première radicale.

a)  mon. ptolém. **(7)**

b)  mon. ptolém. **(8)**

c) 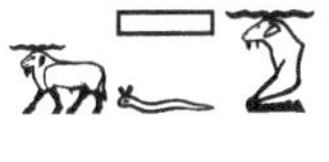 mon. ptolém. **(9)**

d) 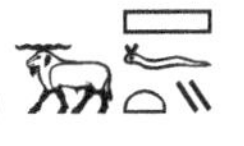 mon. ptolém. **(10)**

---

[326] *Wb* IV, 440, 5 - 441, 3.
[327] *Wb* IV, 442, 2; Hannig, H*wb*, 1995, p. 813.
[328] Grandet, *Papyrus Harris* II, p. 69, note 250.

Particularités graphiques:
La graphie purement idéographique est assurée par des parallélismes.
Dans les graphies il y a soit la tête du bélier, soit la partie antérieure entière.
En plus, les deux mots *šf.t* et *šfy* semblent être des graphies différentes du même terme.

Étymologie:
Ce mot présente la racine du verbe *šfj* « respecter » et du mot *šf.yt* « majesté, pouvoir ».[329]
Dans les Textes des Sarcophages, apparaissent les mots *šf.t* et *šfšf.t* signifiant « respect ».[330]
Possible lien aussi avec le verbe *šfj* « se gonfler ».[331]
À Edfou il s'agit du pouvoir donné au roi par les dieux.
Le bélier montre force et pouvoir physique et sexuel. [332]
Selon Yoyotte, on peut le rapprocher aussi à une racine chamito-sémitique signifiant « les cheveux ». Dans ce cas, il désignerait la crinière entourant majestueusement la tête de l'animal.[333]

Sens:
« bélier ».
Il désigne, en particulier, l'*Ovis longipes aegyptiaca* et est employé à partir de la XVIIIème dynastie.
Présent aussi comme épithète du dieu Amon.[334]
Dans le *Wb* nous trouvons deux termes *šf.t* [335] et *šfy,*[336] mais il s'agit, à mon avis, du même mot qui présente des graphies différentes dans l'époque ptolémaïque.[337] Dans cette période il est employé avec la valeur de « tête de bélier », comme épithète des dieux Ptah et Amon.

Dans l'épithète:
šfy-ḥ3ty « d'aspect considérable » **(11)**[338]

Textes:
(1) *Urk* IV, 848, 8.
(2) *Edfou* VI, 58, 1.
(3) *Totb* 165, 13.
(4) *Urk* IV, 183, 10; 623, 1.
(5) Gasse, *Catalogue ostraka*, n° 1702, x+3.
(6) *Edfou* V, 190, 7; VIII 15, 10.
(7) *Edfou* VII, 91, 17; *Esna* II, 21, 1.
(8) *Edfou* VIII, 3, 13.
(9) *Edfou* VI, 276, 5; *Esna* II, 88, 12.
(10) *Esna* II, 3.

---

[329] Hannig, H*wb*, 1995, p. 817; F*CD*, p. 265.
[330] Van der Molen, *Coffin Texts*, p. 615-616.
[331] *Wb* IV, 455, 8-10.
[332] Wilson, *Ptolemaic Lexikon*, p. 1004.
[333] Yoyotte, in *Bestiaire*, p. 555.
[334] *Wb* IV, 456, 4-8; F*CD*, p. 265; Hannig, H*wb*, 1995, p. 817.
[335] *Wb* IV, 456, 4-8.
[336] *Wb* IV, 457, 1.
[337] Wilson, *Ptolemaic Lexikon*, p. 1005.
[338] *šfy-ḥ3ty* est l'épithète de la barque avec la tête d'un bélier, utilisé aussi pour les dieux.
Wilson, *Ptolemaic Lexikon,* p. 1005; L*GG* VII, p. 69-70.

(11) *Edfou* VI, 58, 1; VIII, 3, 13.

šfšf.t

Graphie à composante phonétique

a) 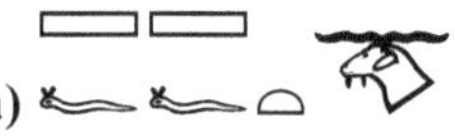 texte hist. XVIII dyn **(1)** - TR NE **(2)**

Particularités graphiques:
Réduplication de la racine *šf.*

Étymologie:
Il montre la même racine dupliquée du mot *šf.t* « bélier ».[339]

Sens:
« tête de bélier ».[340]
Employé à partir de la XVIIIème dynastie.

Textes:
(1) *Urk* IV, 701, 7.
(2) Faulkner, *Book of the Dead*, cap. 91.

šmꜥ

Graphie à composante phonétique

a) 
b) 

Sens:
« espèce de boeuf ». [341]

šsr

Graphies à composante phonétique
Type I. Graphie des trois radicales.

a)  mon. ptolèm. **(1)**

b) 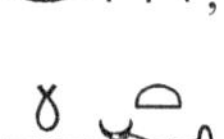 mon. ptolèm. **(2)**

c) 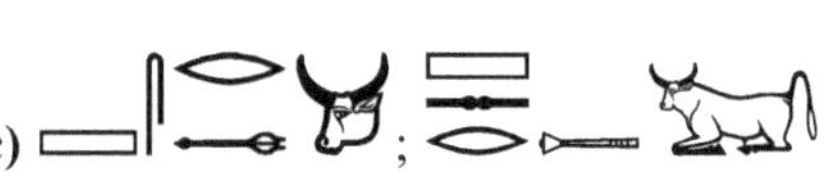 Pyr. **(3)** - CT **(4)** - TR NE **(5)**

Type II. Non graphie de la troisième radicale r.

a)  inscrip. ram. **(6)** - TR NE **(7)**

Type III. Signe trilitère plus déterminatif.

a)  mon. ptolèm. **(8)**

Particularités graphiques:
Ce mot présent trois types de graphies différentes: graphies qui présentent les trois radicales *š –s – r,* graphies sans la troisième radicale *r* et graphies avec un signe trilitère plus le déterminatif. Ce signe représente une flèche et est probablement lié au sens du mot.

Étymologie:
L'origine de ce terme est liée avec le mot *šsr* « flèche ».[342]
Il y a la même racine dans le verbe *šsr* « abattre ».[343] La flèche est présente aussi comme signe trilitère dans un type de graphie de ce mot.

Sens:
« bœuf pour le sacrifice ». [344]
Employé à partir de l'Ancien Empire jusqu'à l'époque ptolémaïque.
Bœuf probablement tué au moyen d'une flèche.
Il n'indique donc pas une espèce spécifique des bovins, mais souligne la façon de laquelle l'animal est tué. En regardant les scènes de sacrifice où le bœuf-*šsr* est souvent représenté, c'était probablement le rituel pour abattre les bovins destinés au sacrifice.
Dans les rituels, le bœuf- *šsr* représente les ennemis du roi et des dieux et pour cette raison il est offert comme sacrifice. Il est aussi présent parmi les différents types de viande pour les offrandes. Ces offrandes sont presque toujours pour Horus Behedety pouvant être dans les holocaustes.[345]
Pour cette raison, il est souvent associé à d'autres espèces de bovins sacrifiés comme le bœufs-*wnḏ.w*, les bœufs-*jwꜣ* et les bœufs-*smꜣ*. [346]

Dans le titre administratif:
jmj-rꜣ šsr.t « intendant du troupeau de lait » **(9)**

Textes:
(1) *Edfou* I, 565, 3; IV, 49, 4; 284, 16; VI, 153, 6; 257, 11; VII, 73, 5; 148, 11; 316, 5; 317, 4.
(2) *Dend* VIII, 111, 9.
(3) *Pyr.* §1545a [P].

[339] voir *šf.t/šfy*.
[340] Hannig, H*wb*, 1995, p. 817; F*CD*, p. 265.
[341] *Wb* IV, 478, 3; Hannig, H*wb*, 1995, p. 821.

[342] *Wb*, IV, 546, 7-17.
[343] *Wb*, IV, 547, 2-7; Wilson, *Ptolemaic Lexikon*, p. 1033.
[344] *Wb*, IV, 547, 8-9; Hannig, H*wb,* 2005, p. 1320; H*wb*, 2006, p. 2489; *AnnLex* I, p. 379; II, p. 382; III, p. 296; Leclant, *MDAIK* 14, 1956, p. 142, note 4; Guillemette - Cauville, *RdE* 29, 1977, p. 12: dans cet article, ils proposent la traduction de ce mot « quadrupède, singe »; Vernus, *BIFAO* 75, 1975, p. 51, note (h).
[345] Wilson, *Ptolemaic Lexikon*, pp. 1032-1033; Blackman, *JEA* 31, 1945, p. 61, note n° 5; Otto, *JNES* 9, 1949, p. 172; Baqué, *SAK* 30, 2002, p. 44, note 7.
[346] *Edfou* I, 565, 3; IV, 284, 16; V, 565, 5; VI, 257, 11; VII, 73, 5.

(4) *CT* VII, 43c [T9C-B10C]; 44j [T9C].
(5) Otto, *JNES* 9, p. 167, fig. 1 D.
(6) K*RI* II, 510, 5.
(7) Otto, *Mundöffnungsritual*, scène 43a.
(8) *Edfou* V, 165, 5.
(9) *šd-3bd:* PM III^2 566; Moreno Garcia, *RdE* 50, 1999, p. 243, note n° 6.

k

k3

Graphies purement idéographiques

a)  Pyr. **(1)** - mon. AE **(2)** - CT **(3)** - mon. ME **(4)** - inscrip. XVIII dyn **(5)** - idéo. roy. XIX dyn **(6)** - inscrip. Ram II **(7)** - inscrip. Ram III **(8)** - TR NR **(9)** - litt. NE **(10)** - mon. ptolém. **(11)**

Graphies à composante phonétique
Type I. Graphie du complément phonétique 3.

a) 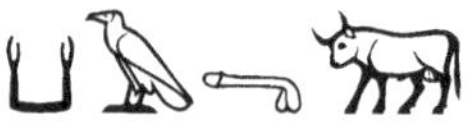 CT **(12)**

Type II. Graphie des signes  *et* .

a)  Pyr. **(13)** - mon. AE **(14)** - mon. I PI **(15)** - CT **(16)** - litt. ME **(17)** - litt. NE **(18)** - inscrip. Ram II **(19)** - pap. méd. NE **(20)** - TR NE **(21)** - TR IV a.C. **(22)**

b)  pap. méd. NE **(23)**

c)  mon. AE **(24)**

Type III. Métathèse des signes  *et* .

a)  ostr. litt. NE **(25)** - TR NE **(26)**

b)  ostr. litt. NE **(27)**

Type IV. Graphie du bilitère .

a)  mon. AE **(28)** - CT **(29)** - litt. ME **(30)** - tasse ME **(31)** - inscrip. Ram II **(32)** - stèle XXV dyn **(33)**

Type V. Graphie du bilitère *plus déterminatif.*

a)  Pyr. **(34)** - mon. AE **(35)** - décret royal AE **(36)** - mon. AE **(37)** - inscrip. AE **(38)** - CT **(39)** - mon. ME **(40)** - graffiti ME **(41)** - inscrip. ME **(42)** - texte adm. ME **(43)** - stèle ME **(44)** - pap. adm. ME **(45)** - inscrip. hist. XVIII dyn **(46)** - pap. litt. NE **(47)** - pap. méd. NE **(48)** - TR NE **(49)** - mon. Ram II **(50)** - mon. ptolem. **(51)**

b)  inscrip. hist. XVIII dyn **(52)**

Démotique:

 [347]

Particularités graphiques:
Dans le cas des graphies purement idéographiques, la lecture est assurée par des parallélismes.[348]
Il y a cinq types de graphies à composante phonétique.
Le type IV souligne la force procréatrice du taureau.

Étymologie:
Il est intéressant de noter que *k3* « taureau » est pratiquement homophone de *k3* « la force vitale » de tout être vivant.[349]

Sens:
« taureau ». [350]
Employé de l'Ancien Empire jusqu'à l'époque romaine.
Les graphies du type IV sont souvent présentes dans les textes où sont énumérées les offrandes. Dans ce cas-là, le mot *k3* indique les bovins en général.[351]
Le taureau est un animal souvent présent dans les inscriptions, les textes et les représentations de l'Ancien Empire. On le trouve soit dans les textes religieux, soit dans les textes de la pratique, soit dans les inscriptions royales. Les dessinateurs égyptiens de l'Ancien Empire différencient les vaches aux longues cornes lyriformes et les taureaux aux cornes plus courtes recourbées en croissant. Pendant le Nouvel Empire, les scribes utilisent en hiératique une graphie cursive quand il s'agisse d'un bovin, tandis qu'ils dessinent dans les détails le taureau qui a des caractères royaux ou divins. Surtout le taureau avait une fonction reproductrice. C'est probablement pour cet aspect de l'animal, qu'on trouve le mot *k3* employé dans des périphrases pour indiquer le mâle d'un animal.[352]
Les Égyptiens connaissent deux races de taureaux: l'une sauvage et l'autre domestique. Dans le premier cas, il s'agissait d'un gibier prestigieux pour les pharaons. Il était un exemple de rapidité et de force musclée. À partir

[347] Erichsen, *DemGloss*, p. 555.
[348] voir *Pyr.* §547a où on voit les graphies **(1)** et **(32).**
[349] Yoyotte, in *Bestiaire*, pp. 560-601.
[350] *Wb,* V, 94, 7-98; Westendorf, *KoptHwb*, p. 55; Crum, *CoptDict* , p. 92a; Yoyotte, in *Bestiaire,* pp. 560-601.
[351] voir Habachi, *Heqaib*, pl. 9b, fig.1f et *CT.*
[352] Vernus, *RdE* 37, 1986, p. 143; Vernus, in *Bestiaire*, p. 82; *pap. Ram.* V, XV; cf. graphie 99; *CT* I, 270b [B10C]; Hannig, H*wb*, 2006, p. 2559. Aussi dans l'expression *k3.w n.w s.wt* le mot *k3* est employé pour désigner le mâle de l'oie.

du Vème millénaire, les Égyptiens avaient reçu la pratique de l'élevage des bœufs à longues cornes. Les bovins immolés dans les sacrifices et consommés par les gens étaient des mâles castrés et souvent engraissés. Il semble que les éleveurs, pour sélectionner les meilleurs reproducteurs, aient considéré comme critères principaux les capacités combatives. Sauvages ou d'élevage, les taureaux étaient le symbole de la puissance guerrière, de la puissance sexuelle et de l'autorité souveraine et étaient employés souvent dans la rhétorique comme dans les iconographies royale et divine. De plus, les Égyptiens associent leurs cornes, en forme de croissant, à la lune.[353]
Nombreuses sont les divinités associées à cet animal. En effet, il y a nombreuses expressions où le mot *kꜣ* apparaît comme épithète d'un dieux ou du rois souvent décrit avec les caractères du taureau pour souligner sa force et sa puissance, etc.[354]
Osiris est défini le « Taureau de Bousiris » ou « le Taureau de Nedit », ou «le Taureau de l'Occident »; Rê est « le Taureau du ciel » ou « le Taureau de l'Horizon »; Amon est « le Taureau de l'Ennéade » ou « le Taureau d'Héliopolis »; etc.[355]
Cet animal jouait un rôle important aussi dans la médecine: la graisse du taureau était employée parmi les médicaments.[356]
À la fin de l'Ancien Empire jusqu'au Nouvel Empire, la lutte entre deux taureaux était une scène très particulière dans les tombeaux des officiers. Ces scènes étaient généralement une représentation de la vie bucolique pour symboliser la vie de l'Au-delà. Par ailleurs, cette scène symbolique est décrite dans les textes religieux.[357]
Dans le Papyrus Leyde T32, on voit deux taureaux représentés l'un en face de l'autre . Cette position des taureaux, face à face, suggère une idée d'affrontement. Il s'agit d'un groupe inhabituel qui évoque naturellement la rencontre des deux taureaux à l'occasion de la fête lunaire de *snsn kꜣ.w*,[358] mais dans ce conteste aussi, l'hypothèse d'un combat entre Horus et Seth, mentionnés dans la phrase suivante, reste la plus vraisemblable. La position-*bḫn* indique probablement une position d'attaque, d'autre part inconnue, du moins sous cette graphie. Le déterminatif de la tête du taureau se distingue nettement de celui de la vache ou du bubale et suit le mot en maints endroits.[359]
Le mot *kꜣ* est employé, en outre, pour indiquer le « seigneur », « le chef », se référant au roi appelé « Taureau de l'Ennéade ».[360]
Enfin, il désigne le mâle dans certaines espèces dans un sens purement sexuel. En effet, l'égyptien utilise deux types de procédés pour souligner le sexe de l'animal: l'explicitation du sexe par les termes *ṯꜣy* et *ḥm.t* ou *jd.t* et l'explicitation du sexe par les termes *kꜣ* « mâle », littéralement « taureau », et *jd.t* « femelle », littéralement « génisse », précédant le nom d'animal qui prend le statut soit de complément de nom soit d'apposition.[361]

Dans les titres administratifs:
mnjw kꜣ.w « berger des taureaux » **(53)**
kꜣ n km.t « taureau du bétail noir » **(54)**
jmj-rꜣ kꜣ.w « responsable des taureaux » **(55)**
mdw kꜣ-ḥḏ « gardien du taureau blanc » **(56)**
wr kꜣ « grand de bétail » **(57)**

Dans les épithètes du roi: [362]
kꜣ nḫt « taureau puissant » **(58)** [363]
kꜣ rnp « taureau vigoureux » **(59)**[364]
kꜣ nfr « beau taureau » **(60)**[365]
kꜣ wr « grand taureau » **(61)**
kꜣ mnḫ « taureau excellent» **(62)**

---

[353] Yoyotte, in *Bestiaire*, pp. 560-601.
[354] Pour les épithètes des dieux et du roi voir *LGG* VII, 246-277. Dans le présent travail, je ne cite que certains parmi les plus communs.
[355] cf. epithètes. Altenmüller, *Synkretismus*, pp. 221-225; Kessler, « Bull Gods », pp. 209-213; el- Sayed, *MDAIK* 36, 1980, p. 370.
[356] Deines-Grapow, *Wb Drogennamen*, p. 523.
[357] Galan, *JEA* 80, 1994, pp. 81-96: cette scène est présente à partir de la VIème dynastie dans les tombeaux des chefs locaux jusqu'au royaume de Thutmosis III; *Deir Gebr* I, pl. XI: tombeau de Ibi; *Beni Hasan* II, pl. XII: tombeau de Khety; Petrie, *Deshashes*, pl. XVIII: tombeau de Iteti-Shedu; *Meir* I, pl. XI: tombeau de Senbi; *Bersheh* I, pl. XVIII: tombeau de Djehutihotep; *Meir* II, pl. XV: tombeau de Ukhhotep .
[358] *Edfou*, III, 208, 1; Aufrère, *L'univers minérale*, pp. 220-222.

[359] Herbin, *Le livre de parcourir l'éternité*, pp. 160-161: *dgꜣ.n=k kꜣ.wy m bḫn ḥr jꜣ.t Mnṯw nḫt ḥtp.tj m wsḫ.t* « tu regarde les deux taureaux en position-*bḫn* (?) sur la Butte de Montou-victorieux, (de sorte que) tu es satisfait dans la salle large ».
[360] Towers, *The new Egyptian « tale of two brother »*, p. 208; pp. 234-235.
[361] *kꜣ.w n.w s.wt* « canards mâles »: CT I, 270b [B10C[a-] B10C[b-] B10C[c]]; *kꜣ n nꜥw* « serpent-nâou mâle »: V, 36f [B2L]; 43c [B1C-B1L–B3L]; *kꜣ jꜥnw* « babouin mâle »: VI, 297d [B1Bo]; *kꜣ.w smsm.w* « etalons »: Wild, *BIFAO* 54, 1954, pp. 204-205, n° 2.
[362] *LGG* VII, pp. 246-277.
[363] Cette épithète indiquant le roi égyptien est fréquemment employée. À partir des premières dynasties, le taureau était la manifestation du roi. Sa puissance représentait, en effet, l'élément principal de la royauté. Il était référé au roi après sa mort, mais à partir du Nouvel Empire ce titre était employé aussi pour le pharaon vivant et les rois de la XVIIIème dynastie avaient cette désignation au début de leur titulature.
Kessler, « Bull Gods », pp. 209-213; Bonhême, *BIFAO* 79, pp. 274-277; Towers, *The new Egyptian « tale of two brother »*, pp. 234-235; Zabker, *Hymns*, p. 25: dans l'inscription de la chambre n° X cette épithète n'est pas présente en rapport à Ptolémée , mais on la trouve associé à ce rois dans autres occasions.
[364] Herbin, *Le livre de parcourir l'éternité*, p. 156: le taureau jeune évoqué ici est Montou en qui sont unifiés les mâles de l'Ogdoade.
[365] Dans ce contexte l'épithète « beau taureau » est liée au dieu Min.

k3 dšr « taureau rouge » **(63)**
k3 wˁb « taureau pur » **(64)**
k3 ẖty « taureau premier-né » **(65)**
k3 ẖt « taureau des corps » **(66)**[366]
k3 s3 k3 « taureau fils de taureau » **(67)**
k3 ḥr t3š.f « taureau (qui vielle) sur sa frontière » **(68)**
k3 sḫr sby.w « taureau qui renverse les ennemis » **(69)**
k3 nṯr.w « taureau des dieux » **(70)**
k3 psḏ.t « taureau de l'Ennéade » **(71)**[12]
k3 psḏ.tj « taureau des deux Ennéades » **(72)**
k3 Jwnw « taureau de Héliopolis » **(73)**
k3 nw.t « taureau de Nut » **(74)**
k3 ḥnn.t « taureau de la *ḥnn.t* » **(75)**
k3 wr.w « taureau des Grands » **(76)**
k3 ḥr psḏ.t « taureau qui est responsable de l'Ennéade » **(77)**
k3 nb psḏn.tjw « taureau seigneur de l'Ennéade » **(78)**[367]
k3 psḏ.t Mnṯw « taureau de l'Enneade de Montou » **(79)**
k3 n ḥq3.w « taureau des souverains » **(80)**
k3 Nb.tj « taureau de Ombos » **(81)**
k3 3ḫ.t « taureau de l'Horizon » **(82)**
k3 j3bt.t « Taureau de l'Orient » **(83)**
k3 j3ḫw « taureau du soleil » **(84)**[368]
k3 rsw.t « taureau de la vigilance » **(85)**[369]
k3 nḏmnḏm « taureau procréateur » **(86)**[370]

Dans les épithète de la reine Nefertari:
ḥm.t k3-nḫ.t « l'épouse du taureau puissant » **(87)**

Dans les épithètes du roi sous forme divinisée à la suite du guide:
k3 t3.wy « taureau du Double Pays» **(88)**[371]

Dans les épithètes des dieux:[372]
k3 psḏ m ḥr.t « taureau qui se lève dans le ciel » **(89)**
k3 n nw.t m mˁnḏ.t « taureau dans le ciel dans la barque vespéral » **(90)**
k3 spd ˁb.wy « taureau aux cornes pointues » **(91)**
k3 stj « taureau éjaculateur » **(92)**

Dans les épithètes des dieux Montou et Osiris:
k3 ḥḏ « taureau blanc » **(93)**[373]
k3 nḫt spd ˁb.wy « taureau puissant aux cornes pointues » **(94)**

Dans les épithètes de dieu Osiris:
k3 ḥtp « taureau satisfait » **(95)**
k3 jmn.t « taureau de l'Occident » **(96)**[374]
k3 ps « taureau brûlant » **(97)**[375]

Dans les épithètes du dieu Amon:
k3 ˁ3ˁ Nwn « taureau qui reverse le Nun » **(98)**

Dans les épithètes des dieux Amon et Montou-Rê:
k3 nḫt wṯs ḫˁ(.w) m 3ḫ.t jmn.t « Taureau puissant qui exalte les apparitions dans l'horizon occidental » **(99)**

Dans les épithètes du dieu Montou-Rê:
k3 nḫt wr hmh(m) « taureau puissant dont le mugissement est fort » **(100)**
k3 nḫt ḥry-b ḏr.t « taureau puissant qui réside à Tôd » **(101)**
k3 nḫt ḫnty W3s.t « taureau puissant qui préside à Thèbes » **(102)**
k3 nḫt sm3 sbj m ḥm [Mnṯw-Rˁ] « taureau puissant qui abat l'ennemi de la Majesté de Montou-Rê » **(103)**
k3 ḥry-jb M3dw « taureau qui réside à Médamoud » **(104)**
k3 ḥry-jb ḏr.t « taureau qui réside à Tôd » **(105)**

---

[366] Il s'agit d'une épithète employée de l'Ancien Empire à l'époque gréco-romaine. Il est présent dans le nom d'Horus du roi Menkaura. Kurth, *Edfou VII*, p. 243, note 6; Beckerath, *Handbuch*, p. 53 et p. 179; Legrain, *ASAE* 4, 1903, pp. 133-135.
Présent aussi dans l'épithète *k3-ẖt-n.t-psḏ.t-ˁ3.t* « Taureau des corps de la Grande Enneade ». *LGG* VII, p. 270.
[367] Kurth, *Edfou VII*, p. 593, note 1.
[368] Nom d'une divinité d'Edfou. Wilson, *Ptolemaic Lexikon*, p. 1076. On le trouve aussi pour indiquer le guide de la deuxième heure.
[369] Faulkner traduit dans F*ECT*, p. 89 « Bull of Watchfulness », tout en soulignant à la note 4 p. 89 que le sens du mot *rsw n*'est pas clair.
[370] Cette épithète du roi souligne la puissance reproductrice du taureau. Elle peut être employé aussi pour indiquer métaphoriquement la construction du temple. Wilson, *Ptolemaic Lexikon*, p. 1077-1078; *Edfou* IV, 331, 10.
[371] Cette épithète est employée ici pour désigner le roi. Elle indique le guide de la troisième heure; Roulin, *Le livre de la nuit*, I, p. 108: « l'épithète fut reprise comme nom du guide de la deuxième heure/porte dans les « veillées horaires » récentes. Le nom « Taureau du Double Pays » évoque évidemment le pharaon qui peut prendre l'apparence de cet animal dès les époques les plus anciennes pour soumettre les ennemis et porte, comme attribut, la queue de taureau attachée à sa ceinture. Dans le Livre de la nuit , le roi est représenté sous une forme divinisée à la suite du guide, en tête des haleurs dans la zone médiane.
[372] *LGG* VII, pp. 246-277.
[373] Grenier, *HomSauneron* I, p. 386 G Tod n° 52, 2: Montou-Rê-Horakhty est un taureau blanc. Ce même taureau blanc est évoqué dans une inscription d'Eléphantine à mettre en rapport vraisemblement avec Ermant. Selon Grenierce, ce serait donc le taureau Boukhis bien que ce taureau sacré, blanc de robe, avait la tête noire.
[374] Epithète d'Osiris.
[375] Il est employé comme épithète de la lune à sa naissance. Il fait allusion à la puissance sexuelle d'Osiris quand ce dieu apparaît sous la forme de la lune croissante.
Opet I, p. 214, 11e tableau; Baqué, *SAK* 30, 2002, pp. 47-48, note 17; Aufrère, *L'univers minérale*, pp. 220-222; Chassinat, *Le mystère d'Osiris*, p. 281, note n° 2: *k3* est probablement l'équivalent de *k3 ps* qui désigne la période entre le 1er jour du mois et la pleine lune.

Dans les épithètes de dieu Thot:
kꜣ pt « taureau du ciel » **(106)**[376]

Dans les épithètes de dieu Horus:
kꜣ nḫt pr m ꜣst « taureau puissant issu d'Isis » **(107)**

Dans l'épithète Kamoutef:
kꜣ mw.t=f « taureau de sa mère »[377] **(108)**
kꜣ mw.t=f Nw.t « taureau de sa mère Nut » **(109)**

Parmi les médicaments:
snf n kꜣ snf n ꜥꜣ snf n šꜣj snf n ṯsm snf n ꜥr « sang de taureau, sang d'âne, sang de cochon, sang de chien, sang de chèvre » **(110)**
kꜣ ꜥḏ ꜥr ꜥḏ sr ꜥḏ « graisse de taureau, graisse de bouc, graisse de mouton » **(111)**

Dans les énumérations des animaux:
sb.n(=j) m-ḫt nb.t ir.n(=j) n=f ꜣb.t wr.t m kꜣ.w m jwꜣ.w m ꜥnh.w
« je l'ai chargé avec tout j'ai fait pour lui un grand sacrifice des taureaux, de boeufs-*jwꜣ*, des chèvres » **(112)**

jṯꜣ(=f) pꜣy kꜣ jṯꜣ(=f) pꜣ jwꜣ jṯꜣ(=f) pꜣy ꜥnḫ.t
« il a pris mon taureau, il a pris le bœuf, il a pris ma chèvre » **(113)**

mꜣꜣ kꜣ.w jwꜣ.w wnḏ.w
« voir les taureaux, les boeufs-*jwꜣ*, les boeufs-*wnḏ.w* » **(114)**

jrw nfr n kꜣ.w
« un bon recensement des taureaux » **(115)**

spḥw kꜣ.w « bétail pris au lasso » **(116)**[378]

Dans les noms propres:

jn.t-kꜣ.w 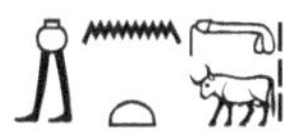 **(117)**

ꜥb-kꜣ.w  **(118)**

Nfr-kꜣ.w  **(119)**

Kꜣ.w-wr.w  **(120)**

kꜣ-m-ḥrj-jb=sn  **(121)**

kꜣ-mn-jb 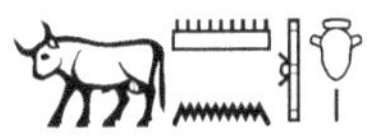 **(122)**

kꜣ-msj  **(123)**

kꜣ-ḫꜣ-js.wt=f  **(124)**

kꜣ-ḥtp(.w)  **(125)**

kꜣ-kmt-wr  **(126)**

[376] Herbin, *BIFAO* 82, 1982, p. 277, note n° 57: Herbin note que l'épithète « taureau du ciel » est appliquée au dieu Thot dans un petit hymne lunaire gravé dans une tombe memphite du Nouvel Empire. À le même époque, le dieu reçoit déjà fréquemment le nom de Iâh-Thot, mais, en tant que tel, sa comparaison avec un taureau ne s'affirme que tardivement. Il souligne aussi que la lune elle-même est qualifiée de « taureau brûlant » quand elle est jeune.

[377] Le titre Kamoutef « le Taureau de sa mère » paraît dans les textes hermétiques grecs comme Kamephis, un intermédiaire entre Hermes et Isis. Cette épithète désigne un dieu ithyphallique et est associée dans les textes égyptiens au nom de divinité tel que Amon ou Min. Elle souligne la fonction génératrice et reproductrice et la fonction sexuelle de ces dieux. L'expression « Taureau de sa mère » définit, comme Vernus écrit, l'inceste d'un couple immortel qui rend compte de l'éternelle renaissance de la lumière des eaux et des jours et de la perpétuelle reproduction des créatures animales et végétales. Cette pratique de l'inceste est attestée dans les Textes des Pyramides. Jacobssohn pense que Kamoutef indique la continuité de la génération des dieux et des dynasties royales.
Une autre épithète plus rare était le synonyme *mnmn mw.t=f* « fécondateur de sa mère ». C'est en fécondant lui-même sa mère que Min est l'auteur de sa propre naissance.
Le taureau symbolisait aussi l'activité sexuelle fécondante et génératrice du dieu ithyphallique sous ses noms divers pas seulement Osiris. Pendant la fête de dieu Min, un taureau était sacrifié parce que son sang devait féconder la terre.
Selon Vandier, Kamoutef est l'expression dans la théologie égyptienne que la force génératrice peut être transmise du père au fils. La lune est une autre expression de Kamoutef parce que le cycle lunaire montre la différente phase de la fertilité et de la naissance.
Yoyotte, in *Bestiaire*, pp. 560-601; Haeny, *GM* 90, 1986; Aufrère, *L'univers minéral*, pp. 473-476; Traunecker, « Kamutef », pp. 221-222; Gauthier, *Les fêtes du dieu Min*, pp.83, 135-137, 176-177; Jacobson, *LÄ* III, pp. 308-309; Fouden, *The Egyptian Hermes*, p. 32; Towers, *The new Egyptian « tale of two brother »*, pp. 246-250; Goyon, *Confirmation*, VIII, 16; X, 16; *Med Habu*, IV, pl. 197, 8.

[378] voir *ngꜣ.w*.

Textes:
(1) *Pyr.* §242c [W]; §280b [W T]; §283a [W T]; §293b [W T]; §423c [W T]; §547a [T]; Munro, *Unas-Friedhof*, I, pl. 41.
(2) *Giza I*, p. 245, fig. 59; Weeks, *Giza Mastabas* 5, fig. 22: mastaba G 6010; Steindorff, *Ti*, pl. 124.
(3) *CT* V, 43i [B1C- B1L- B3L].
(4) Couyat-Montet, *Hammamat*, pp. 81-84 pl. XXXI.
(5) Gasse-Rondot, *Séhel*, p. 131, 1*:* inscrip. Thutmosis II.
(6) *Stèle dècret de Nauri*: Griffith, *JEA* 13, 1927, p. 205, pl. XLIII, 35 et 111.
(7) K*RI* II, 151, 10; 165, 12; 166, 6; 170, 12; 195, 11; 198, 14; 206, 7; 226, 11; II, 238, 1; 241, 13; 284, 16; 304, 2; 311, 11; 314, 2; 316, 14; 349, 11; 352, 2; 354, 8; 419, 7; 443, 11; 479, 7; 511, 15; 557, 3; 602, 16; 771, 11; 849, 8; 852, 6; 902, 14.
(8) Dijk, *GM* 33, 1979, p. 23.
(9) Roulin, *Le livre de la nuit*, II, p. 14, 27, 35.
(10) *An* I, 16, 3.
(11) *Edfou* I, 400, 5; 416, 2; IV, 86, 5; 231, 2; 231, 4; VII, 87, 9; 144, 6; 160, 8; VIII, 15, 13; 16, 1; 108, 1; 143, 9; *Dend* I, 50, 15; 71, 6; 96, 12; 108, 13; 115, 7; 117, 2; 137, 14; II, 126, 15; 156, 3; 182, 11; 188, 12; 226, 11; III, 183, 7; VIII, 21, 27; 59, 14; 62, 13; 63, 8; Zivie, *HomSauneron*, I, p. 489; *Khonsu*, I, pl. 20, 27; pl. 31, 2; pl. 34, 2; *Opet* I, p. 214, 11e tableau.
(12) *CT* III, 130e [T3Be].
(13) *Pyr.* §6c [T]; §121b [W]; §227a [W]; §270d; §316a [W]; §332a-b [W]; §397a [W T]; §418a; §425e [W P]; §430a [W P T]; §443c [W]; §444b [W T]; §486b [W P]; §511a [T]; §513a; §516c [W]; §689b [T]; §690 [T]; §701a [T M]; §717a [T], §792a [P N]; §889d [P M N]; §914a [P N]; §925c [P N]; §1238c [P]; §1359a [P]; §1779a + c [N]; §2105a [N]; §2156a [N]; Leclant-Berger-el Naggar, *Pyramide Pépy Ier*, fig. 16, pl. VII, 14.
(14) Petrie, *Deshashes*, pl. XVIII: tombeau de Iteti-Shedu; *Meir* I, pl. XI: tombeau de Senbi; *Bersheh* I, pl. XVIII: tombeau de Djehutihotep; *Beni Hasan* I, pl. XXX: tombeau de Khnumhotep III; *Hawawish* I, fig. 10, p. 21-22, pl. 3b; *Deshasha*, p. 54, pl. 5; *Hagarsa* III, p. 39, pl. 44-45; p. 17, pl. 27; *Meir* IV, pl. 16; *Meir* V, pl. 30; pl. 32; *Akhethetep*, p. 131; Weeks, *Giza Mastabas* 5, fig. 34: mastaba G 6010.
(15) *Hawawish* VII, fig. 15, p. 26.
(16) *CT* I, 45b, c [B3Bo-B2Bo-B4Bo-B1P-B15P-B6C-S10C-T9C]; 270b [B1OC^{a}-B1OC^{b}-B1OC^{c}]; II, 254h [B9C]; III, 53a [B1C-B2L-B3C]; 84i [B9C-B1L-B3Bo-B15C]; 130e [S1C-T1Be]; IV, 62l [BH4C]; 81c [B6C-D1C]; 155g [S1T]; 385a [B3C-B1C]; V, 257f [B1L-B14]; 269b [B2Bo-B4Bo-S1C-S2C-B4C-M18C]: « taureau des taureaux »; 335g [B9C-P. Gard. II]; VI, 152d [B1Bo-B2Bo-B4C]; 154l [B1Bo-B2Bo]; 159g [BH2C]; 185b [B3Bo^{b}-B3Bo^{a}]; 198l-m [P. Gard. II]; 208f [P. Gard. II]; 231a [B3L-B1L]; 232j [B3L-B1L]; 235i [B2L]; 236a [B3Bo]; 238a [B3Bo]; 248e [S10C^{a}-S10C^{b}]; 249b [S10C^{a}]; 263f [G1T-A1C]; 280b [P. Gard. II]; 288h [B1Bo]; 297d [B1Bo]; 308c [B1Bo]; 310m-n [B1Bo]; 311a [B1B0a]; 359g [B10C]; 374a [B4C]; VII, 111p [Sq10C]; 160a [P. Gard. III]; VII, 189j [P. Gard. III]; 199g [P. Gard. II]; 220b [P. Gard. II]; 221d [P. Gard. II]; VII, 225p [P. Gard. II]; 231e [P. Gard. II]; 248o+r [P. Gard. II]; 249i [P. Gard. II]; VII, 250r [P. Gard. II]; 367a [B9C-B1L-B2L-B2P].
(17) *Sin* B119.
(18) *An* I, 16, 5; 22, 6.
(19) K*RI* II, 85, 6; 173, 12; 382, 8.
(20) *Eb* 63, 16.
(21) *pap. Ram* VI, pl. XX, 95; pl. XXI, fr. B (= Gardiner, *RdE* 11, 1957, p. 54, pl. 4); Roulin, *Le livre de la nuit*, II, p. 6, 18, 27, 35; Hornung, *Anbetung an Re*, p. 157 [Th III-SI-R II-Si-R III-R IV].
(22) *pap. BM 10208*, II, 15; *pap. Louvre* I 3079, CXI, 3; *pap. Imouthes*, col. 6, 9.
(23) *pap. Hearst* 16, 3; 17, 5.
(24) *Hawawish* II, fig. 20, p. 23;
(25) Posener, *Ostraca*, II, pl. 55, 55a, n° 1226, l. 9; Gasse, *Ostraca*, n° 1680.
(26) Hornung, *Anbetung an Re*, p. 157 [Mer-S II].
(27) Posener, *Ostraca*, III, pl. 84, 84a, n° 1675 V°, l. 10-18.
(28) *Giza* IV, fig. 7, p. 23.
(29) *CT* III, 46d [T3C].
(30) *Sin* B123.
(31) tasse 19606P/d-6: Pilgrim, *Stadt*, pp. 288-289, l. 13.
(32) K*RI* II, 7, 12; 318, 13.
(33) Meeks, *HomSauneron* I, p. 227, l. 19.
(34) *Pyr.* §547a [P M N]; §803a [P M]; §1026b [P]; §1432b [P].
(35) *Urk* I, 127, 8; 144, 15.
(36) Goedicke, *Königliche Dokumente*, p. 87- 116; Weill, *Décrets royaux*, p. 6-39, pl. V, 4.
(37) *Meir* II, pl. XV: tombeau de Ukhhotep: *Meir* V, pl. 32; pl. 41; *Hagarsa* I, pl. 43, p. 60; *Deshasha*, p. 54, pl. 51; *Deir Gebr* I, pl. 7 et pl. 11.
(38) Fischer, *Inscriptions*, pl. 36, p. 106-111, fig. 15.
(39) *CT* I, 283c [T1C]; II, 400c [S2C]; III, 281e [BH30x]; 282b [B6C-B1P-B1L-B3L-B2Bo-B3C-B1C^{a}-B2L^{b}-B2L^{c}]; 283e [BH3Ox]; IV, 2c [B1Bo-B2Be]; VI, 159g [B1Bo]; 232i [B3L-B1L]; 329m [B1L]; avec valeur de « taureau »: VII, 22x [T1Be]
(40) *Antefoker*, pl. XXII; Griffith, *Siut*, pl. 6, 274 et 276; pl. 7, 292; pl. 8, 314 et 322; pl. 15, 12; *Bersheh* I, pl. XVIII; *Beni Hasan* I, pl. VIII; II, pl. XXXII; *Meir* I, pl. IV; II, pl. XV; V, pl. XLI.
(41) *Hatnub,*pp. 38-39, pl. 16, n° 17, l. 7; pp. 43-44, pl. 18, n°20, l. 19; pp. 54-55, pl. 24, n° 24, l. 3; pp. 57-58, pl. 26, n° 25, l. 11; pp. 60-61, pl. 28, n° 26, l. 6-7.
(42) Griffith, *Siut*, pl. 11, l. 21 et 23; pl. 15, l. 12; *Urk* VII, 7, 8; Habachi, *Heqaib,* p. 25, fig. 1f, pl. 9b; Müller, *Elephantine,*p. 33, fig. 5, pl. 5a; Farag, *RdE* 32, p. 78, col. 6 et 9.
(43) James, *Hekanakhte*, pl. 6, 35; pl. 11, 18; pl. 11, 20; pl. 11, 22; pl. 11, 23; pl. 22.
(44) *CGC* 20514d; *CGC* 20648, 10;
(45) *pap. Kahun*, pl. XV, l. 37.
(46) *Urk* IV, 716, 7; 722, 13.
(47) Koenig, *BIFAO* 79, 1979, p. 118, fig. 2, pl. XXXIX; Caminos, *A tale of Woe*, p. 57, pl. 10, 11;
p. 118 fig. 2.
(48) *pap. Ram* V, XV; XIV; pl. XLVI.
(49) Roulin *Le livre de la nuit*, II, p. 32; Goyon, *Confirmation*, p. 115, n°282; XVI, 8.
(50) K*RI* II, 510, 5.

(51) *Edfou* VIII, 5, 1.
(52) *Urk* IV, 756.
(53) *Jzzj-ʿnḫ:* PM III^2 489; Moreno Garcia, *RdE* 50, 1999, p. 243, note n° 6; Jones, *Index,* p. 434, n° 1600.
(54) *Hagarsa* III, p. 39, pl. 44-45.
(55) Ward, *Index,* p. 51, n° 398; *Bersheh* I, pl. 27.
(56) Piacentini, *Scribes*, C. Gi. 12; D. Gi. 1f.
(57) Jones, *Index,* p. 398, n° 1468; Fischer, *Or* 29, 1960, p. 169 8d) et p. 170, fig. 2; Fischer, *ZÄS* 86, 1961, p. 25.
(58) Petrie, *Deshashes*, pl. XVIII: tombeau de Iteti-Shedu; *Meir* I, pl. XI: tombeau de Senbi; *Bersheh* I, pl. XVIII: tombeau de Djehutihotep; *An* I, 16, 3: employé ici comme épithète d'Horus; K*RI* II, 165, 12; 166, 6; 195, 11; 198, 14; 206, 7; 238, 1; 241, 13; 354, 8; 443, 11; 902, 14; 849, 8; II, 852, 6; Bonhême, *BIFAO* 79, pp. 274-277; *Dend* I, 108, 13; 117, 2; VIII, 59, 14; *Edfou* IV, 231, 4; VII, 20, 8; 116, 15; 152, 3; VIII, 48, 10; 159, 5; *Tôd*, 32, 3; 33B; 40, 1; *Philae,* 62, 1; 90, 1; Zabker, *Hymns*, p. 20, fig. 2, hymne I; *Elkab* I, 6; I, 7; *Esna*, II, 76, 10; Daressy, *RT* 27, 1905-1906, p. 193; Vernus, *BIFAO* 75, 1975, p. 13; *Buhen* I, pl. 61, 1-62,10; Gasse-Rondot, *Séhel*, p. 131, 1: inscrip. Thutmosis II.
(59) K*RI* II, 304, 2; *Khonsu* I, 20, 27; Dijk, *GM* 33, 1979, p. 23; *pap. Leyde T32*, III, 13-14; *Dend* V, 131, 6; *pap. BM 10208*, II, 12; *pap. Louvre* I 3079, CXI, 1.
(60) *Giza* IV, fig. 7, p. 23, pl. III, VII-VIII, X; *Hagarsa* III, pl. 22, p. 16; *pap. BM 10208,* I, 6; *pap. Louvre* I 3079, CXI, 6; *Edfou* II, 97.
(61) *Pyr.* §121b [W]; §689b [T]; §792a [P N]; §1359a [P];*CT* VI, 249t [S10C]; VII, 25h [T1Be]; 30t [T1Be]; 35a+c [T1C]; 96c [S14C]; 268c [B9C-B1L-B3L-B1C-B2P]; *Edfou* I, 416, 3.
(62) *Dend* I, 71, 6.
(63) *CT* VI, 157f [B2Bo-B4Bo]; *Dend* I, 96, 12; Vernus, *BIFAO* 75, 1975, 49, 9; p. 51, note (g); *Edfou* VIII, 109, 8.
(64) *Dend* I, 50, 15.
(65) *Dend* VI, 30, 14; 128, 12.
(66) *Edfou* IV, 39, 14; V, 27, 11; 145, 13; 146, 7; 192, 14; VII, 136, 5.
(67) K*RI* II, 419, 7.
(68) K*RI* II, 602, 16.
(69) *Dend* I, 115, 7.
(70) *Pyr.* §511a [T]; §925c [P N]; §2105a [N]; *CT* V, 371a [B9C-B5C-B6C-B1C-B3L]; 385a [B3L-B1Bo]; 386d [B1Bo]; Bosticco, *Stele*, p. 45, pl.41.
(71) *Pyr.* §717a [T]; *CT* II, 53f+i [M6C-M4C]; 54h [M41C]; III, 169a [S2C-B2Bo-B1Bo]; VII, 5j [M2NY]; 182c [P. Gard. III]; *pap. Orbiney,* 9, 4; Mysliwiec, *Gott Atum I*, p. 32.
(72) *CT* VI, 310n [B1Bo]; 325d [B15C].
(73) *Pyr.* §716c [T]; *CT* III, 160b [S1C-S2C-B4Bo-B2Bo^b-B2L-M22C-P. Gard. II-G1T-A1C-B1Bo]; 161b [S1C-S2C-B2Bo]; 167c [B1Bo]; VII, 347e [B3C-B2Bo-B4Bo-B1C]; 475g+m [B1P-B1Be]; Mysliwiec, *Studien zum Gott Atum I*, p. 34; K*RI* II, 479, 7.
(74) *CT* II, 51d [T1L]; VI, 185b [B3Bo^b-B3Bo^a].
(75) *CT* III, 99e [S1C-S2C-B9C-B1L-B4C].
(76) *CT* I, 135a [B1P-B3Bo-B1L-B12Cb-B16C]
(77) *CT* V, 386c [B1Bo].
(78) *Edfou* VII, 311, 8.
(79) *Tôd,* 290, 1.
(80) K*RI* II, 226, 11; 314, 2; 316, 14; 479, 7.
(81) K*RI* II, 151, 10; 311, 11.
(82) *CT* VII, 221d.
(83) *CT* VI, 280b [P. Gard II].
(84) *Pyr* §889d [P-M-N]; *CT* VI, 311a [B1B0];VII, 199g; *Edfou* VI, 71, 12; 150, 7-8; Roulin, *Le livre de la nuit*, I, p. 54; II, p. 6, 14, 18.
(85) K*RI* II, 849, 8.
(86) *Edfou* III, 192, 1; 279, 2.
(87) *CT* V, 335g [B9C-P. Gard. II].
(88) Roulin, *Le livre de la nuit*, II, p. 27, 32, 35.
(89) *Tôd*, 296, 14.
(90) *Tôd*, 219B.
(91) *Tôd*, 174, 4.
(92) *Tôd*, 284 I, 15.
(93) Piacentini, *Scribes*, C. Gi. 12; D. Gi. 1f; *CT* I, 270c [B10C]; III, 61c [B2L-B1C]; 263g [B2L-P. Gard. II-Sq3C]; *Dend* II, 126, 14; *Tôd*, 52, 2; 67, 15; *Med Habu* IV, pl. 197, 5-8: le taureau était l'animal consacré à Osiris, d'où la coiffure osirienne qu'on voit sur sa tête dans cette représentation.
(94) *Tôd*, 287, 6.
(95) *Pyr.* §914a [P N]; Leclant- Berger-el Naggar, *Pyramide Pépy Ier*, fig. 16, pl. VII, 14; *CT* III, 161c [S1C-S2C-B2Bo-B1Bo]; 184a [S1C-B4Bo-B2Bo-B1Y-B3C-B2L-P. Gard. II-B1Bo]; VI, 197i [P. Gard. II]; Bosticco, *Stele* 1, pp. 31-32, pl. 29; *Dend* II, 126, 15; VIII, 21, 17.
(96) *CT* I, 102a [B1P]; 110c [B1P-T1L^b-B3Bo-B2Bo-B1L-B3L- B12C^a-B13C-B16C- L2Li]; 140e [B3Bo-B4L-B12C^b-B16C-L2Li]; 151b [B3Bo-B2Bo-B4L-B12C^b-B13C^a-B16C] Osiris; 179m [B3Bo-B2Bo]; II, 39a [B1C-B2L-B1P] Osiris; III, 294f [T3C-G1T-A1C] Osiris; 307c [G1T-G2T-A1C-T1Be-T2L]; 318n [T2L]; 328a [S1C-S2C-S11C]; 347e [S1C-S2C-T1L]; IV, 94a [B5C]; 130e [S1C-B2L]; 348b [B1C-B2L]; V, 329h [S10C]; VI, 72h [B3L-B9C-B1Y]; 156e [B2Bo-B4Bo]; 223e [S5C-S6P]; 279d [T1C]; VII, 28r [T3Be]; Lapp, *MDAIK* 50, 1994, p. 251, fig. 7, l. 10; stèle C 3 du Louvre, l. 13: Vernus, *RdE* 25, 1973, p. 218, pl. 13.
(97) *Edfou* III, 139, 5; 207, 13; IV, 143, 2; V, 49, 6; 235, 16; VIII, 59, 10; *Esna*, II, 76, 10; *Tôd,* 274, 9; *Opet* I, p. 214, 11e tableau; Baqué, *SAK* 30, 2002, pp. 47-48, note 17; Aufrère, *L'univers minérale,* pp. 220-222.
(98) Klotz, *Adoration of the Ram*, p. 21; p. 23, note B; p. 24; p. 37-38.
(99) *Tôd*, 293, 9.
(100) *Tôd*, 223, 5.
(101) *Tôd*, 292, 8.
(102) *Tôd*, 322, 8.
(103) *Tôd*, 226, 8.
(104) *Tôd*, 290, 7-8.
(105) *Tôd*, 226, 7; 319, 7-8; 326, 5.
(106) *Pyr.* §280b [W T]; §283a [W T]; §293b [W T]; §332a-b [W]; §397a [W T]; §803a [P M]; §1432b [P]; *CT* II, 399a [B1Bo-S2C-B6C-B2Bo-B4Bo-Y1C-BH1Ox-BH2C-T3C]; VI, 178h [S1C]; 233k [B3L-B1L]; 236t [B3Bo]; VII, 40o [T9C-B10C]; *Edfou* IV, 86, 5; Herbin, *BIFAO* 82, 1982, p. 255, l. 5.
(107) *Dend* I, 108, 13.
(108) Hannig, H*wb*, 2006, p. 2559; *CT* I, 237b [B10C-B12C-B13C-B16C]; Stèle *ḫnsw-m-w3st*, p. 12, l. 7;

Miosi, *Reading Book*, p. 20, l. 12; *Tôd*, 232, 6; 234, 6-7; *Urk* IV, 93, 13; IV, 362, 3; *KRI* II, 284, 16; 314, 7; 349, 11; 352, 2; 511, 15; 557, 3; *Dend* I, 137, 14; VIII, 63, 8; *Khonsu* I, 31, 2; 34, 2; *pap. Imouthes*, col. 6, 7; Miosi, *Reading Book*, p. 6, l. 4-5; Helck, *MDAIK* 24, 1969, pp. 194-198, fig. 1, l. 7; *Med Habu*, IV, pl. 197, 5-8; *pap. BM n°47.218.50*, VIII, 16; X, 16; Egberts, *In quest of meaning*, vol. I. p. 257-259; vol. II, pl. 76 et 122.
(109) Helck, *MDAIK* 24, 1969, pp. 194-198, fig. 1, l. 7.
(110) *Eb* 63, 16.
(111) *pap.Ram* V, XV.
(112) Couyat-Montet, *Hammamat*, pp. 81-84 pl. XXXI.
(113) *Stèle dècret de Nauri*: Griffith, *JEA* 13, 1927, p. 205, pl. XLIII, 110-111.
(114) *Urk* VII, 7, 8.
(115) *Hagarsa* III, 1995, p. 36, pl. 39.
(116) *CT* II, 400c [S2C].
(117) Ranke, *Personennamen*, I, p. 36, n°8.
(118) Ranke, *Personennamen*, I, p. 59, n°22-23; *el Bersheh*, I, pl. 20, 2.
(119) *pap. Kahun*, 17, 9.
(120) *Nianchchnum*, p. 155, pl. 76-77.
(121) Ranke, *Personennamen*, I, p. 338, n°2.
(122) Ranke, *Personennamen*, I, p. 338, n°4.
(123) Ranke, *Personennamen*, I, p. 338, n°5.
(124) *pap. Kahun*, 14, 50; 15, 26.
(125) *Hatnub*, pl. 29.
(126) *An*, 5, 19, 3.

km.t

Graphies à composante phonétique
Type I. Graphie complète.

a)  mon. I PI **(1)** - mon. ptolém. **(2)** [379]

Type II. Graphies sans complément phonétique m.

a)  inscrip. AE **(3)** - stèle AE **(4)** - stèle XII dyn **(5)**

b)  inscrip. AE **(6)** - stèle ME **(7)**

copte:
ⲕⲁⲙⲁⲩⲉⲓ (S); ⲭⲁⲙⲉⲩ (B)

Particularités graphiques:
Le suffixe *-t* indique qu'il s'agit d'un collectif.

Étymologie:

Dérivation de la racine du verbe *km* 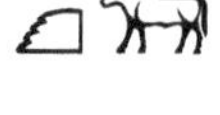 « être noir ».[380]

[379] Il désigne ici les troupeaux de taureaux et des vaches sacrés nourris dans divers temples.
[380] Wilson, *Ptolemaic Lexikon*, p. 1086.

Sens:
Collectif qui indique le bétail noir.[381]
« troupeau».
Vernus souligne que le mot *km* est utilisé surtout comme épithète des divinités Khonsou, Montou, Horus de Tanis, Osiris et dans les *onomastica* des villes de Tanis, Memphis et Hérmopolis, où sont adorés les taureaux noires. Mais, le terme *km.t* est employé occasionnellement dans les textes religieux et les noms propres.[382]
Menu constate que, dans les contrats datés à la Troisième Période Intermédiaire, les vaches noires sont beaucoup moins nombreuses que les rouges et ne sont jamais dites « de labour », sauf dans le cas du Papyrus Berlin 3110.[383]
Les vaches noires sont destinées à la reproduction et au lait. Selon Vernus, existaient des croyances qui attribuent une vertu particulière à l'opposition de couleur, raison pour laquelle la vache noire était par motivation *a contrario* le modèle d'une bonne laitière.[384]
Enfin, ce terme est présent dans les titres administratifs de l'Ancien et du Moyen Empire.

Dans les titres administratifs:
jmj-r3 km.t « responsable du bétail noir » **(8)**
jmj-r3 km.t ḥtp-nṯr « responsable du bétail noir des dieux » **(9)**
jmj-r3 km.t ḫnr.w « responsable du bétail noir et Conscript Labourers » **(10)** [385]
jmj-r3 km.t nfr.t n.t ḏḥwtj nb ḫmnw « responsable du beau bétail noir de Thot, seigneur de Hérmopolis » **(11)**[386]
jmj-r3 km.t dšr.t m3ʿ « vrai responsable du bétail noir et rouge » **(12)** [387]
mnjw km.t « responsable du bétail noir sacré » **(13)** [388]

Dans l'expression:
hrw nḫt k3 n km.t « c'est le jour de la victoire, o taureau du bétail noir » **(14)**

Dans l'épithète:
Km wr **(15)** [389]

[381] Wilson, *Ptolemaic Lexikon*, p. 1086; Hannig, H*wb*, 2003, p. 1359; H*wb*, 2006, p. 953; *Hagarsa* III, p. 39, note 136.
[382] Vernus, *Athribis*, pp. 351-356.
[383] Menu, *VI congrès egyptologie*, 1992, vol. 1, pp. 459-463.
[384] Vernus, in *Bestiaire*, p. 502.
[385] Dunham, *Naga-ed-Der stelae*, commentaire A4: il s'agit d'un titre rare présent aussi dans *CGC* 20024b, 7.
[386] Fischer, *Dendera*, p. 172.
[387] Fischer, *Dendera*, p. 172, note 730.
[388] Černý, *Misc. Greg.*, p. 57: le mot *mnjw* paraît déjà dans les Textes des Pyramides lié aux noms d'animaux. Ces termes sont en position du génitif direct. Il est comparable au copte ⲙⲁⲛ-suivi par le nom d'animal.
[389] Fecht, *Wortakzent und Selbenstruktur*, pp. 13-14. Nom des taureaux sacrés à Athribis. Présent aussi dans les noms propres.

Dans le nom propre:

jr.w-km.t  **(16)**

Textes:

(1) *Hagarsa* III, p. 39, pl. 44-45.
(2) Chassinat, *Le mistère d'Osiris*, p. 174.
(3) Fischer, *JAOS* 74, 1954, pp. 29-30.
(4) *CGC* 1455.
(5) Freed, *Fs Simpson*, I, p. 325;
(6) Fischer, *ZÄS* 105, 1978, p. 53 et n° 57; Borchardt, *Statuen und Statuetten* I, p. 61; Borchardt, *Denkmäler* I, p. 143.
(7) *CGC* 20025, 7.
(8) Jones, *Index,* p. 264-265, n° 956; Freed, *Fs Simpson*, I, p. 325; Dunham, *Naga-ed-Der stelae*, p. 42, n° 29, 5; p. 43, note B5; Lutz, *Steles,* n° 26; Schneider, *OMRO* 52, 1971, p. 16, n° 22 et fig. 3, pl. IV, 1.
(9) Dunham, *Naga-ed-Der stelae*, p. 98, pl. 29, 2.
(10) Ward, *Index,* p. 52, n° 406; Dunham, *Naga-ed-Der stelae*, p. 24, n° 11, pl. VII, 1.
(11) *CGC* 20025, 7.
(12) Jones, *Index*, p. 265, n° 957; Dunham, *Naga-ed-Der stelae*, p. 34, n° 20, pl. XI, 2; Fischer, *Dendera*, p. 172, n° 730; Piacentini, *SEAP* 6, 1989, p. 137.
(13) Jones, *Index*, p. 434, n° 1601; *CGC* 73; *CGC* 1455; Fischer, *ZÄS* 105, 1978, p. 53 et n° 57; Brovarski, *LÄ* VI, p. 391 et n° 95; Černý, *Misc. Greg.*, p. 57.
(14) *Hagarsa* III, p. 39, pl. 44-45.
(15) Fecht, *Wortakzent und Selbenstruktur*, pp. 13-14.
(16) Ranke, *Personennamen*, I, p. 40, n°24.

g

gw

Graphies à composante phonétique
Type I. Signes unilitères pour les radicales.

a)  pap. adm. ME **(1)** - stèle ME **(2)** - mon. NE **(3)**

b)  pap. méd. NE **(4)**

Particularités graphiques:
Vu l'expression *spḥ gw ṯ3y šmʿw jn nsw.t* «prendre au lasso le taureau de l'Haute Égypte par le roi » présente dans la tombe de Seti I,[390] je suppose qu'il s'agit d'une graphie du mot *ng3.w*. En effet, fréquente est l'expression « prendre au lasso un taureau » écrite *spḥ ng3.w*.[391]

Sens:
Espèce de taureau.[392]
Il est utilisé dans le Moyen Empire et le Nouvel Empire.
La graisse de cet animal était employée comme médicament.[393]

Dans les expressions:
spḥ gw ṯ3y šmʿw jn nsw.t «prendre au lasso le taureau de l'Haute Égypte par le roi » **(5)**
bnf n gw « graisse de taureau » **(6)**

Textes:
(1) *pap. Kahun* XVI, 14; XVII, 2; p. 104;
(2) Blackman, *JEA* 21, 1935, pp. 1-9, pl. I.
(3) Capart, *Seti I*, 1912, pl. XLVIII.
(4) *Eb* 22, 7.
(5) Capart, *Seti I*, 1912, pl. XLVIII; Otto, *JNES* 9, 1950, p. 173.
(6) *Eb* 75.

gn

Graphie à composante phonétique.
Type I. Signe unilitère n pour la deuxième radicale.

a)  Pyr **(1)** - mon. AE **(2)**

Particularités graphiques:
Graphie défective du mot *ng3*.
Dans l'Ancien Empire il y a l'alternance entre la racine *ng/gn*.[394]

Sens:
Espèce de bœuf aux cornes longues.
Employé dans les textes de l'Ancien Empire.

Textes:
(1) *Pyr.* §286e [P T]; §386b [P N].
(2) *Iteti*, fig. 20.

---

[390] Capart, *Seti I*, 1912, pl. XLVIII; Otto, *JNES* 9, 1950, p. 173; Baqué, *SAK* 30, 2002, pp. 43-51.
[391] Cette espèce de bœuf est représentée souvent dans les scènes de chasse et de sacrifice. L'expression *spḥ ng3.w* explique la scène qui montre le bœuf pris au lasso.
Unas, pl. 14-15, pl. 1; *Deshasha*, p. 26, pl. 29: tombeau de Inti; *CT* II, 400c [B2B0]; V 23j [B1C]; *Meir* II, pl. III.
[392] *Wb* V, 159, 5-7; *FCD*, p. 288; Hannig, H*wb*, 1995, p. 896; Gardiner, *Notes of Sinuhe*, p. 17.
[393] *Eb* 75; Deines-Westendorf, *Wb Drogennamen*, p. 537.

[394] Jéquier, *RT* 30, 1908, p. 38; Montet, *Kêmi* 13, 1954, p. 55, note 2.

t

tpjw

Graphies à composante phonétique
Type I. Signes unilitères pour les radicales.

a)  text hist. NE **(1)**

b)  text hist. NE **(2)**

c)  pap.adm. NE **(3)**

Particularités graphiques:

Signe hiératique  à la place de .

Sens:
« bœuf ».[395]
Mot utilisé à partir du Nouvel Empire.

Textes:
(1) *Urk* IV, 669, 9.
(2) *Urk* IV, 699, 12.
(3) *Harr* 20a, 9.

[395] *Wb* V, 296, 5-6; F*CD*, p. 298.

ṯ

ṯ3y

Graphie à composante phonétique
Type I. Signe bilitère pour les radicales.

a)  textes hist. XVIII dyn **(1)**

Particularités graphiques :
Ce terme est écrit avec le signe du phallus et le déterminatif du veau. On peut le rapprocher à la graphie défective du type V **(a)** du mot *k3*. Faulkner se demande si on devrait donc le lire *k3*. Je propose, en suivant Hannig, la lecture *ṯ3y* pour le distinguer du nom employé pour indiquer le taureau adulte.

Étymologie :
Probable lien au terme *ṯ3y* « mâle ».[396]

Sens:
« veau de taureau ».[397]

Textes:
(1) *Urk* IV, 171, 13.

ṯnw.t

Graphies à composante phonétique
Type I. Signes unilitères pour les deux premières radicales.

a)  mon. ME **(1)** - idéo. roy. XVIII dyn **(2)**

b)  idéo. roy. XVIII dyn **(3)**

Étymologie :
Dérivation du mot *ṯnw* « numéro ».[398]
Le déterminatif du bœuf indique qu'il s'agit d'un compte de bétail.

Sens:
« compte de bétail ».[399]
Dans l'Ancien Empire ce mot est employé pour la datation.[400]

Textes :
(1) *Bersheh* I, pl. 18: tombeau 2 de *Tehutihetep*.

[396] FCD, p. 303; Hannig, H*wb*, 1995, p. 944.
[397] FCD, p. 303; Hannig, H*wb*, 1995, p. 943.
[398] FCD, p. 305.
[399] *Wb* V, 379, 16; FCD, p. 305.
[400] Hannig, H*wb*, 2003, pp. 1450-1451; *Urk* I, 55, 16; Gardiner, *Sinai*, I, pl. VII, n°13.

(2) *Urk* IV, 238, 13.
(3) *Urk* IV, 238, 6.

ṯnt.t

Graphies à composante phonétique

a)  mon. AE **(1)** - TR XVIII dyn **(2)** - mon. ptolém. **(3)**

b)  CT **(4)**

c)  pap hiér. **(5)**

Particularités graphiques:
Le suffixe *-t* indique qu'il s'agit d'un nom collectif.

Étymologie:
Probable lien au verbe *ṯnj* « se distinguer »[401] pour indiquer le bétail qui se distingue.

Sens:
« vaches sacrées d'Hathor ».[402]

Dans les titres administratifs:
mnjw ṯnt.t « berger de bétail-*ṯnt.t* » **(6)**[403]
jmj-r3 ṯnt.t « responsable de bétail-*ṯnt.t* » **(7)**
jmj-r3 ṯst n(.t) ṯnt.t « surveillant du troupeau de bétail-*ṯnt.t* » **(8)**[404]

Textes:
(1) *CGC* 28001; Petrie, *Dendereh*, pl. VIIIB: mastaba de *Merra*; pl. XXXVII sarcophage de *Beb*; *Meir* V, pl. 30, p. 17 note 1; I, p. 7 note 5; I, p. 8 note 1.
(2) *Urk* IV, 235, 17.
(3) Černý, *Misc. Gregor.*, p. 57.
(4) *CT* VI, 137g [M22C].
(5) *pap. Gardiner* III.

[401] FCD, p. 305; Hanning, H*wb*, 1995, p. 956.
[402] *Wb* V, 376, 3-4; FCD, p. 306; *AnnLex* II, p. 423; F*ECT* II, p. 159 n° 1 spell 542 n°1; *Meir* I, p. 2, note 4; Pinch, *Votive offerings to Hathor*, pp. 160-183.
Les vaches *ṯnt.t* sont associées à la ville de Dendérah à partir de la VIème dynastie. Gillam, *JARCE* 32, 1995, p. 229, note 192.
[403] Ce titre est attesté à Dendérah seulement pour les surveillants des prêtres d'Hathor. Fischer, *Dendera*, p. 26-27 et note n°111-112; Brovarski, *LÄ* VI, p. 391.
Černý, *Misc. Gregor.*, p. 60: en regardant les noms qui suivent le terme *mnjw* en moyen et néo-égyptien, ils devaient être au singulier, mais souvent sont suivis par le signe du pluriel. Il s'agit, en effet, d'un nom collectif.
[404] Ce titre est attesté dans le culte de la déesse Hathor dans l'Ancien Empire et la I Période Intermédiaire. Galvin, *JEA* 70, 1984, p. 42-49.

(6) Hassan, *Giza* II, p. 169, n° 6; p. 172, fig. 205: mastaba of *Remenwka*; Petrie, *Dendereh*, pl. VIII; Ward, *Index,* p. 95, n° 795; Fischer, *Dendera*, pp. 136, 142 et 153; Fischer, *GM* 107, 1989, p. 70 fig. 1; *Meir* IV, p. 4, n° 18, pl. 15.
(7) Jones, *Index*, p. 275, n° 990; *Meir* I, p. 7 note 5; I, p. 8 note 1; V, p. 17 n°12 e pl. 30; Allam, *Hathorkult*, p. 36 e n° 6; Fischer, *Dendera*, p. 27, n° 114; Galvin, *JEA* 70, 1984, p. 47.
(8) Jones, *Index*, p. 277, n° 997; *Meir* I, p. 8, n° 1; V, p. 17, n° 12, pl. 30; Chaban-Quibell, *ASAE* 3, 1902, p. 257, fig. 3; Allam, *Hathorkult*, pp. 36-37; Fischer, *Dendera*, n° 116, 423.

d

dp.t

Graphies à composante phonétique
Type I. Signes unilitères pour les trois radicales.

a)  arch. AE **(1)** - mon. AE **(2)** - pap. méd. **(3)**

b)  pap. mag. XX dyn. **(4)**

c)  ostr. ME **(5)**

Type II. Signe t au lieu de d.

a)  mon. ptolém. **(6)**

Copte:
ϯⲡⲉ (S), ϯⲡⲓ (B) « hanche, cuisse »[405]

Particularités graphiques:
Dans les textes d'époque ptolémaïque, il y a la graphie avec *t* au lieu de *d*.

Étymologie:
Dérivation du terme *dp.t* « goût ».[406]

Sens:
Ce mot indique une morceau de viande provenant de la région des reins ayant aussi un sens plus général.[407]

Textes:
(1) *ArchAbous* I, p. 246.
(2) *Giza* II, fig. 21, p. 155: mastaba de *K3njnjswt*; VIII, fig. 56: mastaba de *K3jḫrptḥ*; Jéquier, *ASAE* 35, 1935, p. 146, fig. 11.
(3) *Sm* 15, 6.
(4) *pap. Turin* 125, 8.
(5) *O. Gardiner* 156, 6.
(6) *Edfou* VI, 72, 2; 127, 12.

dšr.t

A Graphies purement idéographiques
Type I. Graphie du signe trilitère dšr.

a)  mon. ptolem. **(1)** [408]

B Graphies à composante phonétique
Type I. Graphie du complément phonétique r.

a)  CT **(2)**

Type II. Non graphie du complément phonétique r.

a)  mon. AE **(3)**

Particularités graphiques:
La lecture des graphies idéographiques est assurée par des parallélismes.
Le suffixe *t* indique qu'il s'agit d'un collectif.

Étymologie:
Dérivation du verbe *dšr* « être rouge » et de l'adjectif « rouge ».[409]

Sens:
« bœufs rouges ».[410]
Il est employé pour indiquer cette espèce de bovin qui symbolise la destruction des ennemis du roi. En effet, celui-ci est la couleur associée à Seth.[411]
Ce terme est présent dans les inscriptions des monuments de l'Ancien Empire, dans les Textes des Sarcophages et dans des textes d'époque ptolémaïque.
Des veaux rouges sont aussi présents dans les fêtes *ḥw.t-bḥs.w* pour indiquer les ennemis.[1]

Dans les titres administratifs:
jmj-r3 km.t dšr.t « intendante des bovins noirs et rouges »
jmj-r3 km.t nb.t dšr.t nb.t « intendante de tous les bovins noirs et rouges » **(4)**

Textes:
(1) *Edfou* IV, 242, 2; V, 86, 18; VI, 286, 10; VII, 156, 2.
(2) *CT* III, 281e [BH30x].
(3) *Urk* I, 269, 14; Petrie, *Dendereh*, pl. IIA.
(4) *Urk* I, 269, 14; Petrie, *Dendereh*, pl. IIA.

[405] Breasted, *Edw. Smith Pap.*, pp. 399-400; Vycichl, *Dictionnaire étimologique,* p. 218; Westendorf, *Kopt Hwb*, p. 240.
[406] Wilson, *Ptolemaic Lexikon*, p. 1193; Breasted, *Edw. Smith Pap.*, pp. 399-400.
[407] *ArchAbous* I, p. 246; *AEO* II, pp. 243-244, n° 592; *Wb* V, 445, 13-16; Hannig, H*wb*, 2003, p. 1472; Deines-Westendorf, *Wb Medizinischen*, p. 978; Wilson, *Ptolemaic Lexikon*, p. 1193; Breasted, *Edw. Smith Pap.*, pp. 399-400.
[408] Dans les textes du temple d'Horus à Edfou, des veaux rouges, noirs et blancs sont mentionnés dans les fêtes des *ḥw.t-bḥs.w*. Blackman-Fairman, *JEA* 36, 1950, p. 72, n° 57.
[409] Hanning, H*wb*, 1995, p. 987; H*wb*, 2006, p. 1059.
[410] Hannig, H*wb*, 2003, p. 1482; H*wb*, 2006, p. 1060.
[411] Wilson, *Ptolemaic Lexikon*, p. 1208-1209; Blackman-Fairman, *JEA* 36, 1950, p. 72, n° 57.

ḏ

ḏrw.w

Graphies à composante phonétique
Type I. Double w.

a)  arch. AE **(1)** - mon. AE **(2)** - CT **(3)**

b) 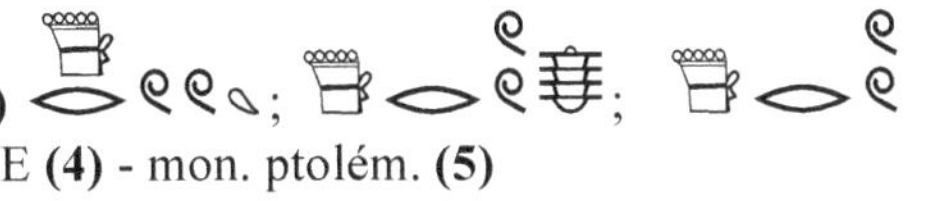 pap. méd. NE **(4)** - mon. ptolém. **(5)**

Type II. Non graphie du signe w pluriel.

a)  Pyr. **(6)** - pap. méd. ME **(7)** - CT **(8)** - TR NE **(9)** - mon. ptolém. **(10)**

b)  pap. méd. NE **(11)**

Type III. Non graphie du signe w.

a)  pap. méd. NE **(12)**

Type IV. Non graphie du signe r.

a)  mon. ptolém. **(13)**

Type V. Graphie j prothétique.

a)  mon. ptolém. **(14)**

Particularités graphiques:
Dans le textes du Nouvel Empire, il y a le signe hiératique  au lieu du .
Le pluriel est indiqué soit avec la désinence *-w* soit avec la duplication du déterminatif.
Deux déterminatifs sont utilisés: la pièce de viande ou les vertèbres.
La graphie du type IV ne présente pas la radicale *r* et celle du type V présente le *j* prothétique.

Étymologie:
Dérivation du verbe *ḏrj* « emprisonner».[412]

Sens:
Ce mot indique le flanc d'un animal ou d'un homme.[413]
Présent dans les scène de boucherie, il est aussi lié aux divinités[414] et avec le sens général « partie du nez ».[415]
Enfin, il peut désigner les talons d'un animal.[416]

Textes:
(1) *ArchAbous* I, p. 247;
(2) Firth-Gunn, *Teti Cem* II, p. 46, pl. 49; Montet, *Kêmi* 6, 1936, p. 91; Capart, *Rue des tombeaux*, pl. 56.
(3) *CT* VI, 193n [B1Be-B1P].
(4) *Eb* 190a (37, 6).
(5) *Edfou* VI, 71, 5.
(6) *Pyr* § 1485b [P].
(7) *pap. Kahun*, pl. VII, col. 41-42.
(8) *CT* I, 216a [B10C^{b}-B17C-B12C]; VI, 391o [T1L].
(9) Hornung, *Anbetung des Re*, p. 212.
(10) *Edfou* VI, 89, 9.
(11) *Sm* 11 (5, 15).
(12) *Eb* 189c.
(13) *Edfou* VI, 85, 2.
(14) *Edfou* III, 301, 1.

[412] Hannig, H*wb*, 2006, p. 1088.
[413] Hornung, *Anbetung des Re*, p. 212; *Edfou* III, 301, 1; VI, 85, 2; 89, 9.
[414] *Sm* 11 (5, 15).
[415] *pap. Kahun*, pl. VII, col. 41-42.
[416] *ArchAbous* I, p. 247; *Wb* V, 602, 4-5; *AEO* II, pp. 254-255, n° 605; Hannig, H*wb*, 2003, p. 1508; Deines-Westendorf, *Wb Medizinischen*, pp. 1009-1010; Van der Molen, *Coffin Texts*, pp. 846-847.

III. BIBLIOGRAPHIE

III.1. Abréviations des types des documents

Je distingue les textes, où les mots sont présents, en six groupes: textes magico-religieux, textes des monuments funéraires des particuliers, idéologie royale, textes historiques, textes littéraires et textes de la pratiques.
J'ai utilisé les abréviations suivantes:

Textes magico-religieux:
BD: Livre des Morts
CT: Textes des Sarcophages
mon. relig. Ram.: textes religieux des monuments de l'époque ramesside
mon. gr.-rom.: textes religieux des monuments d'époque grecque romaine
mon. ptolém.: textes religieux d'époque ptolémaïque
pap. hiér. mag. ram.: papyrus magique en hiératique d'époque ramesside.
pap. relig. ép. gr.-rom.: papyrus religieux d'époque grecque romaine
pap. ptolém.: papyrus religieux d'époque ptolémaïque
Pyr: Textes des Pyramides
toponyme Pyr.: toponyme présent dans les Textes des Pyramides
TR: textes religieux
TR ME: textes religieux du Moyen Empire
TR NE: textes religieux du Nouvel Empire
TR Ram.: textes religieux d'époque ramesside
TR dem.: textes religieux en démotique
TR IV sec: textes religieux du IVème siècle
Monuments funéraires de particuliers:
mon. fun.: monuments funéraires
mon. AE: textes des monuments de l'Ancien Empire
mon. I PI: textes des monuments de la Première Période Intermédiaire
mon. XII dyn: textes des monuments de la XIIème dynastie
mon. ME: textes des monuments du Moyen Empire
mon. XVIII dyn: textes des monuments de la XVIIIème dynastie
mon. NE: textes des monuments du Nouvel Empire
mon. ram.: textes des monuments de l'époque ramesside
mon. XX dyn: textes des monuments de la XXème dynastie
mon. XXV dyn: textes des monuments de la XXVème dynastie
mon. époque rom.: textes des monuments d'époque romaine
statue AE: texte écrit sur une statue de l'Ancien Empire
statue NE: texte écrit sur une statue du Nouvel Empire
stèle fun.: stèle funéraire
stèle d'offrande: texte écrit sur une stèle d'offrande
stèle AE: texte écrit sur une stèle de l'Ancien Empire
stèle XII dyn: texte écrit sur une stèle de la XIIème dynastie
stèle ME: texte écrit sur une stèle du Moyen Empire
stèle XVIII dyn: texte écrit sur une stèle de la XVIIIème dynastie
tab. d'offr. XXV-XXVI dyn.: table d'offrande des XXV-XXVI dynasties
Idéologie royale:
stèle royale: stèle royale
idéo. roy.: textes de l'idéologie royale
text polit. Ramess.: textes politiques d'époque ramesside
Textes historiques:
biogr. ME: biographie du Moyen Empire
biogr. XVIII dyn: biographie de la XVIIIème dynastie
inscript. AE: inscription de l'Ancien Empire
inscript. ME: inscription du Moyen Empire
inscript. XII dyn: inscription de la XIIème dynastie
inscription hist. XVIII dyn: inscription historique de la XVIIIème dynastie
inscript. hiérat. ME: inscription hiératique du Moyen Empire
inscrip. Ram.: inscription d'époque ramesside
inscript. ép. saïte: inscription d'époque saïte
texte hist. AE: texte historique de l'Ancien Empire
texte hist. I PI:texte historique de la Première Période Intermédiaire
texte hist. NE: texte historique du Nouvel Empire
texte hist. XVIII dyn: texte historique de la XVIIIème dynastie
Textes littéraires:
litt. ME: texte littéraire du Moyen Empire
litt. NE: texte littéraire du Nouvel Empire
ostr. litt. NE: ostracon littéraire du Nouvel Empire
pap. hiér. litt. NE: papyrus littéraire en hiératique du Nouvel Empire
pap. litt. NE: papyri littéraires du Nouvel Empire
pap. litt. NE: papyri littéraires de la XXème dynastie
stèle poet. XVIII dyn: stèle poétique de la XVIIIème dynastie.
tabl. XXV dyn.: tablette littéraire de la XXVème dynastie
texte litt. ME: textes littéraires du Moyen Empire
texte litt. XVIII dyn.: textes littéraires de la XVIIIème dynastie
texte litt. NE: textes littéraires du Nouvel Empire
Textes de la pratique:
arch. AE: documents des archives administratifs de l'Ancien Empire
ostr. mag.: ostracon magique
ostr. non litt: ostracon non littéraire
ostr. Ram II: ostracon du règne de Ramesse II
pap adm. ME: papyrus de l'administration du Moyen Empire
pap. adm. NE: papyrus de l'administration du Nouvel Empire
pap. adm Ram: papyrus de l'administration ramesside
pap. NE: papyrus du Nouvel Empire
pap. I PI: papyrus de la Première Période Intermédiaire
pap. II PI: papyrus de la Deuxième Période Intermédiaire
pap. dem.: papyri écrits en démotique
pap. magico-méd NE: papyrus magico-médical du Nouvel Empire
pap. math: papyri mathématique
pap. mag.: papyrus magique
pap. hiérat. mag. ram.: papyrus hiératique magique d'époque ramesside
pap. méd: papyrus médical

pap. ptolém.: papyrus d'époque ptolémaïque
texte adm. AE: texte administratif de l'Ancien Empire
texte adm. ME: texte administratif du Moyen Empire
texte adm. XVIII dyn.: texte administratif de la XVIIIème dynastie
texte adm. NE: texte administratif du Nouvel Empire

III.2 Liste des documents

Adm: Gardiner, *Admonition of an Egyptian sage.*
An: Papyrus Anastasi: Gardiner, *LEM.*
ArchAbous: Posener - Kriéger, *ArchAbousir.*
Berlin-Charlottenburg 1/85: Fischer, *Varia Nova*, pp. 32-33, pl. 6.
Cairo JE 43290: Goedicke, *MDAIK* 50, 1994, p. 73.
CGC 20024,7: Pielh, *Inscriptions*, III, pl. 7-8.
CGC 58036, l. 11 et 20: Golenischeff, *Papyrus hiératiques*, pp. 256 et 259.
Eb: Ebbell, *Papyrus Ebers.*
Enseignement loyaliste: Posener, *Enseignement loyaliste.*
Harr: Erichsen, *Papyrus Harris I.*
Hieroglyphic texts: James, *Hieroglyphic texts.*
Horus et Seth: Broze, *Mythe et roman en Egypte ancienne.*
O. Ashmolean 1945.37+1945.33: Černý - Gardiner, *Hieratic ostraca.*
O. Gardiner 156: *AEO*, II, p. 240.
O. Mond n° 171: Megally, *CdE* 66, 1991.
O. Wente: Wente, *Studies in honor of W. K. Simpson.*
ODL 99: Devauchelle, *Ostraca démotiques.*
ODM 1057: Smither, *JEA* 27, 1941.
ODM 1222: Fischer-Elfert, *Lesefunde.*
ODM 368: Černý, *Ostraca non littéraires.*
Orb: Gardiner, *LEM.*
Ostr. Gardiner 155, v° n° 3: *AEO* II, p. 239*.
pap. Berlin 3038: Wreszinski, *Medizinische Papyrus.*
pap. Berlin 3110: Spiegelberg, *Demotische papyrus.*
pap. Berlin 9784: Gardiner, *ZÄS* 43, 1906.
pap. BM 10208: Haikal, *Funerary Papyri.*
pap. BM n°47.218.156: Sauneron, *Le papyrus magique.*
pap. BM n°47.218.48: Sauneron, *Traité d'ophiologie.*
pap. BM n°47.218.50: Goyon, *Confirmation du pouvoir royal.*
pap. Boulaq 17: Mariette, *Papyrus égyptiens*
pap. Boulaq 6: Koenig, *Le papyrus Boulaq 6.*
pap. Bremner-Rhind: Faulkner, *Papyrus Bremner-Rhind*
pap. Chester Beatty III: Gardiner, *Hieratic papyri.*
pap. Gardiner III: Haikal, *Funerary Papyri.*
pap. Hearst: Reisner, *Hearst medical papyrus..*
pap. Iahtesnacht: Verhoeven, *Iahtesnacht.*
pap. Imouthes: Goyon, *Imouthes.*
pap. Jumilhac: Vandier, *Papyrus Jumilhac.*
pap. Kahun: Griffith, *Hieratic papyri.*
pap. Koller: Gardiner, *LEM.*
pap. lac Moeris: Lanzone, *Papyrus du lac Moeris*
pap. Lansing: Gardiner, *LEM.*
pap. Leiden I 343+I 345: Massart, *Leiden Magical Papyrus.*
pap. Leyde T32: Herbin, *Le livre de parcourir l'éternité.*
pap. Leyden I 344 recto: Enmarch, *Ipuwer*, col. 5, 5.
pap. Louvre E 7833A: Malinine, *RdE* 8, 1951.
pap. Louvre I 3079: Haikal, *Funerary Papyri.*
pap. Nebseni: Lapp, *Papyrus of Nebseni.*
pap. New York 35.9.21: Goyon, *BIFAO* 75, 1975.
pap. Nu: Lapp, *Papyrus of Nu.*
pap. Ram.: Gardiner, *The Ramesseum Papyri*; Barns, *Five Ramesseum Papyri.*
pap. Reisner: Reisner, *Hearst medical papyrus.*
pap. Rhind: Peet, *Rhind mathematical papyrus.*
pap. Salt 124: Černý, *JEA* 15, 1929, pl. XLII-XLVI.
pap. Schmidt: Quaegebeur, *StudAeg III*, 1977.
pap. Tebtunis Fr. U20: Osing, *Tebtunis*, p. 139.
pap. Torino 54003: Roccati, *Papiro ieratico n° 54003.*
pap. Tur 1907+1908: Janssen, *JEA* 52, 1966.
pap. Tur 1993: Borghouts, *RdE* 32, 1980; Pleyte-Rossi, *Papyrus de Turin*, pl. 136, 9-12.
pap. Turin 125: Haikal, *Funerary Papyri.*
pap. Turin 2124: Stephen, *Yale papyri*, n° 26, Chico, California, 1985.
pap. Turin A: Gardiner, *LEM.*
pap. Wilbour: Gardiner, *Wilbour Papyrus.*
pap.Berlin 10463: Caminos, *JEA* 49, 1963.
pap.Berlin 9785: Gardiner, *ZÄS* 43, 1906.
pap.Boulaq 11*:* Mariette, *Papyrus égyptiens.*
Pianchi: *Urk* III, 1-56.
Rouen AEg.348: Aufrère, *BIFAO* 85, 1985.
Sall: Papyrus Sallier: Gardiner, *LEM.*
Sin: The story of Sinuhe: Blackman, *Middle Egyptian Stories.*
Sm: Breasted, *Edwin Smith papyrus.*
Stela BM EA 1628: Franke, *JEA* 93, 2007.
stèle Caire E 51911: Helck, *Historisch-biographische Texte*, pp. 31-34.
stèle *Berlin 14753*: Meurer, *Nubier in Ägypten.*
stèle de *Antef, BM* 134 [1164]: James, *Hieroglyphic texts* I, pl. 55.
Stèle Heka-Yeb: Polotsky, *JEA* 16, 1930.
Stèle JdE n° 28569: Gaballa, *JEA* 63, 1977, p. 122, pl. XXII-XXIIa.
stèle *Vatikan 209*: Thirion, *RdE* 34, 1982-1983
Tablette Ashmolean Museum 964.489: Barns, *JEA* 54, 1968.
tablette Turin CGC 58005: Posener, *RdE* 18, 1966.
Westcar: Erman, *Papyrus Westcar.*

III.3 Abréviations des périodiques et collections

AEO	A. H. Gardiner, *Ancient Egyptian Onomastica*, Londres, 1947.
AnnLex	D. Meeks, *Année lexicographique*, Paris.
ASAE	*Annales du Service des Antiquités de l'Égypte*, Le Caire.
BD	E. A. Budge, *The Book of the Dead*, Londres, 1898.
BdE	*Bibliothèque d'Étude, Institut français d'archéologie orientale*, Le Caire
BiAeg	*Bibliotheca aegyptiaca*, Bruxelles
BIFAO	*Bulletin de l'Institut français d'archéologie orientale*, Le Caire.
BiOr	*Bibliotheca Orientalis*, Leyde.
CAA	*Corpus Antiquitatum Aegyptiacarum, Lose-Blatt-Katalog ägyptischer Altertümer*, Mayence

CdE	*Chronique d'Egypte,* Brüxelles
CGC	*Catalogue générale du Musée du Caire.*
CT	A. De Buck, *The Egyptian Coffin Texts,* Chicago, 1935-1961.
Dend	E. Chassinat, *Le Temple de Dendera,* I-V, Le Caire, 1934-1952.
Edfou	E. Chassinat, *Le temple d'Edfu,* vol. I-XIV, Le Caire, 1897-1934.
Esna	S. Sauneron, *Le temple d'Esna,* Le Caire, 1968.
FCD	R. O. Faulkner, *A concise dictionary of Middle Egyptian,* Oxford, 1998
FECT	R. O. Faulkner, *The Ancient Egyptian Coffin Textes,* Warminster, 1985.
GM	*Göttinger Miszellen, Göttingen.*
GOF	*Göttinger Orientforschungen,* Wiesbaden.
JAOS	*Journal of the American Oriental Society* (New Haven, Conn.).
JEA	*Journal of Egyptian Archeology,* Londres.
KRI	K. A. Kitchen, *Ramesside inscriptions : historical and biographical,* Oxford, 1968-1990.
LÄ	W. Helck - W. Westendorf , *Lexikon der Ägyptologie,* Wiesbaden.
LD	K. R. Lepsius, *Denkmäler aus Ägypten und Äthiopien,* Berlin.
LES	A. H. Gardiner, *Late-Egyptian Stories,* Bruxelles, 1932.
LGG	Ch. Leitz, *Lexikon der ägyptischen Götter und Götterbezeichnungen,* Leuven, 2002.
MDAIK	*Mitteilungen des deutschen archäologischen Instituts, Abt. Kairo,* Wiesbaden.
MIFAO	*Mémoires publiés par les membres de l'Institut français d'archéologie orientale,* Le Caire.
OLA	*Orientalia lovaniensia analecta,* Louvain.
OMRO	*Oudheidkundige Mededelingen vit het Rijksmuseum van Oudheden,* Leyde.
Pyr.	K. Sethe, *Die Altaegyptischen Pyramidentexte,* Leipzig, 1908-1922.
RdE	*Revue d'égyptologie,* Paris-Louvain.
RT	*Recueil de travaux relatifs à la philologie et à l'archéologie égyptiennes et assyriennes,* Paris.
StudAeg	*Studia aegyptiaca,* Budapest.
Totb	Lepsius, *Das Todtenbuch der Agypter nach dem hieroglyphischen Papyrus in Turin,* Osnabruck, 1972.
Urk	K. Sethe, *Urkunden der 18. Dynastie,* Leipzig, 1905-1909.
ZÄS	*Zeitschrift für Ägyptische Sprache und Altertumskunde,* Berlin.
Wb	A. Erman - H. Grapow, *Wörterbuch der ägyptischen Sprache,* Leipzig, 1926- 1931.

III.4 Bibliographie

AA. VV., *L'animal, l'homme, le dieu dans le Proche-orient ancien. Actes du colloque de Cartigny* 1981, CEPOA 2, Louvain, 1984.

Aba
G. Jéquier, *La pyramide d'Aba,* Le Caire, 1935.

Abdalla, *JEA* 79, 1993
A. Abdalla, « Two monuments of the Eleventh Dynasty date from Dendera in the Cairo Museum », *JEA* 79, 1993, pp. 248-254.

Akhethetep
Ch. Ziegler, *Le mastaba d'Akhethetep: une chapelle funéraire de l'Ancien Empire,* Paris, 1993.

Allam, *Melange Mokhtar*
S. Allam, « Trois letters d'affaires », in P. Posener-Krieger, *Mélanges Gamal Eddin Mokhtar*, vol. I-II, *BdE* 97, Le Caire, 1985.

Allam, *Hathorkult*
S. Allam, *Beiträge zum Hathorkult (bis zum Ende des Mittleren Reiches*, Berlin, 1963.

Altenmüller, *Synkretismus*
B. Altenmüller, « kA, kA.w (Stier, Stiere)», in *Synkretismus in den Sargtexten, GOF* 7, Wiesbaden, 1975.

Altenmüller, *GM* 33, 1979
H. Altenmüller, « Ein Zauberspruch zum Schutz des Leibes », *GM* 33, 1979, pp. 7-12.

Altenmüller, *Mehu*
H. Altenmüller, *Die Wanddarstellungen im Grab des Mehu in Saqqara*, Mayence, 1998.

Amada
F. Abdel - Haamid - M. Dewachter, *Le temple d'Amada. Cahier IV. Dessin-index-tables de concordance*, Le Caire, 1967.

Amarna
N. de G. Davies, *The rock tombs of Amarna I-VI*, Londres, 1903.

Antefoker
N. de G. Davies, *The tomb of Antefoker, vizier of Sesostris I, and of his wife, Senet (No. 60),* Londres, 1920.

Anselin, *Discussion in Egyptology* 40, 1998
A. Anselin, «Le scribe et le poisson. Les hiéroglyphes des poissons » , *Discussion in Egyptology* 40, 1998, pp. 9-49.

Aspesi, *La distinzione dei generi*
F. Aspesi, *La distinzione dei generi nel nome antico-egiziano e semitico*, Firenze, 1977.

Aspesi, *Remarques sur la suffixation chamito-sémitique*
F. Aspesi, *Remarques sur la suffixation chamito-sémitique*, in *Proceedings of the Fourth International Hamito-Semitic Congress. Marburg, 20-22 September, 1983,* Amsterdam-Philadelphia, 1987, pp. 1-10.

Aspesi, *Genre des noms et genre des morphèmes personnels en chamito-sémitique*
F. Aspesi, *Genre des noms et genre des morphèmes personnels en chamito-sémitique*, in *Proceedings of the Fifth International Hamito-Semitic Congress. Wien, 28 September-2 October, 1987,* vol. I, Wien, 1980, pp. 11-28.

Aufrère, *L'univers minéral*
S. Aufrère, *L'univers minéral dans la pensée égyptienne*, I-II vol., *BdE* 105, Le Caire, 1991.

Bakir, *Egyptian Epistolography*
A. Bakir, *Egyptian epistolography: from the eighteenth to the twenty-first dynasty*, *BdE* 48, Le Caire, 1970.

Baqué, *SAK* 30, 2002
L. Baqué, « On that day when the Long-horned Bull was lassoed... »(PT [254]286). A Scene in the « Corridor of the Bull » of the cenotaph of Sethos I in Abydos. An Iconologic Approach », *SAK* 30, 2002, pp. 43-51.

Barbotin, *RdE* 50, 1999
C. Barbotin, « Le papyrus Chassinat III (pl. I-XII) », *RdE* 50, 1999, pp. 5-49.

Barns, *Five Ramesseum Papyri*
J. W. B. Barns, *Five Ramesseum Papyri,* Oxford, 1956.

Barns, *JEA* 54, 1968
J. W. B. Barns, « New wisdom texts from a writing-board », *JEA* 54, 1968, pp. 71-76.

Beckerath, *Handbuch*
J. Beckerath von, *Handbuch der ägyptischen Königsnamen*, Mayence, 1999.

Beni Hasan
P. E. Newberry, *Beni Hasan,* vol. I-IV, Londres, 1893.

Bersheh
P. E. Newberry, *El Bersheh,* Londres, 1893.

Blackman, *ZÄS* 47, 1910
A. M. Blackman, « Some Middle Kingdom Religious Texts », *ZÄS* 47, 1910, pp. 116-132.

Blackman, *Middle Egyptian Stories*
A. M. Blackman, *Middle Egyptian Stories,* Bruxelles, 1932.

Blackman, *JEA* 21, 1935
A. M. Blackman, « The Stela of Nebipusenwosret: British Museum n° 101 », *JEA* 21, 1935, pp. 1-9, pl. I.

Blackman, *JEA* 31, 1945
A. M. Blackman, « The king of Egypt's grace before meat », *JEA* 31, 1945, pp. 57-73.

Blackman - Fairman, *JEA* 35, 1949
A. M. Blackman - H. W. Fairman, « The Significance of the Ceremony Hwt-bHsw in the Temple of Horus at Edfu », *JEA* 35, 1949, pp. 98-112.

Blackman - Fairman, *JEA* 36, 1950
A. M. Blackman - H. W. Fairman, « The Significance of the Ceremony Hwt-bHsw in the Temple of Horus at Edfu », *JEA* 36, 1950, pp. 63-81.

Boessneck, *Haustiere*
J. Boessneck, *Die Haustiere in Altägypten*, Munich, 1953.

Boessnek, *Tierwelt*
J. Boessneck, *Die Tierwelt des Alten Ägypten*, Munich, 1988.

Bongioanni, *GM* 68, 1983
A. Bongioanni, « Considerations sur les 'noms' d'Aten et la nature du rapport souverain-divinité à l'époque amarnienne », *GM* 68, 1983, pp. 43-51.

Bongioanni - Comba , *Bestie o dei*
A. Bongioanni - E. Comba, *Bestie o dei. L'animale del simbolismo religioso (Naos I)*, Turin, 1996.

Bonhême, *BIFAO* 79, 1979
M. A. Bonhême, « Hérihor fut-il effectivement roi ? », *BIFAO* 79, 1979,pp. 267-283.

Bonnet, *Reallexikon*
H. Bonnet, *Reallexikon der ägyptischen Religionsgeschichte*, Berlin, 1952.

Borchardt, *Sahure* II
von L. Borchardt, *Das Grabdenkmal des Königs S'a3hu-Re'. Band II, die Wandbilder. Text. Abbildungsblätter*, Leipzig, 1913.

Borghouts, *Ancient Egyptian Magical Texts*
J. F. Borghouts, *Ancient Egyptian Magical Texts,* Leyde, 1978.

Borghouts, *RdE* 32, 1980
J. F. Borghouts, «The ram as a protector and prophesier», *RdE* 32, 1980, pp. 33-46.

Bosticco, *Stele*
Bosticco, *Le stele egiziane dall'Antico al Nuovo Regno,* Rome, 1959.

Breasted, *Edwin Smith papyrus*
J. H. Breasted, *The Edwin Smith papyrus: some preliminary observations,* New York, 1922.

Brewer, « Animal husbandry »
Douglas J. Brewer, « Animal husbandry », *Oxford Encyclopedia*, vol. I, pp. 89-94.

Brewer, « Sheep and goats »
Douglas J. Brewer, « Sheep and goats », *Oxford Encyclopedia*, vol. III, pp. 278-279.

Brovarski, *LÄ* VI
E. Brovarski, « Tempelpersonal. I. AR », *LÄ* VI, pp. 387-401.

Broze, *Mythe et roman en Egypte ancienne*
M. Broze, *Mythe et roman en Egypte ancienne: les aventures d'Horus et Seth dans le papyrus Chester Beatty I*, Leuven, 1996.

Brunner, *Siut*
H. Brunner, *Die Texte aus den Gräbern der Herakleopolitenzeit von Siut mit Übersetzung und Erläuterungen*, Glückstadt, 1937.

Bruyère, *Deir el Médineh*
B. Bruyère, *Rapport sur les fouilles de Deir el Médineh (1930), FIFAO* 8, III partie, Le Caire, 1933.

Budge, *Egyptian Hier Dict*
E. A. Wallis Budge, *An Egyptian hieroglyphic dictionary,* Londres, 1920.

Buhen
R. A. Caminos, *The New Kingdom Temples of Buhen*, vol. I-II, Londres, 1974.

Cabrol, *Voies processionnelles*
A. Cabrol, *Les voies processionnelles de Thèbes*, Leuven, 2001.

Calverley - Gardiner, *Abydos II*
A. M. Calverley - A. H. Gardiner, *The Temple of King Sethos I at Abydos. II, The Chapels of Amen-Re, Re-Harakhti, Ptah and King Sethos*, Chicago, 1935.

Caminos, *LEM*
R. A. Caminos, *Late-Egyptian miscellanies,* Londres, 1954.

Caminos, *Lit. Frag.*
R. A. Caminos, *Literary fragments in the hieratic script*, Oxford, 1956.

Caminos, *Osorkon*
R. A. Caminos, *The Chronicle of Prince Osorkon,* Rome, 1958.

Caminos, *JEA* 49, 1963
R. A. Caminos, « Papyrus Berlin 10463 », *JEA* 49, 1963, pp. 29-37.

Caminos, *A tale of Woe*
R. A. Caminos, *A tale of Woe*, Oxford, 1977.

Capart, *Rue des tombeaux*
J. Capart, *Une rue de tombeaux à Saqqarah,* Bruxelles, 1907.

Capart, *Seti I*
J. Capart, *Abydos: le temple de Séti Ier: étude générale*, Bruxelles, 1912.

Capart, *CdE* 15, 1940
J. Capart, « L'énigme de Tahta », *CdE* 15, 1940, n°29, pp. 45-50.

Cauville, *Théologie d'Osiris*
S, Cauville, *La théologie d'Osiris à Edfou, BdE* 91, Le Caire, 1983.

Cauville, *Dendera*
S. Cauville, *Dendera V-VI,* Leuven-Paris-Dudley, 2004.

Cauville, *Dendera Index*
S. Cauville, *Dendera V-VI. Index phraséologique,* Leuven-Paris-Dudley, 2004

Černý, *JEA* 15, 1929
J. Černý, « Papyrus Salt 124 (Brit. Mus. 10055) », *JEA* 15, 1929, pp. 243-258, pl. XLII-XLVI.

Černý, *Misc. Gregor.*
J. Černý, «Il ⲙⲁⲛ- copto e l'etimologia del nome Manetone», *Miscellanea Gregoriana*, 1941, pp. 57-61.

Černý, *Ostraca non littéraires*
J. Černý, *Catalogue des ostraca hiératiques non littéraires de Deir El Médineh,* vol. I-VI, Le Caire, 1935-1970.

Černý, *Papyrus hiératique*
J. Černý, *Papyrus hiératiques de Deir El Médineh*, vol. I-II, Le Caire, 1978-1986.

Černý - Gardiner, *Hieratic ostraca*
J. Černý - A.H. Gardiner, *Hieratic ostraca*, Oxford 1957.

Chassinat, *Mammisi Edfou*
E. Chassinat, *Le Mammisi d'Edfou I and II,* Le Caire, 1910.

Chassinat, *Le mistère d'Osiris*
E. Chassinat, *Le mystère d'Osiris au mois de khoiak*, Le Caire, 1966-1968.

Clère, *Les chauves d'Hathor*
J.J. Clère, *Les chauves d'Hathor,* Leuven, 1995.

Clère -Vandier, *Textes de la PPI*
J.J. Clère - J. Vandier, *Textes de la Première Période Intermédiaire et de la XIème dynastie*, Bruxelles, 1948.

Colin, *BIFAO* 98, 1998
F. Colin, « Les Paneia d'El-Buwayb et du Ouadi Minayh sur la piste de Bérénice à Coptos: inscriptions égyptiennes », *BIFAO* 98, 1998, pp. 89-125.

Collombert, *RdE* 46, 1995
P. Collombert, « Quelques précision sur la lecture et la signification du mot  », *RdE* 46, 1995, pp. 205-208.

Collombert, *Melange Neveu*

P. Collombert, « Des animaux qui parlent néo-égyptien. Relief Caire JE 58925 », *Mélange Neveu*, IFAO, Le Caire, 2008, pp. 63-71.

Couyat - Montet, *Hammamat*
J. Couyat - P. Montet, *Les inscriptions hiéroglyphiques et hiératiques du Ouâdi Hammâmât*, Le Caire, 1912.

Cramer, *ZÄS* 72, 1936
M. Cramer, « Ägyptische Denkmäler im Kestner-Museum zu Hannover », *ZÄS* 72, 1936, pp. 81-108, pl. IV-IX.

Crum, *Copt Dict*
W. E. Crum, *A Coptic Dictionary,* Oxford, 1929.

Curto, *Giza*
S. Curto, *Gli scavi italiani a El-Ghiza (1903)*, Rome, 1963.

Darby - Ghahoungui, *Food*
W. J. Darby - P. Ghahoungui, *Food: the gift of Osiris,* Londres, New York, San Francisco, 1977.

Daressy, *RT* 11, 1889
Daressy, « Notes et remarques », *RT* 11, 1889, pp. 79-95.

Daressy, *RT* 14, 1893
G. Daressy, « Notes et remarques », *RT* 14, 1893, pp. 20-38.

Daressy, *ASAE* 5, 1904
G. Daressy, « Inscriptions hiéroglyphiques du musée d'Alexandrie », *ASAE* 5, 1904, pp. 113-128.

Daressy, *RT* 27, 1905-1906
G. Daressy, « Hymne à Khnoum du temple d'Esnéh », *RT* 27, 1905-1906, p. 187-193.

Daressy, *ASAE* 15, 1915
G. Daressy, « Une stèle de l'Ancien Empire maintenant détruite », *ASAE* 15, 1915, pp. 207-208.

Daressy, *ASAE* 16, 1916
G. Daressy, « La nécropole des grands prêtres d'Heliopolis sous l'Ancien Empire », *ASAE* 16, 1916, pp. 193-212.

Daressy, *ASAE* 17, 1917
G. Daressy, « Rituel des offrandes à Amenhotep Ier », *ASAE* 17, 1917, pp. 97- 129.

Davies, *Five tombs*
N. de G. Davies, *Five theban tombs (being those of Mentuherkhepeshef Iser, Daga, Nehemaway and Tati)*, Londres, 1913.

Davies, *Ken-Amun*
N. de G. Davies, *The Tomb of Ken-Amun at Thebes,* New York, 1930.

Davies, *Neferhotep*
N. de G. Davies, *The Tomb of Neferhotep at Thebes* (nr. 49), New York, 1933.

Davies, *Rekhmire*
N. de Garis Davies, *The Tomb of Rekhmire at Thebes I,* New York, 1943.

Davies - Macadam, *Funerary Cones*
N. de G. Davies - M. F. Laming Macadam, *A corpus of inscribed Egyptian funerary cones*, Oxford, 1957.

Deines - Westendorf, *Wb Drogennamen*
H. von Deines - W. Westendorf, *Wörterbuch der ägyptischen Drogennamen* (Grundriss der Medizin des Alten Ägypter VI, 2), Berlin, 1959.

Deines - Westendorf, *Wb Medizinischen*
H. von Deines - W. Westendorf, *Wörterbuch der medizinischen Texte* (Grundriss der Medizin des Alten Ägypter VII, 2), Berlin, 1962.

Deir el-Bahari
E. Naville, *The Temple of Deir el-Bahari* V, Londres, 1906.

Deir Gebr
N. de G. Davies, *The Rock Tombs of Deir el Gebrawi I-II, ASE,* Londres, 1902.

Demaree, *The* 3h ikr n Ra-*Stelae*
R. J. Demaree, *The* 3h ikr n Ra-*Stelae: on ancestor worship in ancient Egypt*, Leyde, 1983.

Dend Mar
A. Mariette, *Denderah. Description générale du grand temple de cette ville*, vol. I-V, Paris 1870-1874.

Derchain, *RdE* 9, 1952
P. Derchain, « Bébon, le dieu et les mythes », *RdE* 9, 1952, pp. 23-47.

Deshasha
N. Kanawati A. McFarlane, *Deshasha: the tombs of Inti, Shedu and others*, Leyde, 1996.

Desroches Noblecourt, *BIFAO* 53, 1953
Chr. Desroches Noblecourt, « Concubines du mort et mères de famille au Moyen Empire à propos d'une supplique pour une naissance », *BIFAO* 53, 1953, pp. 7-47, pl. I-V.

Devauchelle, *Ostraca démotiques*
D. Devauchelle, *Ostraca démotiques du Musée du Louvre*, *BdE* 92, vol. I, Le Caire, 1983.

De Wit, *CdE* 36, 1961
C. De Wit, « Inscriptions dédicatoires du temple d'Edfou », *CdE* 36, 1961, pp. 56-97.

Dijk, *GM* 33, 1979

J. van Dijk, « The Luxor building inscription of Ramesses III », GM 33, 1979, pp. 19- 27, pl. I-II.

Drioton, *ASAE* 43, 1943
Et. Drioton, « Description sommaire des chapelles funéraires de la VI dynastie récemment découvertes derrière le mastaba de Mérérouka à Saqqara », *ASAE* 43, 1943, pp. 487-514.

Dunham, *Naga-ed-Der stelae*
D. Dunham, *Naga-ed-Dêr stelae of the First Intermediate Period*, Londres, 1937.

Dunand - Lichtenberg, *Des animaux et des hommes*,
F. Dunand - R.Lichtenberg, *Des animaux et des hommes*, Paris, 2005.

Dunham - Simpson, *Giza Mastabas* 1
D. Dunham - W. K. Simpson, *The mastaba of queen Mersyankh III: G 7530-7540*, *Giza Mastabas* 1, Boston, 1974.

Ebbell, *Papyrus Ebers*
B. Ebbell, *The Papyrus Ebers. The Greatest Egyptian Medical Document,* Copenhagen - Londres, 1937.

Egberts, *In quest of meaning*
A. Egbert, *In quest of meaning: a study of the ancient Egyptian rites of consecrating the meret-chests and driving the calves*, vol. I-II, Leyde, 1995.

Elkab
Elkab, Bruxelles: Fondation Egyptologique Reine Elisabeth, vol. I-VIII, 1971-2002.

Ember, *ZÄS* 50, 1912
A. Ember, « Notes on the Relation of Egyptian and Semitic », *ZÄS* 50, 1912, pp. 86-90.

Ember, *ZÄS* 51, 1914
Ember A., « Kindred Semito-Egyptian Words », *ZÄS* 51, 1914, pp. 110-121.

Enmarch, *Ipuwer*
R. Enmarch, *The dialogue of Ipuwer and the lord of all*, Oxford, 2005.

Erichsen, *Papyrus Harris I*
W. Erichsen, *Papyrus Harris I*, Bruxelles, 1933.

Erichsen, *Demotisches Glossar*
W. Erichsen, *Demotisches Glossar,* Copenhague, 1954.

Erman, *Papyrus Westcar*
A. Erman, *Die Märchen des Papyrus Westcar*, Berlin, 1890.

Erman, *Hymnen*
A. Erman, *Hymnen an das Diadem der Pharaonen: aus einem Papyrus der Sammlung Golenischeff*, Berlin, 1911.

Farag, *RdE* 32, 1980
S. Farag, « Une inscription memphite de la XII dynastie », *RdE* 32, 1980, pp. 75-82, pl. 3-5.

Faulkner, *Papyrus Bremner-Rhind*
R. O. Faulkner, *The Papyrus Bremner-Rhind (British Museum No. 10188)*, Bruxelles, 1933.

Faulkner, *JEA* 22, 1936
R. O. Faulkner, « The Bremner-Rhind Papyrus I », *JEA* 22, 1936, pp. 121-140.

Faulkner, *AEPT*
R. O. Faulkner, *The ancient Egyptian Pyramid Texts*, Oxford, 1969.

Faulkner, *The Ancient Egyptian Book of the Dead*
R. O. Faulkner, *The Ancient Egyptian Book of the Dead* , Londres, 1985.

Faulkner, *The Egyptian Book of the Dead*
R. O. Faulkner, *The Egyptian Book of the Dead: The Book of Going Forth by Day. Beign the Papyrus of Ani (Royal Scribe of the Divine Offerings)*, San Francisco, 1994.

Fecht, *Wortakzent und Selbenstruktur*
G. Fecht, *Wortakzent und Selbenstruktur: Untersuchungen zur Geschichte der ägyptischen Sprache*, Glückstadt, 1960.

Firth - Gunn, *Teti Pyr Cem*
C. M. Firth - B. G. Gunn, *Teti Pyramid Cemetery,* Le Caire, 1926.

Fischer, *JAOS* 74, 1954
H. G. Fischer, « The false door and statues of Ggi from Saqqara », *JAOS* 74, 1954, pp.

Fischer, *JNES* 18, 1959
H. G. Fischer, « A scribe of the army in a Saqqara mastaba of the early fifth dynasty », *JNES* 18, 1959, pp. 231- 272.

Fischer, *Or* 29, 1960
H. G. Fischer, « The Butcher PH-r-ntr », *Or* 29, 1960, pp. 168-190.

Fischer, *Kush* 9, 1961
H. G. Fischer, « The Nubian Mercenaries of Gebelein during the First Intermediate Period », *Kush* 9, 1961, p. 44-80.

Fischer, *ZÄS* 86, 1961
H. G. Fischer, « Three Old Kingdom Palimpsests in the Louvre », *ZÄS* 86, 1961, pp. 21-31.

Fischer, *BiOr* 19, 1962
H. G. Fischer, « Hieroglyphic texts from egyptian stelae », *BiOr* 19, 1962, pp. 242-244.

Fischer, *Dendera*

H. G. Fischer, *Dendera in the third millennium b. C.*, New York, 1968.

Fischer, *Orientation*
H. G. Fischer, *The orientation of hieroglyphs*, New York, 1977.

Fischer, *ZÄS* 105, 1978,
H. G. Fischer, « Five inscriptions of the Old Kingdom », *ZÄS* 105, 1978, pp. 42-59.

Fischer, *GM* 107, 1989
H. Fischer, «Occurrence of , agential and dative», *GM* 107, 1989, pp. 69-73.

Fischer, *Varia Nova*
H. G. Fischer, *Varia Nova*, New York, 1996.

Fischer - Elfert, *Lesefunde*
H. W. Fischer - Elfert, *Lesefunde im literarischen Steinbruch von Deir el-Medineh*, Wiesbaden, 1997.

Fodor, *JEA* 61, 1975
A. Fodor, « The role of Fir'awn in popular Islam », *JEA* 61, 1975, pp. 238-240.

Fowden, *The Egyptian Hermes*
G. Fowden, *The Egyptian Hermes: a historical approach to the late pagan mind*, Princeton, 1993.

Franke, *Heqaib*
D. Franke, *Das Heiligtum des Heqaib auf Elephantine: Geschichte eines Provinzheiligtums im Mittleren Reich*, Heidelberg, 1994.

Franke, *JEA* 93, 2007
D. Franke, « The good shepherd Antef (stela BM EA 1628) », *JEA* 93, 2007, pp. 149-174.

Fraser, *ASAE* 3, 1902
G. Fraser, « The early tombs at Tehneh », *ASAE* 3, 1902, pp. 122-130, pl. I-V.

Freed, *Fs Simpson*
R. E. Freed, « Stela Workshops of Early Dynasty 12 », in P. Der Manuelian - R. E. Freed, *Studies in honor of William Kelly Simpson*, vol. 1, Boston, 1996.

Gaballa, *JEA* 63, 1977
G. A. Gaballa, « Three Acephalous Stelae », *JEA* 63, 1977, pp. 122-126, pl. XXII-XXIIa-XXIII.

Gaillard-Daressy, *Faune momifiée*
C. Gaillard - G. Daressy, *La faune momifiée de l'antique Égypte* (CGC), Le Caire, 1905.

Galan, *JEA* 80, 1994
J. M. Galan, « Bullfight scenes in ancient Egyptian tombs », *JEA* 80, 1994, pp. 81- 96.

Galvin, *JEA* 70, 1984
M. Galvin, « The hereditary status of the titles of the cult of Hathor », *JEA* 70, 1984, pp. 42-49.

Gardiner, *ZÄS* 43, 1906
A. H. Gardiner, « Four papyri of the 18th Dynasty from Kahun », *ZÄS* 43, 1906, pp. 27-47.

Gardiner, *ZÄS* 45, 1908
A. H. Gardiner, «Inscriptions from the tomb of Si-renpowet I, prince of Elephantine », *ZÄS* 45, 1908, pp. 123-140, pl. VI-VIII.

Gardiner, *Admonitions of an Egyptian sage*
A. H. Gardiner, *The admonitions of an Egyptian sage from a hieratic papyrus in Leiden (Pap. Leiden 344 Recto)*, Leipzig, 1909.

Gardiner, *Egyptian hieratic texts*
A. H. Gardiner, *Egyptian hieratic texts*, Leipzig, 1911.

Gardiner, *Notes of Sinuhe*
A. H. Gardiner, *Notes on the story of Sinuhe*, Paris, 1916.

Gardiner, *Hieratic papyri*
A. H. Gardiner, *Hieratic papyri in the British Museum. 3rd series, Chester Beatty Gift*, Londres, 1935.

Gardiner, *LEM*
A. H. Gardiner, *Late-egyptian Miscellanies*, Bruxelles, 1937.

Gardiner, *Wilbour Papyrus*
A. H, Gardiner, *The Wilbour Papyrus*, vol. I-III. Oxford, 1948.

Gardiner, *Sinai*
A. H. Gardiner, *The inscriptions of Sinai*, Londres, 1952.

Gardiner, *JEA* 39, 1953
Gardiner, « The coronation of king Haremhab », *JEA* 39, 1953, pp. 13-31, pl. II, 25.

Gardiner, *Ramesseum Papyri*
A. H. Gardiner, *The Ramesseum Papyri*, Oxford, 1955.

Gardiner, *RdE* 11, 1957
A. H. Gardiner, « Hymns to Sobk in a Ramesseum Papyrus », *RdE* 11, 1957, pp. 43-56, pl. 2-4.

Garstang, *Third Egyptian Dynasty*
J. Garstang, *Tombs of the third Egyptian dynasty at Reqaqnah and Bet Khallaf*, Westminster, 1904.

Gasse, *Pap. hiérat. et hiéro*
A. Gasse, *Les papyrus hiératiques et hiéroglyphiques du Museo Gregoriano Egizio*, Cité du Vatican, 1993.

Gasse, *Ostraca*
A. Gasse, *Catalogue des ostraca littéraires de Deir Al-Medîna: Nos 1775-1873 et 1156*, vol. V, Le Caire, 2005.

Gasse - Rondot, *Séhel*
A. Gasse - V. Rondot, *Séhel entre Egypte et Nubie: inscriptions rupestres et graffiti de l'époque pharaonique: actes du colloque international 31 mai-1 juin 2002, Université Paul Valéry, Montpellier*, Montpellier, 2004.

Gauthier, *Les fêtes du dieu Min*
H. Gauthier, *Les fêtes du dieu Min*, Le Caire, 1931.

Gauthier, *Le personnel du dieu Min*
H. Gauthier, *Le personnel du dieu Min*, Le Caire, 1931.

Gemnikai
F. W. Bissing, *Die Mastaba des Gem-Ni-Kai*, vol. I-II, Leipzig, 1905.

Germer, *Untersuchung*
R. Germer, *Untersuchung über Arzneimittelpflanzen im Alten Ägypten*, Hamburg, 1979.

Ghoneim, *Rind*
W. Ghoneim, *Die ökonomische Bedeutung des Rindes im Alten Ägypten,* Bonn, 1977.

Gillam, *JARCE* 32, 1995
R. A. Gillam, «Priestesses of Hathor: Their Function, Decline and Disappearance», *JARCE* 32, 1995, pp. 211-237.

Giza
H. Junker von, *Giza*, vol. I-XII, Vienne, 1929-1955.

Goedicke, *RdE* 11, 1957
H. Goedicke, « Brèves communications », *RdE* 11, 1957, pp. 159- 161.

Goedicke, *MDAIK* 21, 1966
H. Goedicke, « Die Laufbahn des MTn », *MDAIK* 21, 1966, pp. 1-71, pl. I-IX.

Goedicke, *Königliche Dokumente*
H. Goedicke, *Königliche Dokumente aus Alten Reich,* Wiesbaden, 1967.

Goedicke, *Neferyt*
H. Goedicke, *The protocol of Neferyt: the Prophecy of Neferti*, Londres, 1977.

Goedicke, *MDAIK* 36, 1980
H. Goedicke, « 'An ' overseer of the Farafra-Oasis in the Old Kingdom ? », *MDAIK* 36, 1980, pp. 171-173.

Goedicke - Wente, *Ostraka*
H. Goedicke - E. F. Wente, *Ostraka Michaelides,* Wiesbaden, 1962.

Goedicke, *MDAIK* 50, 1994
H. Goedicke, « A Cult Inventory of the Eight Dynasty from Coptos (Cairo JE 43290) », *MDAIK* 50, 1994, pp. 71-84.

Goldwasser, *Prophets, lovers and giraffes*
O. Goldwasser, *Prophets, lovers and giraffes: Wor(l)d classification in ancient Egypt, GOF* 38, Wiesbaden, 2002.

Golenischeff, *Papyrus hiératiques*
W. S. Golenischeff, *Papyrus hiératiques: Nos 58001-58036*, Le Caire, 1927.

Goyon, *Inscriptions Wadi Hammamat*
J. C. Goyon, *Nouvelles inscriptions rupestres du Wadi Hammamat,* Paris, 1957.

Goyon, *Rituels*
Goyon J-C., *Rituels funéraires de l'ancienne Egypte,* Paris, 1972.

Goyon, *Confirmation du pouvoir royal*
J. C. Goyon, *Confirmation du pouvoir royal au nouvel an: [Brooklyn Museum 47.218.50],* Le Caire, 1974.

Goyon, *BIFAO* 75, 1975
J. C. Goyon, « Les revelations du mystère des 4 boules. Papyrus New York 35.9.21 », *BIFAO* 75, 1975, pp. 353-399.

Goyon, *Imouthes*
J. C. Goyon, *Le papyrus d'Imouthes: Fils de Psintaês: Au Metropolitan Museum of Art de New York (Papyrus MMA 35.9.21),* New York, 1999.

Goyon, *Le rituel du sHtp sxmt*
J. C. Goyon, *Le rituel du sHtp sxmt au changement de cycle annuel, d'après les architraves du temple d'Edfou et textes parallèles, du Nouvel Empire à l'époque ptolémaïque et romaine*, Le Caire, 2006.

Grandet, *Papyrus Harris*
P. Grandet, *Papyrus Harris, BdE* 109, Le Caire, 1994.

Grandet, *Ostraca*
P. Grandet, *Catalogue des ostraca hiératiques non littéraires de Deir el-Medineh,* vol. VIII-X, Le Caire, 2000-2006.

Grapow, *ZÄS* 47, 1910
H. Grapow, « Die Vogeljagd mit dem Wurfholz », *ZÄS* 47, 1910, pp. 132-134.

Grenier, *Anubis*
Grenier J-C., *Anubis Alexandrin et* Romain, Leyde, 1977.

Griffith, *Siut*
F. L. Griffith, *The inscriptions of Siut and Deir Rifeh*, Londres, 1889.

Griffith, *Hieratic papyri*
F. L. Griffith, *The Petrie Papyri. Hieratic papyri from Kahun and Gurob*, Londres, 1898.

Griffith, *Demotic Papyri*

F. L. Griffith, *Catalogue of the Demotic Papyri in the John Rylands Library*, Londres, 1909.

Griffith, *JEA* 13, 1927
F. L. Griffith, « The Abydos decree of Seti I at Nauri », *JEA* 13, 1927, pp. 193-208, pl. XXXVII-XLIII.

Grittith, *KÊMI* 2, 1929
F. L. Griffith, « The hieroglyph of the bicornate uterus », *KÊMI* 2, 1929, p. 83, pl. III.

Guilhou, *BIFAO* 93, 1993
N. Guilhou, « La mutilation rituelle du veau dans les scenes de funérailles au Nouvel Empire », *BIFAO* 93, 1993, pp. 277-298.

Guilhou, *BIFAO* 98, 1998
N. Guilhou, « Un nouveau fragment du Livre de la Vache céleste », *BIFAO* 98, 1998, pp. 197-213.

Guillemette - Cauville, *RdE* 29, 1977
A. Guillemette - S. Cauville, « Vocabulaire absent du Wb », *RdE* 29, 1977, pp. 5-13.

Gutbub, *Kôm Ombo*
A. Gutbub, *Kôm Ombo,* IFAO, Le Caire, 1995.

Habachi, *Tavole*
L. Habachi, *Tavole d'offerta, are e bacili da libagione: n. 22001-22067*, Turin, 1977.

Habachi, *Heqaib*
L. Habachi, *Elephantine IV. The sanctuary of Heqaib*, Mayence, 1985.

Haeny, *GM* 90, 1986
G. Haeny, « Zum Kamutef », *GM* 90, 1986, pp. 33-34.

Hagarsa
N. Kanawati, *The Tombs of El - Hagarsa,* Sydney, 1995.
Haikal, *Funerary papyri*
F. M. H. Haikal, *Two hieratic funerary papyri of Nesmin I,* Bruxelles, 1970.

Hannig, H*wb,* 1995
R. Hannig, *Großes Handwörterbuch Ägyptisch-Deutsch*, Mayence, 1995.

Hannig, H*wb*, 2003
R. Hannig, *Ägyptisches Wörterbuch I: Altes Reich und Erste Zwischenzeit*, Mayence, 2003.

Hannig, H*wb*, 2006
R. Hannig, *Ägyptisches Wörterbuch II: Mittleres Reich und Zweite Zwischenzeit. Teil I, II*, Mayence, 2006.

Harpur, *SAK* 13, 1986
Y. M. Harpur, « The identity and positions of relief fragments in Museums and private collections», *SAK* 13, 1986, pp. 107-123.

Hassan, *Giza* II
S. Hassan, *Excavations at Giza II: 1930-1931,* Oxford, 1936.

Hassan, *Giza* V
S. Hassan, *Excavations at Giza V: 1933-1934,* Oxford, 1944.

Hassan, *Neb-kaw-her*
S. Hassan, *Le mastaba de Neb-kaw-her*, Le Caire, 1975.

Hassan, *Ny-ankh-Pepy*
S. Hassan, *Mastabas of Ny-ankh-Pepy and others*, Le Caire, 1975.

Hatnub
R. Anthes, *Die Felsenschriften von Hatnub*, Leipzig, 1928.

Hauschteck, *GM* 202, 2004
E. Hauschteck, « Goats in houses on Elephantine during the Middle Kingdom and the Second Intermediate Period », *GM* 202, 2004, pp. 59-67.

Hayes, *JEA* 32, 1946
W. C. Hayes, « Royal decrees from the temple of Min at Coptus », *JEA* 32, 1946, pp. 3-23.

Hayes, *JEA* 35, 1949
W. C. Hayes, « Career ort he great steward Henenu under Nebhepetre Mentuhotpe », *JEA* 35, 1949, pp. 43-49.

Hayes, *Scepter*
Hayes, *Scepter,* New York, 1953.

Hawawish
N. Kanawati, *The Rock Tombs of El-Hawawish. The Cemetery of Akhmim,* Sidney, 1980.

Hekanakhte
T. G. H. James, *The Hekanakhte papers and other early Middle Kingdom documents*, New York, 1962.

Helck, *Materialien* III
W. Helck, *Materialien zur Wirtschaftsgeschichte des Neuen Reiches*. vol. III, Mayence, 1963.

Helck, *MDAIK* 23, 1968
W. Helck, « Ritualszenen in Karnak », *MDAIK* 23, 1968, pp. 117-137, pl. XXXIV-XXXIX.

Helck, *MDAIK* 24, 1969
W. Helck, « Eine Stele Sebekhoteps IV. aus Karnak », *MDAIK* 24, 1969, pp. 194-200, pl. XVII.

Helck, *Historisch-biographische Texte*,
W. Helck, *Historisch-biographische Texte der 2. Zwischenzeit und neue Texte der 18. Dynastie*, Wiesbaden, 1975.

Helmi, *Catalogue*

S. A. Abbas II Helmi, *Catalogue des monuments et inscriptions de l'Egypte antique,* Vienne, 1894.

Herbin, *BIFAO* 82, 1982
F. R. Herbin, « Un hymne à la lune croissante », *BIFAO* 82, 1982, pp. 237-282, pl. XLVII.

Herbin, *Le livre de parcourir l'éternité*
F. R. Herbin, *Le livre de parcourir l'éternité,* Leuven, 1994.

Hornung, *Anbetung des Re*
E. Hornung, *Das Buch der Anbetung des Re im Westen,* voll. I-II, Genève, 1975-1976.

Hornung, *Grab Sethos*
E. Hornung, *The tomb of Pharaoh Seti I = Das Grab Sethos' I,* Munich, 1991.

Hornung, *Amduat*
E. Hornung, *The ancient Egyptian books of the underworld: The Amduat, the book of gates, the book of caverns, the litany of Ra,* Londres, 2005.

Houlihan, *Animal World*
P. F. Houlihan, *The Animal World of the Pharaohs,* Londres, 1996.

Huard, *Kush* 12, 1964
P. Huard, « A propos des bucranes à cornes déformée de Faras », *Kush* 12, 1964, pp. 63-81.

Ikram, *Choice cuts*
S. Ikram, *Choice cuts: meat production in ancient Egypt,* OLA 69, Leuven, 1995.

Iteti
A. Badawy, *The Tombs of Iteti, Sekhem'ankh-Ptah, and Kaemnofert at Giza,* Berkley-Los Angeles-Londres, 1976.

Jacobsson, *LÄ* III
I. Jacobsson, « Kamutef », *LÄ* III, pp. 308-309.

James, *Hieroglyphic texts*
T. G. H. James, *Hieroglyphic texts from Egyptian stelae,* Londres.

Jansen-Winkeln, *SAK* 23, 1996
K. Jansen-Winkeln, «'Horizont' und 'Verklartheit': Zur Bedeutung der Wurzel Ax», *SAK* 23, 1996, pp. 201-215.

Janssen, *Ship's*
J. Janssen, *Two ancient Egyptian ship's logs: Papyrus Leiden I 350 verso and Papyrus Turin 2008 + 2016,* Leyde, 1961.

Janssen, *JEA* 52, 1966
J. Janssen, « A twentieth-dynasty account papyrus (Pap. Turin n. cat. 1907/8) », *JEA* 52, 1966, pp. 81-94, pl. XVIa-XIX.

Janssen, *Commodity Prices*
J. Janssen, *Commodity Prices,* Mayence, 1975.

Janssen, *SAK* 3, 1975
J. Janssen, « Prolegomena to the study of Egypt's economic history during the New Kingdom », *SAK* 3, 1975, pp. 127-185.

Janssen, *Household animals*
R. Janssen, *Egyptian household animals,* Princes Risborough, 1989.

Jéquier, *RT* 30, 1908
G. Jéquier, « Notes et remarques », *RT* 30, 1908, pp. 37-45.

Jéquier, *ASAE* 35, 1935
G. Jéquier, « Tombes de particuliers de l'époque de Pepi II », *ASAE* 35, 1935, pp. 132-159.

Jéquier, *Pepi II*
G. Jéquier, *Le monument funéraire de Pepi II,* vol. I-III, Le Caire, 1936-1940.

Jones, *Index*
D. Jones, *An Index of ancient Egyptian titles, epithets and phrases of the Old Kingdom,* Oxford, 2000.

Junker, *ZÄS* 43, 1906
von H. Junker, « Poesie aus der Spätzeit », *ZÄS* 43, 1906, pp. 101-127.

Kahl - Kloth - Zimmermann, *Inschriften der 3. Dynastie*
J. Kahl - N. Kloth - U. Zimmermann, *Die Inschriften der 3. Dynastie: eine Bestandsaufnahme,* Wiesbaden, 1995.

Kákosy, *LÄ* III
L. Kákosy, « Ihet », *LÄ* III, pp. 124-125.

Kamel, *ASAE* 59, 1966
I. Kamel, « A stela from Mendes », *ASAE* 49, 1966, pp. 27-31, pl. I-II.

Kanawati, *Teti Cem II*
N. Kanawati, *The Teti Cemetery at Saqqara II: The tomb of Ankhamhor,* Warminster, 1997.

Kanawati, *Teti Cem III*
N. Kanawati, *The Teti Cemetery at Saqqara III: The Tomb of Neferseshemre and Seankhuiptah,* Warminster, 1998.

Kanawati, *Teti Cem* V
N. Kanawati, *The Teti Cemetery: the tomb of Hesi,* vol. V, Warminster, 1999.

Kanawati, *Tombs at Giza I,*
N. Kanawati, *Tombs at Giza I: Kaiemankh (G4561) and Seshemnefer I (G4940),* Warminster, 2001.

Kanawati, *Tombs at Giza II*

N. Kanawati, *Tombs at Giza II: Seshathetep/Heti (G5150), Nesutnefer (G4970) and Seshemnefer II (G5080),* Warminster, 2002.

Kanawati, *Unis Cem Saqq*
N. Kanawati, *The Unis cemetery at Saqqara,* Warminster, 2003.

Kanawati, *Teti Cem VIII*
N. Kanawati, *The Teti cemetery at Saqqara, Vol. VIII: The tombs of Inumin* , Westminster, 2006.

Kaplony, *MDAIK* 25, 1969
P. Kaplony, « Bemerkungen zu fünf texten der Ersten Zwischenzeit und der späteren 11. Dynastie », *MDAIK* 25, 1969, pp. 22-32.

Kaplony, *ZÄS* 110, 1983
P. Kaplony, « Der Schreiber, das Gotteswort und die Papyruspflanze », *ZÄS* 110, 1983, pp. 143-173.

Kawa
M. F. Laming Macadam, *The Temples of Kawa,* vol. II, Londres, 1955.

Keel - Staubli, *Les animaux du 6ème jour*
O. Kell - T. Staubli, *Les animaux du 6ème jour. Les animaux dans la Bible et dans l'Orient ancien*, Fribourg, 2003.

Keimer, *ASAE* XXXVIII, 1938
L. Keimer, « Remarques sur quelques représentations de divinités-béliers et sur un groupe d'objets de culte conservés au Musée du Caire », *ASAE* XXXVIII, 1938, pp. 297-331, pl. XXXIX-XLIV.

Keimer, *Les moutons arabes*
L. Keimer, « Les moutons arabes à grande queue d'Hérodote et ceux d'Egypte », *Bulletin of the Faculty of Arts,* Le Caire, 1950.

Kessler, « Bull Gods »
D. Kessler, « Bull Gods », *Oxford Encyclopedia,* pp. 209-213.

Khonsu
Epigraphic Survey, *The temple of Khonsu* , Chicago, 1979-2003.

Kitchen - Gaballa, *ZÄS* 96, 1970
K. A. Kitchen - G. A. Gaballa, « Ramesside Varia II », *ZÄS* 96, 1970, pp. 14-28.

Klug, *Königlichen Stelen*
A. Klug, *Königlichen Stelen in der Zeit von Ahmose bis Amenophis III*, Turnhout, 2002.

Koenig, *BIFAO* 79, 1979
Y. Koenig, « Un revenant inconvenant ? (Papyrus Deir el-Medineh 37) », *BIFAO* 79, 1979, pp. 103- 119, pl. XXXVIII-XXXIX.

Koenig, *Le papyrus Boulaq 6*
Y. Koenig, *Le papyrus Boulaq 6*, *BdE* 87, Le Caire, 1981.

Kom Ombos
J. De Morgan, *Kom Ombos*, vol. I-II, Vienne, 1895-1909.

Kruchten, *Le Decret d'Horemheb*
J. M. Kruchten, *Le Decret d'Horemheb,* Bruxelles, 1981.

Kuentz, *Stèles d'Amenophis*
C. Kuentz, *Deux stèles d'Aménophis II (stèles d'Amada et d'Eléphantine),* Le Caire, 1925.

Kuentz, *BIFAO* 30, 1931
Kuentz, « Appendice I. Le mot 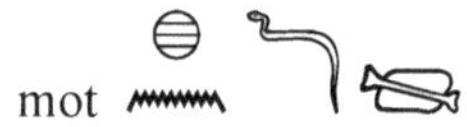 », *BIFAO* 30, 1931, pp. 866-875.

Kurth, *Edfou VII*
D. Kurth, *Die Inschriften des Tempels von Edfu. Edfou VII*, Wiesbaden, 2004.

Lacau, *RT* 26, 1904
P. Lacau, « Textes religieux », *RT* 26, 1904, pp.

Lacau, *Textes religieux*
Lacau P., *Textes religieux égyptiens*, Paris, 1910.

Lacau, *JNES* 10, 1951
Lacau P., « Sur le mot  », *JNES* 10, 1951, pp. 13-19.

Lacau - Chevrier, *Hatshepsout*
P. Lacau - H. Chevrier, *Une chapelle d'Hatshepsout à Karnak*, Vol. I-II, Le Caire, 1977-1979.

Lange, *Inschrift aus Hermonthis*
H. O. Lange, *Eine neue Inschrift aus Hermonthis,* Berlin, 1914.

Lange - Schäfer, *Grab-und Denkesteine*
H. O. Lange - H. Schäfer, *Grab- und Denksteine des mittleren Reichs im Museum von Kairo,* Berlin, 1902.

Lanzone, *Papyrus du lac Moeris*
R. V. Lanzone, *Le Papyrus du lac Moeris*, Turin, 1896.

Lapp, *MDAIK* 50, 1994
G. Lapp, « Die Stelenkapelle des *Kmz* aus der 13.Dynastie », *MDAIK* 50, 1994, pp. 231-252.

Lapp, *Papyrus of Nu*
G. Lapp, *The Papyrus of Nu (BM EA 10477)*, Londres, 1997.

Lapp, *Papyrus of Nebseni*
G. Lapp, *The Papyrus of Nebseni (BM EA 9900),* Londres, 2004.

Leclant, *BIFAO* 53, 1953
J. Leclant, « La colonnade éthiopienne à l'est de la grande enceinte d'Amon à Karnak », *BIFAO* 53, 1953, pp. 113-172, pl. I-XVII.

Leclant, *MDAIK* 14, 1956
J. Leclant, « La Mascarade des bœufs gras et le triomphe de l'Egypte », *MDAIK* 14, 1956, pp. 128-145, pl. VI-VIII.

Leclant - Berger - el Naggar, *Pyramide Pépy Ier*
J. Leclant - C. Berger-el Naggar, *Les textes de la pyramide Pépy Ier*, vol. I-II, Le Caire, 2001.

Legrain, *ASAE* 4, 1903
G. Legrain, « Achats à Louqsor », *ASAE* 4, 1903, pp. 133-135.

Lefebvre, *Histoire*
G. Lefebvre, *Histoire des grands prêtres d'Amon de Karnak jusqu'à la XXIème dynastie*, Paris, 1929.

Lefebvre, *RdE* 24, 1940
G. Lefebvre, « Un conte égyptien: Vérité et Mensonge », *RdE* 24, 1940, pp. 15-25.

Lefebvre, *BIFAO* 57, 1958
G. Lefebvre, « Observations sur le papyrus Ramesseum V », *BIFAO* 57, 1958, pp. 173-182.

Lenoble, *Mélange Leclant*
P. Lenoble, « Le sacrifice funéraire de bovinés de Méroé à Qustul et Ballana », in *Mélange Leclant*, vol. II, 1994, pp. 269-282.

Lepsius, *Todtenbuch*
R. Lepsius, *Das Todtenbuch der Ägypter nach dem hieroglyphischen Papyrus in Turin / mit einem Vorworte zum ersten Male hrsg*, Leipzig, 1872.

Les
K. Sethe, *Aegyptische Lesestücke zum Gebrauch im akademischen Unterricht: Texte des Mittleren Reiches*, Leipzig, 1928.

Letellier, *Mélange Leclant*
B. Letellier, « La mascarade des boeufs gras de Thoutmosis IV. Une désignation originale des animaux », in *Mélange Leclant*, vol. I, 1994, pp. 471-477.

Lichtheim, *Autobiographies*
M. Lichtheim, *Ancient egyptian autobiographies chiefly of the Middle Kingdom: a study and an anthology*, Freiburg, 1988.

Loffet - Matoïan, *RdE* 47, 1996
H. Loffet - V. Matoïan, « Le papyrus de Varzy », *RdE* 47, 1996, pp. 29-36, pl. IV.

Lopez, *Ostraca ieratici*
J. Lopez, *Ostraca ieratici N. 57450-57568, Tabelle lignee N. 58001-58007*, Milan, 1984.

Loret, *Manuel de la langue égyptienne*
V. Loret, *Manuel de la langue égyptienne*, Paris, 1889.

Loret, *RT* 18, 1896
V. Loret, « Les animaux reproducteurs dans l'Egypte ancienne », Loret, *RT* 18, 1896, pp. 196-209.

Loret, *RT* 38, 1916
V. Loret, « Le titre  », *RT* 38, 1916, pp. 61-68.

Lortet - Gaillard, *Faune momifiée*
L. Lortet - C. Gaillard, *La faune momifiée de l'ancienne Égypte*, Lyon, 1909.

Lorton, *SAK* 21, 1995
D. Lorton, « The Invocation Hymn at the Temple of Hibis », *SAK* 21, 1995, pp. 159-217.

Lüddeckens, *MDAIK* 11, 1943
E. Lüddeckens, « Untersuchungen über religiösen Gehalt, Sprache und Form der ägyptischen Totenklagen », *MDAIK* 11, 1943, pp. 1-188, pl. 1-21.

Lutz, *Steles*
H. L. F. Lutz, *Egyptian tomb steles and offering stones of the Museum of Anthropology and Ethnology of the University of California*, Leipzig, 1927.

Malinine, *RdE* 8, 1951
M. Malinine, « Trois documents de l'époque d'Amasis relatifs au louage de terres », *RdE* 8, 1951, pp. 127-150.

Mariette, *Abydos*
A. Mariette, *Abydos*, Paris, 1869.

Mariette, *Mastabas*
A. Mariette, *Les mastabas de l'ancien Empire*, Paris, 1889.

Mariette, *Papyrus égyptiens*
A. Mariette, *Les papyrus égyptiens du Musée de Boulaq*, Wiesbaden, 1982.

Martin, *Hetepka*
G. T. Martin, *The tomb of Hetepka and other reliefs and incriptions from the Sacred Animal Necropolis, North Saqqara, 1964-1973,* Londres, 1979.

Martin, *Stelae*
G. T. Martin, *Stelae from Egypt and Nubia in the Fitzwilliam Museum, Cambridge c. 3000 BC-AD 1150*, New York, Melbourne, Cambridge, 2005.

Maspero, *Etudes égyptiens* II
G. Maspero, *Etudes égyptiens* II, Paris, 1886-1890.

Maspero, *Sarcophages*

G. Maspero, *Sarcophages des époques persane et ptolémaïque: Nos 29307-29323,* Le Caire, 1939.

Massart, *Leiden Magical Papyrus*
A. Massart, *The Leiden Magical Papyrus I 343+I 345,* Leyde, 1954.

Mast Idout
R. Macramallah, *Le Mastaba d' Idout*, Le Caire, 1935.

Mattha, *Demotic Ostraka*
G. Mattha, *Demotic Ostraka*, Le Caire, 1945.

Maystre, *BIFAO* 40, 1941
C. Maystre, « Le Livre de la Vache du ciel », *BIFAO* 40, 1941, pp. 53-115.

Med Habu
Epigraphic Survey, *Medinet Habu. Vol. VIII, Plates 591-660, The eastern high gate with translations of texts,* Chicago, 1970.

Medum
W. M. Fl. Petrie, *Medum*, Londres, 1892.

Meeks, *RdE* 25, 1973
D. Meeks, « Le nom du dauphin et le poisson de Mendès », *RdE* 25, 1973, pp. 209-216.

Meeks, *HomSauneron*
D. Meeks: « Une fondation memphite de Taharqa (stèle du Caire JE 36861) », in J. Vercoutter, *Hommages à la mémoire de Serge Sauneron 1927-1976, BdE* 81, 1979. pp. 305-318, pl. XLVIII.

Megally, *CdE* 66, 1991
M. Megally, « A propos de chèvres et d'un chevrier de la Nécropole Thébaine (Ostracon Mond n° 171) », *CdE* 66, 1991, pp. 108-128.

Meir
A. M. Blackman, *The Rock Tombs of Meir,* vol. I-VI, Londres, 1914-1953.

Menu, *Congresso egittologia*
B. Menu, « Les échanges portant sur du bétail (26ème - 30ème dynasties) », *VI congresso internazionale egittologia*, 1992, vol. 1, pp. 459-463.

Menu, *Mélange Leclant*
B. Menu, « Un document juridique « kouchite » Le P. Vienne D 12002 », in *Melange Leclant,* vol. II, 1994, pp. 293-304.

Mereruka
P. Duell, *The Mastaba of Mereruka*, Chicago, 1938.

Meurer, *Nubier in Ägypten*
G. Meurer, *Nubier in Ägypten bis zum Beginn des neuen Reiches zur Bedeutung der Stele Berlin 14753,* Berlin, 1996.

Michailidis, *BIFAO* 63, 1965
G. Michailidis, «Moule illustrant un texte d'Hérodote relative au bouc de Mendès», *BIFAO* 63, 1965, pp. 139-160, pl. VI-XII.

Miosi, *Reading Book*
F. T. Miosi, *Reading Book of Second Intermediate Period*, Toronto, 1981.

Mogensen, *Mastaba*
M. Mogensen, *Le mastaba égyptien de la Glyptothèque Ny Carlsberg*, Copenhague, 1921.

Mohr, *Hetep-Her-Akhti*
H. T. Mohr, *The Mastaba of Hetep-Her-Akhti: Study of an Egyptian tomb chapel in the Museum of Antiquities Leiden*, Leyde, 1943.

Möller, *Hieratische Paläographie*
G. Möller, *Hieratische Palaographie: die aegyptische Buchschrift in ihrer Entwicklung von der funften Dynastie bis zur romischen Kaiserzei*, vol. I-III, Leipzig, 1909-1912.

Möller, *Papyrus Rhind*
G. Möller, *Die beiden Totenpapyrus Rhind des Museums zu Edinburg,* 1913, Leipzig.

Möller, *ÄZ* 54, 1918
G. Möller, « Miszellen », *ÄZ* 54, 1918, pp. 136-139.

Montet, *BIFAO* 7, 1910
P. Montet, « Les scènes de boucherie dans les tombes de l'Ancien Empire », *BIFAO* 7, 1910, pp. 41-66.

Montet, *Scènes*
P. Montet, *Les scènes de la vie privée dans les tombeaux égyptiens de l'Ancien Empire,* Strasbourg, 1925.

Montet, *Kêmi* 1, 1928
P. Montet, « Les tombeaux de Siout et de Deir Rifeh », *Kêmi* 1, 1928, pp. 53-68, pl. III-VI.

Montet, *Kêmi* 3, 1930-35
P. Montet, « Les tombeaux de Siout et de Deir Rifeh », *Kêmi* 3, 1930-35, pp. 45-111, pl. II-X.

Montet, *Kêmi* 6, 1936
Montet, « Les tombeaux dits de Kasr el-Sayad », *Kêmi* 6, 1936, pp. 81-129.

Montet, *Kêmi* 11, 1950
P. Montet, « Le fruit défendu », *Kêmi* 11, 1950, pp. 85-116.

Montet, *Kêmi* 13, 1954
P. Montet, « Les bœufs égyptiens », *Kêmi* XIII, 1954, pp. 43-58.

Montet, *Géographie*
P. Montet, *Géographie de l'Egypte ancienne,* I-II vol., Paris, 1957-1961.

Moreno Garcia, *RdE* 50, 1999
J. Moreno Garcia, « J'ai rempli les paturages de vaches tachetées...bétail, économie royale et idéologie en Egypte, de l'Ancien au Moyen Empire», *RdE* 50, 1999, pp. 241-257.

Moreno Garcia, *RdE* 51, 2000
J. Moreno Garcia, « Acquisition de serfs durant la Première Période Intermédaire: une étude d'histoire sociale dans l'Egypte du II millénaire », *RdE* 51, 2000, pp. 123-139.

Mostafa, *ASAE* 71, 1987
Maha F. Mostafa, « Kom el-Koffar. Teil II: Datierung und historische Interpretation des Textes B », *ASAE* 71, 1987, pp. 169-184, pl. I-II.

Müller, *Elephantine*
H. W. Müller, *Die Felsengräber der Fürsten von Elephantine aus der Zeit des Mittleren Reiches*, Glückstadt , Hamburg , New York, 1940.

Munro, *Totenbuch-Hand*
P. Munro, *Die Totenbuch-Handschriften der 18. Dynastie im Ägyptischen Museum Cairo,* Wiesbaden, 1994.

Murnane - Van Siclen, *Boundary stelae*
W. J. Murnane - C. C. Van Siclen III, *The boundary stelae of Akhenaten*, New York, 1993.

Murray, *Saqq Mast* I
R. A. Murray, *Saqqara Mastabas* I, Londres, 1905.

Mysliwiec, *Gott Atum I*
K. Mysliwiec, *Studien zum Gott Atum I*, Hildesheim, 1978.

Naville, *Mythe*
E. Naville, *Textes relatifs au mythe d'Horus recueillis dans le Temple d'Edfou et precedes d'une introduction*, Wiesbaden, 1870.

Naville, *Litanie du soleil*
E. Naville, *Le litanie du soleil: inscriptions recueillies dans les tombeaux des rois a Thebes*, Leipzig, 1875.

Nelson, *Key plans*
H. H. Nelson, *Key plans showing locations of Theban temple decorations*, Chicago, 1941.

Nianchchnum
A. M. Moussa, *Old Kingdom tombs at the causeway of King Unas at Saqqara: Das Grab des Nianchchnum und Chnumhotep*, Mayence, 1977.

Nims, *JEA* 38, 1952
C. Nims, « Another geographical list from Medinet Habu », *JEA* 38, 1952, pp. 34-45.

Opet
C. de Wit, *Les inscriptions du Temple d'Opet à Karnak*, Bruxelles, 1958-1968.

Osborn - Osbornova, *Mammals*
D. J. Osborn - J. Osbornova, *The Mammals of Ancient Egypt*, Warminster, 1998.

Osing, *MDAIK* 32, 1976
J. Osing, «Achtungstexte aus dem Alten Reich», *MDAIK* 32, 1976, pp. 133-185

Osing, *Nominalbildung*
J. Osing, *Die Nominalbildung des ägyptischen,* Mayence, 1976.

Osing, *Tebtunis*
J. Osing, *Hieratische Papyri aus Tebtunis I* , Copenhagen, 1998.

Otto, *JNES* 9, 1950
E. Otto, « An ancient Egyptian hunting ritual », *JNES* 9, 1950, pp. 165-177.

Otto, *Mundöffnungsritual*
E. Otto, *Das Ägyptische Mundöffnungsritual*, I-II vol., Wiesbaden, 1960.

Palanque, *Le Nil*
C. Palanque, *Le Nil à l'époque pharaonique: son rôle et son culte en Egypte,* paris, 1903.

Parker, *Calendars*
R. A. Parker, *The Calendars of Ancient Egypt,* Chicago, 1950.

Peet, *Rhind mathematical papyrus*
E. Peet, *The Rhind mathematical papyrus*, Londres, 1923.

Pendleburry, *The City III*
J. D. s. Pendlebury, *The city of Akhenaten. Part III, the central city and the official quarters: the excavations at Tell el-Amarna during the seasons 1926-1927 and 1931-1936*, Londres, 1951.

Petosiris
G. Lefebvre, *Le tombeau de Petosiris*, Le Caire, 1924.

Petrie, *Hawara*
W. M. Fl. Petrie, *Hawara, Biahmu and Arsinoe*, Londres, 1889.

Petrie, *Koptos*
W. M. Fl. Petrie, *Koptos,* Londres, 1896.

Petrie, *Six Temples*
W. M. Fl. Petrie, *Six temples at Thebes, 1896,* Londres, 1897.

Petrie, *Deshasheh*
W. M. Fl. Patrie, *Deshasheh*, Londres, 1898.

Petrie, *Dendereh*
W. M. Fl. Petrie, *Dendereh,* Londres, 1900.

Petrie, *Qurneh*
W. M. Fl. Petrie, *Qurneh*, Londres, 1909.

Piacentini, *Amministratori di proprietà nell'Egitto*
P. Piacentini, *Gli amministratori di proprietà nell'Egitto del III millennio a. C.*, *SEAP* 6, 1989.

Piacentini, *Scribes*
P. Piacentini, *Les scribes dans la société égyptienne de l'Ancien Empire*, Paris, 2002.

Piankoff, *Le livre du jour*
A. Piankoff, *Le livre du jour et de la nuit* , Le Caire, 1942.

Piehl, *Inscriptions*
K. Piehl, *Inscriptions hiéroglyphiques recueillies en Europe et en Egypte I-III*, Stockholm-Leipzig, 1886-1895.

Pilgrim, *Stadt*
C. von Pilgrim, *Elephantine XVIII. Untersuchungen in der Stadt des Mittleren Reiches und der Zweiten Zwischenzeit,* Mayence, 1996.

Pinch, *Votive offerings to Hathor*
G. Pinch, *Votive offerings to Hathor*, Oxford, 1993.

Pleyte, *Papyrus de Turin*
W. Pleyte, *Papyrus de Turin*, Wiesbaden, 1981.

Polotsky, *JEA* 16, 1930
H. J. Polotsky, «The stela of Heka-Yeb», *JEA* 16, 1930, pp. 194-199.

Posener, *RdE* 18, 1966
G. Posener, « Quatre tablettes scolaires de Basse Epoque (Amenemope et Hardjedef) », *RdE* 18, 1966, pl. I-II, pp. 45-65.

Posener, *Enseignement loyaliste*
G. Posener, *L'Enseignement loyaliste: sagesse égyptienne du Moyen Empire,* Genève, 1976.

Posener, *Ostraca*
G. Posener, *Catalogue des ostraca hiératiques littéraires de Deir El-Médineh*, vol. I-III, Le Caire, 1938-1980.

Posener - Kriéger, *ArchAbous*
P. Posener - Kriéger, *Les archives du temple funéraire de Néferirkare-Kakai* (*les Papyrus d'Abousir*), *BdE* 65, voll. I-II. Le Caire, 1976.

Ptahhotep
N. de G. Davies, *The Mastaba of Ptahhetep and Akhethetep at Saqqareh,* Londres, 1901.

Ptahshepses
J. Verner, *Abusir,* Prague, 1977.

Quaegebeur, *StudAeg* 3, 1977
J. Quaegebeur, « Anubis, fils d'Osiris, le vacher », *StudAeg* 3, 1977 , pp. 119-130.

Quibell, *ASAE* 3, 1902
J. E. Quibell, « Rapport », ASAE 3, 1902, pp. 254-258.

Ram Adm Doc
A. H. Gardiner, *Ramesside administrative documents,* Londres, 1948.

Ranke, *Personennamen*
H. Ranke, *Die Ägyptischen Personennamen,* Glückstadt, 1935-1977.

Reisner, *Hearst medical papyrus*
G. A. Reisner, *The Hearst medical papyrus: hieratic text in 17 facsimile plates in collotype with introduction and vocabulary*, Leipzig, 1905.

Reisner, *Giza necropolis*
G. A. Reisner, *A Histoy of the Giza Necropolis*, Cambridge, 1942.

Rekhmara
P. E. Newberry, *The life of Rekhmara,* Westminster, 1900.

Reymond, *ZÄS* 98, 1972
Reymond, «The saH 'eternal image'», *ZÄS* 98, 1972, pp. 132-140.

Ritner, *JNES* 43, 1984
R. K. Ritner, «A uterine amulet in the Oriental Institute Collection», *JNES* 43, 1984, pp. 209-221.

Roccati, *Papiro ieratico n° 54003*
A. Roccati, *Papiro ieratico n°* 54003. *Estratti magici e rituali del Primo Medio Regno,* Turin, 1970.

Roccati, *RdE* 24, 1972
A. Roccati, « Une légende égyptienne d'Anat », *RdE* 24, 1972, pp. 152-159, pl. 14.

Roeder, *Dakke*
G. Roeder, *Der Tempel von Dakke,* vol. I-II, Le Caire, 1930.

Roeder, *ASAE* 52, 1952
G. Roeder, « Zwei hieroglyphische Inschriften aus Hermopolis (Ober-Ägypten) », *ASAE* 52, 1954, p. 315-442, pl. I-XIII.

Roquet, *BIFAO* 78, 1978
G. Roquet, « WHm, verbe plein et semi-auxiliaire à propos d'une inscription d'Ancien Empire », *BIFAO* 78, 1978, pp. 477-523.

Roulin, *Le livre de la nuit*
G. Roulin, *Le livre de la Nuit: une composition égyptienne de l'au-delà*, Göttingen, 1996.

Rowe, *Scarabs*
A. Rowe, *A Catalogue of Egyptian scarabs, scaraboids, seals and amulets in the Palestine Archaeological Museum,* Le Caire, 1936.

Rowe, *ASAE* 39, 1939,
A. Rowe, «Three New Stelae from the South-Eastern Desert», *ASAE* 39, 1939, pp. 187-194, pl. XXV-XXVI.

Rothe Russel - Miller - Rapp, *Pharaonic Inscriptions*
D. Rothe Russel - W. K. Miller and G. (Rip) Rapp, *Pharaonic Inscriptions from the Southern Eastern desert of Egypt*, Winona Lake, 2008.

Sauneron, *Ostraca*
S. Sauneron, *Catalogue des ostraca hiératiques non littéraires de Deir El-Médineh: (N° 550-623)*, Le Caire, 1959.

Sauneron, *Le papyrus magique*
S. Sauneron, *Le papyrus magique illustré de Brooklyn [Brooklyn Museum 47.218.156]*, Brooklyn, 1970.

Sauneron, *Traité d'ophiologie*
S. Sauneron, *Un traité égyptien d'ophiologie. Papyrus du Brooklyn Museum n°47.218.48 et 85, IFAO*, 1989.

el Sayed, *RdE* 26, 1974
R. el Sayed, « A propos des spells 407 et 408 des Textes des Sarcophages », *RdE* 26, 1974, pp. 73-82.

el Sayed, *MDAIK* 36, 1980
R. el- Sayed, «Les sept vaches cèlestes, leur taureau et les quatre gouvernails d'après les données de documents divers», *MDAIK* 36, 1980, pp. 357-390

el Sayed, *Neith*
R. el Sayed, *La déesse Neith de Sais*, *BdE* 86, I-II vol., Le Caire, 1982.

Schenkel, *MHT*, 1965
W. Schenkel, *Memphis-Herakleopolis-Theben: Die epigraphischen Zeugnisse der 7.-11. Dynastie Ägyptens,* ÄA 12, Wiesbaden, 1965.

Schneider, *OMRO* 52, 1971
H. D. Schneider, «Gleanings in the Egyptian Collection at Leiden I. Four Stelae», *OMRO* 52, 1971, pp. 8-21.

Schott, *JEA* 54, 1968
S. Schott, «Schreiber und Schreibgerät im Jenseits», *JEA* 54, 1968, pp. 45-50.

Seele, *Tjanefer*
K. C. Seele, *The tomb of Tjanefer at Thebes*, Chicago, 1959.

Sekhem-Ankh-Ptah
W. K. Simpson, *The offering chapel of Sekhem-Ankh-Ptah in the Museum of Fine Arts,* Boston, 1976.

Sethe, *Dram Texte*
K. Sethe, *Dramatische Texte zu altagyptischen Mysterienspielen*, Leipzig 1928.

Sethe, *Übersetzung und Kommentar*
K. Sethe, *Übersetzung und Kommentar zu den altägyptischen Pyramidentexten*, I-VI vol., Glückstadt , Hamburg , New-York, 1935-1962.

Sheikh Said
N. de G. Davies, *The rock tombs of Sheikh Said,* Londres, 1901.

Simpson, *Papyrus Reisner* II
W. K. Simpson, *Papyrus Reisner II: accounts of the dockyard workshop at This in the reign of Sesostris I,* Boston, 1965.

Simpson, *Giza Mastabas* 3
W. K. Simpson, *The Mastabas of Kawab, Khafkhufu I and II, Giza Mastabas* 3, Boston, 1978.

Simpson, *Giza Mastabas* 4
W. K. Simpson, *Mastabas of the Western Cemetery, Giza Mastabas* 4, Boston, 1980.

Simpson, *Kayemnofret*
W. K. Simpson, *The offering chapel of Kayemnofret in the Museum of Fine Arts*, Boston, 1992.

Smither, *JEA* 27, 1941
P. Smither, «A Ramesside love charm», *JEA* 27, 1941, pp. 131-132.

Soukiassian, *BIFAO* 82, 1982
G. Soukiassian, « Une version des veillées horaires d'Osiris », *BIFAO* 82, 1982, pp. 333-348.

Sourouzian - Stadelman, *Fs Haikal*
H. Sourouzian - R. Stadelman, « La vache céleste Ihet, protégeant le particulier Padisemataouy », in *Festschrift Haikal,* 2003, p. 267-270.

Speiser, *JAOS* 56, 1936
E. A. Speiser, « Studies in Semitic Formatives », *JAOS* 56, 1936, pp. 22-46.

Spiegelberg, *ZÄS* 34, 1896
W. Spiegelberg, «Der Siegeshymnus des Merneptah any der Flinders Petrie-Stele», *ZÄS* 34, 1896, pp. 1-25, pl. I.

Spiegelberg, *Demotische papyrus*
W. Spiegelberg, *Demotische papyrus aus den Königlichen museen zu Berlin*, Berlin-Leipzig, 1902.

Spiegelberg, *ZÄS* 48, 1911
von W., «Die ägyptischen Namen und Zeichen der Tierkreisbilder in demotischer Schrift», *ZÄS* 48, 1911, pp. 146-151.

Spiegelberg, *Mythus*
W. Spiegelberg, *Der Ägyptische Mythus vom Sonnenauge*, Strasbourg, 1917.

Spiegel, *Auferstehungsritual*
J. Spiegel, *Das Auferstehungsritual der Unas-Pyramide*, Wiesbaden, 1971, p. 222-225.

Spieser, *GM* 209, 2006
C. Spieser, «Nouvelles approaches de l'image emblematique de Serket: le serpent, la corne et l'uterus», *GM* 209, 2006, pp. 91-99:

Steindorff, Ti
G. Steindorff, *Das Grab des Ti*, Leipzig, 1913.

Stephen, *Yale papyri*
S. A. Stephen, *Yale papyri in the Beinecke rare book and manuscripts library 2*, Chico-California, 1985.

Stewart, *Egyptian Stelae*
H. M. Stewart, *Egyptian stelae, reliefs and paintings from the Petrie Collection*, Warminster, 1983.

Störk, *LÄ* III
L. Störk, « Mähnenschaf », *LÄ* III, coll. 1123-1124.

Stricker, *OMRO* 34, 1953
Stricker B. H., «De Egyptische mysteriën: Pap. Leiden T 32», *OMRO* 34, 1953, pp. 13-31.

Strudwick, *Administration*
N. Strudwick, *The administration of Egypt in the Old Kingdom: the highest titles and their holders*, Londres, 1985.

Studies in honor of J. A. Wilson
Studies in honor of J. A. Wilson, Chicago, 1969.

Sweydan, *VI Congresso Internazonale di Egittologia*
N. Sweydan, « Buffles et taureaux au predynastique », *VI Congresso Internazonale di Egittologia. Atti* I, pp. 585-594.

Takács, *Etymological Dict*
G. Takács, *Etymological Dictionary of Egyptian*, Boston, 1999.

Thirion, *RdE* 34, 1982-1983
M. Thirion, « Notes d'onomastique contribution à une revision du Ranke PN », *RdE* 34, 1982-1983, pp. 101-114.

Thissen, *Enchoria* 10, 1980
Heinz-Josef Thissen, « Chronologie der frühdemotischen Papyri », *Enchoria* 10, 1980, pp. 105-125.

Tôd
Ch. Thiers, *Tôd: Les inscriptions du temple ptolémaïque et romain*, Le Caire, 2003.

Tower Hollis, *The new Egyptian "Tale of two brothers"*
S.Tower Hollis, *The new Egyptian "Tale of two brothers": a mythological, religious, literary, and historico-political study of the Papyrus d'Orbiney*, Michingan, 1984.

Tower Hollis, *The ancient egyptian "Tale of two brothers"*
S.Tower Hollis, *The ancient egyptian "Tale of two brothers": a mythological, religious, literary and historico-political study*, Oakville, 2008.

Traunecker, «*Kamutef*»
C. Traunecker, «*Kamutef*», *Oxford Encyclopedia*, pp. 221-222.

Tresson, *Mél. Maspero*
P. Tresson, « L'inscription de Chechanq I au musée du Caire. Un frappant exemple d'impôt progressif en matière religieuse », in *Mélanges Maspero* I, Le Caire, 1938.

Tylor - Griffith, *Paheri*
J. J. Tylor - F. Ll. Griffith, *The tomb of Paheri at el Kab*, Londres, 1894.

Unas
A. Piankoff, *The pyramid of Unas*, Princeton, 1968.

Unas-Friedhof
P. Munro, *Der Unas-Friedhof Nord-West. I, topographisch-historische Einleitung. Das Doppelgrab der Königinnen Nebet und Khenut*, Mayence, 1993.

Van der Molen, *Coffin Texts*
R. Van der Molen, *A Hieroglyphic Dictionary of Egyptian Coffin Texts,* Leyde, Boston, Cologne, 2000.

Van de Walle, *Ägyptologische Studien*
B. van de Walle, « Les déterminatifs dissimilés des noms d'animaux », in Firchow, *Ägyptologische Studien,* Berlin, 1955.

Vandier, *Mel. Maspero*
J. Vandier, « La stèle 20.001 du Caire », in *Mélanges Maspero*, vol. I, 1934, pp. 137-145.

Vandier, *ASAE* 36, 1936
J. Vandier, « Une tombe inedite de la VIe dynastie à Akhmîn », *ASAE* 36, 1936, pp. 33-44.

Vandier, *Mo'alla*
J. Vandier, *Mo'alla. La tombe d'Ankhtifi et la tombe de Sébekhotep, BdE* 18, Le Caire, 1950.

Vandier, *Papyrus Jumilhac*
J. Vandier, *Le Papyrus Jumilhac*, Paris, 1962.

Vandier, *Manuel*
J. Vandier, *Manuel d'archéologie égyptienne. Tome V. Bas-reliefs et peintures. Scènes de la vie quotidienne*, Paris, 1969.

Vandier d'Abbadie, *Ostraca figurés*
J. Vandier d'Abbadie, *Catalogue des Ostraca figurés de Deir el Medineh*, IFAO, Le Caire, 1936.

Varille, *ASAE* 40/2, 1941

A. Varille, « Une représentation ramesside du bélier Amon », *ASAE* 40/2, 1941, pp. 563-564, pl. LVIII.

Verhoeven, *Iahtesnacht*
U. Verhoeven, *Das saitische Totenbuch der Iahtesnacht: P. Colon. Aeg. 10207*, Bonn, 1993.

Vernus, *RdE* 19, 1967
P. Vernus, « Une localité de la région d'Héracléopolis », *RdE* 19, 1967, pp. 166-169.

Vernus, *RdE* 25, 1973
P. Vernus, « La stèle C 3 du Louvre », *RdE* 25, 1973, pp. 215-234, pl.13.

Vernus, *BIFAO* 75, 1975
P. Vernus, « Inscriptions de la Troisième Période Intermédiaire », *BIFAO* 75, 1975, pp. 1-66.

Vernus, *RdE* 37, 1986
P. Vernus, « Etudes de philologie et de linguistique », *RdE* 25, 1986, pp. 139-147.

Vernus, *Afrocentrismes*
P. Vernus, « Situation de l'égyptien dans les langues du monde », dans Fauvelle-Aymar éd., *Afrocentrismes,* Paris, 2000.

Vernus, *Fs Junge*
P. Vernus, « Noms d'animaux et distinction sexuelle », in *Festschrift für Friedrich Junge* II, pp. 693-698, Göttingen, 2006.

Vernus - Yoyotte, *Bestiaire*
P. Vernus - J. Yoyotte, *Bestiaire des pharaons*, Paris, 2005.

Vittman, *Der demotische Papyrus Ryl. 9*
G. Vittman, *Der demotische Papyrus Rylands 9. Teil 1, Text und Übersetzung. Teil 2, Kommentare und Indizes,* Wiesbaden, 1998.

Vycichl, *MDAIK* 16, 1958
W. Vycichl, « Grundlagen der ägyptisch-semitischen Wortvergleichung », *MDAIK* 16, 1958, pp. 367-405.

Vycichl, *Dictionnaire étymologique*
W. Vycichl, *Dictionnaire étymologique de la langue copte,* Leuven, 1983.

Wainwright, *JEA* 20, 1934
G. A. Wainwright, «Some aspects of Amun», *JEA* 20, 1934, pp. 139-153.

Ward, *The four Egyptian homographic roots B* - A,
W. A. Ward, *The four Egyptian homographic roots B-3: etymological and egypto-semitic studies,* Rome, 1978.

Ward, *Index*
W. A. Ward, *Index of Egyptian administrative and religious titles of the Middle Kingdom: with a glossary of words and phrases used,* Beirut, 1982.

Watson, *Studies in Honour of H. W. Fairman*
P. J. Watson, « Consonantal Patterning in Egyptian triliteral Verbal Roots », in *Glimpses of ancient Egypt. Studies in Honour of H. W. Fairman,* pp. 100-106.

Weeks, *Giza Mastabas* 5
K. R. Weeks, *Mastabas of cemetery G 6000 including G 6010 (Neferbauptah), G 6020 (Iymery), G 6030 (Ity), G 6040 (Shepseskafankh), Giza Mastabas* 5, Boston, 1994.

Weill, *Décrets royaux*
R. Weill, *Les decrets royaux de l'ancien empire egyptien: etude sur les decrets royaux trouves a Koptos au cours des travaux de la societe francaise des fouilles archeologiques (Campagnes de 1910 et 1911) et sur les documents similaires d'autres provenances*, Paris, 1912.

Wente, *Letters*
E. Wente, *Letters from ancient Egypt,* Atlanta, 1980.

Wente, *Studies in honor of W. K. Simpson*
E. Wente, «A goat for an ailing woman (Ostracon Wente)», *Studies in honor of W. K. Simpson,* vol. II, 1996, pp. 855- 867.

Westendorf, *Kopt Hwb*
W. Westendorf, *Koptisches Handwörterbuch,* Heidelberg, 1965-1977.

Westendorf, *HbMed*
W. Westendorf, *Handbuch der altägyptischen Medizin,* Leyde, Boston, Cologne, 1999.

Wild, *Ti*
H. Wild, *Le tombeau de Ti* , *MIFAO* 65, Le Caire, 1953.

Wild, *BIFAO* 54, 1954
Wild, « Statue de Hor-néfer au Musée des beaux-arts de Lausanne », *BIFAO* 54, 1954, pp. 173-222, pl. I-III.

Wild, *BIFAO* 69, 1970
H. Wild, « Quatre statuettes du Moyen Empire », *BIFAO* 69, 1970, pp. 89-130, pl. XVII-XXII.

Wild, *HomSauneron*
H. Wild, « Une stèle memphite du règne d'Aménophis III à Lousanne », *BdE* 81, *Hommages à Serge Sauneron,* 1979, pp. 221-259, pl. XXXVIII.

Wilson, *Ptolemaic Lexikon*
P. Wilson, *A ptolemaic Lexicon, OLA* 78, Louvain, 1997.

Wreszinski, *ZÄS* 45, 1908
W. Wreszinski, «Das Buch vom Durchwandeln der Ewigkeit», *ZÄS* 45, 1908, pp. 111-122.

Wreszinski, *Medizinische Papyrus*
W. Wreszinski, *Medizinische Papyrus des Berliner Museums,* Leipzig, 1909.

Wreszinski, *Pap. Ebers*
W. Wreszinski, *Der Papyrus Ebers,* Leipzig, 1913.

Wreszinski, *Atlas*
W. Wreszinski, *Atlas zur altaegyptischen Kulturgeschicte,* vol. III, Lepzig, 1936.

Yoyotte, *RdE* 29, 1977
J. Yoyotte, « Contribution à l'histoire du chapitre 162 du Livre des Morts », *RdE* 29, 1977, pp. 194-202.

Zabkar, *Hymns*
L. V. Zabkar, *Hymns to Isis in her temple at Philae*, Hanover, Londres, 1988.

Zayed, *ASAE* 55, 1956
Abd el-Hamid Zayed, « Le tombeau d'Akhti-hotep à Saqqara », *ASAE* 55, 1956, pp. 127-137, pp. I-XVII.

Zibelius, *ÄegSiedl*
A. Zibelius, *Äegyptische Siedlungen nach Texten des Alten Reiches*, Wiesbaden, 1978.

Zivie, *Giza*
C. M. Zivie, *Giza au deuxième millénaire, BdE* 70, Le Caire, 1976.

Zivie, *HomSauneron*
C. Zivie, « Les rites d'érection de l'obélisque et du pilier *ioun* », in *Hommages à Serge Sauneron, BdE* 81, 1979, pp. 475- 498, pl. LIV.

IV. INDEX

IV.1 Index des sources principales

IV.2 Index des noms français

IV.3 Index des noms égyptiens

IV.4 Index des noms latins

IV.5 Index des noms coptes

IV.6 Index des toponymes

IV.7 Index des noms propres

IV.8 Index des titres et des épithètes:

www.ingramcontent.com/pod-product-compliance
Lightning Source LLC
LaVergne TN
LVHW072257300926
849160LV00018B/1686